KB064675

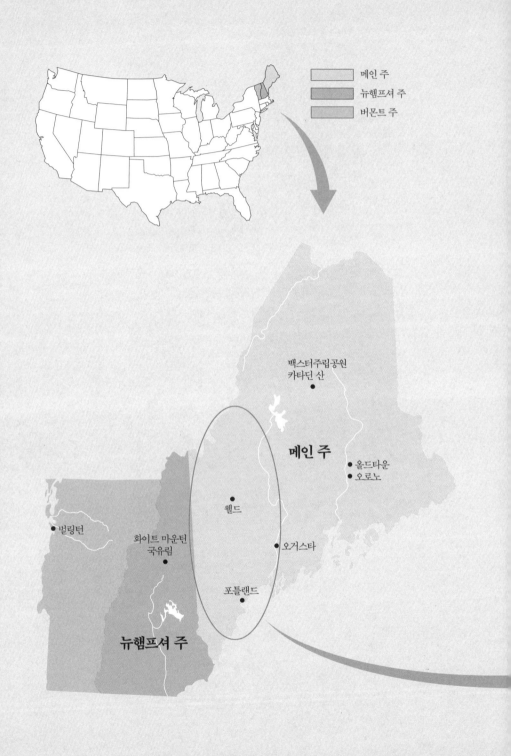

메인 주
뉴햄프셔 주
버몬트 주

백스터주립공원
카타딘 산

메인 주

올드타운
오로노

웰드

벌링턴

화이트 마운틴
국유림

오거스타

포틀랜드

뉴햄프셔 주

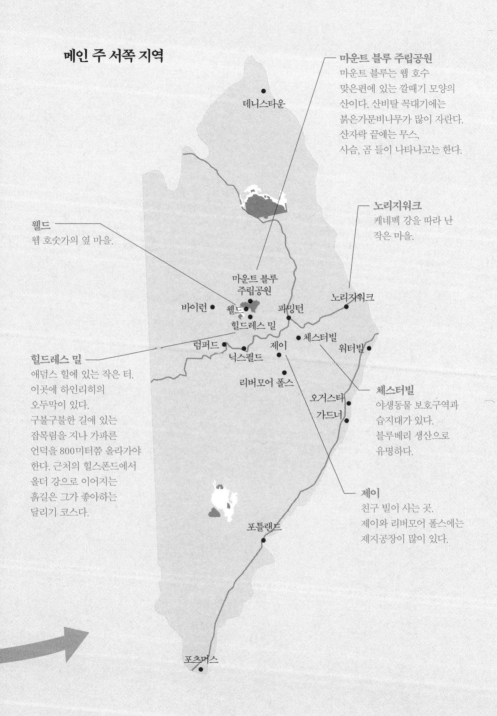

메인 주 서쪽 지역

마운트 블루 주립공원
마운트 블루는 웹 호수
맞은편에 있는 깔때기 모양의
산이다. 산비탈 꼭대기에는
붉은가문비나무가 많이 자란다.
산자락 끝에는 무스,
사슴, 곰 들이 나타나고는 한다.

노리지워크
케네벡 강을 따라 난
작은 마을.

웰드
웹 호숫가의 옆 마을.

힐드레스 밀
애덤스 힐에 있는 작은 터.
이곳에 하인리히의
오두막이 있다.
구불구불한 길에 있는
잡목림을 지나 가파른
언덕을 800미터쯤 올라가야
한다. 근처의 힐스폰드에서
올더 강으로 이어지는
흙길은 그가 좋아하는
달리기 코스다.

체스터빌
야생동물 보호구역과
습지대가 있다.
블루베리 생산으로
유명하다.

제이
친구 빌이 사는 곳.
제이와 리버모어 폴스에는
제지공장이 많이 있다.

데니스타운

마운트 블루
주립공원

바이런 ● 웰드 ● 파밍턴
힐드레스 밀

노리지워크

럼퍼드 ●
닉스필드

제이 ● 체스터빌
워터빌

리버모어 폴스

오거스타
가드너

포틀랜드

포츠머스

베른트 하인리히,
홀로 숲으로 가다

A YEAR IN THE MAINE WOODS
Copyright ⓒ 1994 by Bernd Heinrich
All rights reserved

Korean translation copyright ⓒ 2016 by The Soup Publishing Co.
Korean translation rights arranged with Sandra Dijkstra Literary Agency,
through EYA(Eric Yang Agency).

이 책의 한국어판 저작권은 EYA(Eric Yang Agency)를 통해
Sandra Dijkstra Literary Agency와 독점계약한 '도서출판 더숲'에 있습니다.
신 저작권법에 의하여 한국 내에서 보호를 받는 저작물이므로 무단전재 및 복제를 금합니다.

베른트 하인리히,

홀로 숲으로 가다

베른트 하인리히 글·그림 / 정은석 옮김

더숲

메인 숲을 특별하게 만들어준
애덤스 가를 위하여

작가의 말

나는 무엇이든지 직접 해보는 것을 좋아한다.

직업은 동식물 연구가이자 과학자이지만 나 또한 한 사람의 인간이다. 내가 어떤 일을 꿈꾸고 원하든 간에, 결국 내가 하는 일이 곧 나 자신이다. 지난 25년 동안 나는 대학에서 학생들을 가르쳐왔다. 이것이 뜻하는 바는 서류를 작성하고, 메모를 보고, 회의에 참석한다는 것이다. 때때로 보조금을 신청하거나 논문을 쓰기도 한다. 그러나 내가 진정으로 하고 싶은 일은… 숲으로 가는 것이다.

나는 열 살 때까지 북부 독일의 숲으로 피난을 가서 6년 동안 살았다. 우리 가족이 가진 것은 아주 적었지만 나는 많은 것을 가지고 있었다. 까마귀를 애완용으로 키우고 있었고 딱정벌레를 수집할 수도 있었다.

최근 들어 가끔 나는 내가 아이 때 했던 것처럼 이 세상을 자세히 살피고 탐험하는 일이 여전히 가능할지 궁금해진다. 그때처럼 다시 자연을 만나기를 간절히 바란다. 상쾌하고 맑고 영원한 마법에 싸인 세상. 이제는 그저 이따금씩 떠오르는 그 생생함을 다시 맛볼 수 있을까?

반문명주의자인 에드워드 애비는 "맥주를 직접 만들어 마시고, TV를 없애버리고, 고기를 사냥해서 먹고, 오두막을 직접 만들고, 기분이 내키면 아무 데나 오줌을 갈길 수 있어야 한다"라고 말했다. 난 이미 이런 조건들을 많이 갖추고 있긴 하다. 우리 가족이 미국으로 이주해온 이후 나는 메인 주의 시골에서 십대를 보내면서 사냥을 하고, 낚시를 하고, 덫을 놓는 법을 배웠다. 메인에서 만난 스승들은 이미 오래전에 내게 집에서 맥주를 만드는 법을 가르쳐주었다. 나는 라이플총을 가지고 있고 통나무 오두막은 벌써 지어놓은 상태다. 나머지는 식은 죽 먹기일 것이다. 그래서 한번 해보기로 했다.

차례

여름

메인 주 이쪽 부근의 삶은 나무와 숲을 빼고는 상상할 수가 없다.
어떤 사람은 나무를 땔감으로 쓰고 어떤 사람은 먹고살기 위해 나무를 잘라낸다.
많은 사람들이 종이, 터보건, 설상화, 사과 박스, 카누를 만들어서 생계를 유지한다.
이 모든 것이 나무로부터 나온다. 나무는 여러 가지 면에서 우리의 생명줄인 것이다.
이것이 문제다. 용도가 다른 두 개의 나무가 서 있는 것이다.
나무는 목재wood가 되기도 하고 숲woods을 이루기도 한다.

새로운 여행 친구가 생기다

버몬트 주의 벌링턴에서 내 오두막까지의 거리는 약 322킬로미터다. 여정의 대부분은 2번 루트를 따라간다. 버몬트를 지나고 북부 프레지덴셜 산맥의 끝자락에 있는 뉴햄프셔의 랭카스티, 고램을 거쳐서 보이시 캐스케이드의 거대한 제지공장을 지나 메인 주의 럼퍼드로 가게 된다. 럼퍼드 제지공장의 냄새가 나기 시작하면 거의 집에 다다른 기분이 든다. 이제 마운트 블루의 밑자락까지는 몇 킬로미터만 더 가면 된다. 그곳에는 커다란 웹 호수가 있는데, 그 호수는 마운트 텀블다운, 블루베리 마운틴, 리틀잭슨 마운틴 아래에 위치한 계곡에 있다. 이 얼마 안 되는 길이 큰까마귀 새끼에게는 정말 긴 여행길이다.

내 친구 척 라이스와 나는 5월 13일에 이 녀석을 손에 넣었다. 화강암 절벽 구석에 놓여 있던 둥지에 간신히 사다리를 댄 후 이 녀석을 데리고 내려왔다. 사다리를 올라가는 동안 흑파리들이 우리를 사정없이 공격했지만, 막상 둥지에 도달하니 어미새는 보이지 않았다. 집짓는 일을 하는 척은 꼭대기까지 쉽게 올라갔다. 나는 그의 행동을 지켜보면서 아슬아슬한 일을 내가 직접 해보지 못하는 것을 크게 안타까워하지는 않았다. 이미 난 어려운 일을 해보았기 때문이다. 이를테면 작업 허가받기 같은 일 말이다.

척이 데리고 내려온 어린 새는 무게가 거의 어른새에 가까웠고, 이미 깃털도 나 있었다. 날개와 꼬리털에서는 푸른빛이 도는 자주색의 아름다운 광택이 났으나, 머리 꼭대기에는 아직도 몇 다발의 흰색 털이 남아 있었다. 아직은 날지 못하고 움직임도 서툴렀으나 깡충깡충 뛰는 것은 꽤 잘했다. 차갑고 연한 푸른색 눈으로 얌전히 우리를 쳐다보던 녀석은 우리를 그다지 무서워하지 않는 듯했다. 고기를 건네주자 순순히 받아들고는 금방 삼켰으나 맛이 마음에 들지 않으면 휙 뱉어서 내던져버렸다.

깡충거리며 달아나려는 녀석을 잡자, 녀석은 화가 났다는 듯 금속에다 체인을 긁어대는 것 같은 귀에 거슬리는 소리를 크게 내질렀다. 하지만 이내 거실에 있는 우리 안에 편하게 들어앉았고 머리를 긁어주자 마지못해 가만히 있었다. 부드럽게 쓰다듬어주자 이내 눈을 감았다. 몸단장을 자주 했으며 기지개도 잘 켰다. 두터운 부리로 나뭇잎, 나뭇가지, 둥지 바깥쪽에 나온 줄기 등을 가지고 놀았다. 저번에 녀석의 둥지를 살펴보려고 나무 꼭대기에 가림막을 지어놓고 몇 시간 동안 관찰한 적이 있었는데, 지금 하는 행동이 그때와 꼭 같다. 새끼들 중 가장 컸고 항상 주변을 경계하며 놀기도 잘 놀았었다. 난 녀석을 잭이라고 부르기로 했다.

버몬트에서 돌아오는 길에 픽업트럭 앞좌석에 잭을 태우려니 걱정이 되었다. 무엇보다도 녀석의 원기 왕성함이 염려되었다. 언젠가 '로드킬' 당한 올빼미를 뒷좌석에 두었더니 멀쩡히 되살아나서는 내 운전대를 횃대 삼아 앉아 있었던 적이 있다. 큰까마귀는 그것보다 훨씬 크고 더 활동

적이고 더 많이 먹는다. 내가 잭의 입맛을 충족시키지 못할까봐 걱정되는 게 아니라 – 먹이에는 다진 다람쥐 고기, 눌린 애기여새 고기 등이 있었다 – 녀석의 빠른 소화력이 문제였다. 녀석의 입으로 들어간 블루베리가 밖으로 나오는 데는 15분에서 20분밖에 걸리지 않는다.

떠나기 전에 책이랑 이것저것을 상자 몇 개에 담아서 트럭 바닥에 놓고 운전석은 잭과 나를 위해 비워두었다. 잭이 최대한 편하게 여행할 수 있도록 앞좌석 사이에 큰 나뭇가지를 테이프로 고정시켜서 횃대를 만들어주었다. 그렇게 하면 잭은 내 오른쪽 귀 바로 옆에 앉아서 밖을 내다보며 아마도 길에서 죽은 동물을 찾을 것이다. 내가 앞쪽에서 편하게 먹이를 주면 바닥에 깔아둔 신문지 위로 녀석의 똥이 폭포처럼 떨어질 것이다. 횃대가 지루해지면 다른 데로 갈 것을 대비하여 양쪽 좌석에도 비닐을 덮어두었다.

5시간 거리의 여행길은 저녁에 시작되었다. 잭은 운전석을 한두 번 잠깐 돌아다니고 나서 내 오른쪽 귓가에 자리 잡았다. 녀석이 잠이라도 잤으면 좋겠다고 생각했으나 오는 내내 졸지도 않았다. 내 얼굴을 쳐다보는 녀석의 또랑또랑한 눈빛과 몇 번을 마주쳤다. 착하게 행동한 것에 대한 상으로 여새 고기를 잘게 찢어주었다.

작게 가랑거리는 잭의 소리가 이 여행을 즐기고 있다는 말처럼 들린다. 우린 버몬트와 뉴햄프셔를 지나는 내내 이야기를 나눴지만 대화는 줄곧 내가 이끌어가야만 했다. 내가 말을 시키지 않으면 잭은 침묵에 빠지곤 했다. 난 녀석에게 '너는 멋진 새이며 너의 말에 귀를 기울이고 있으며 너를 좋아한다'고 말해주었다. 녀석은 부드럽고 낮은 소리로 "음"이란 대답을 해주곤 했다. 이 "음"은 그가 흥분하거나 맞장구쳐주는 상황에 따라 길이나 부드러움의 정도가 달랐다. 거의 속삭이는 듯한 매우 낮고 부드러운 "음"은 녀석이 아주 느긋할 때 내는 소리다. 좀 더 높고 짧은 큰 "음"은 불안해서 경계할 때 낸다. 이따금 많이 불안해지면 위로 꺾이는 소리를 낸다. 대신에 안정된 상태에서는 약간 아래쪽으로 소리가 기운다.

잭은 가끔 스트레칭을 하는데, 몸을 아래로 구부리고 양 날개를 위로 뻗거나 발톱을 약간 구부린 상태로 한쪽 발과 날개를 번갈아 편다. 70대에 요가비디오를 낸 왕년의 스타 제인 폰다마저도 이 운동에 감탄했을 것이다. 운동을 하면서 때로 확신에 찬 듯 강한 "크으"와 "큰"이란 소리를 내는데 이것은 '나 기분 좋아!'란 뜻이다. 그러고 나서는 작은 기침을 한 후에 깃털을 다듬거나 지나가는 풍경을 살피면서 시간을 보낸다.

난 잭이 하는 말을 아주 잘 이해했다. 대부분은 '알았어요, 괜찮죠? 듣고 있어요, 여기 있어요, 난 좋아요'란 뜻을 담고 있다. 몇 가지 소리만으로도 상황 맥락과 억양에 따라 많은 말을 할 수 있는 것이다. 잭의 말은 상황에 따라 파악해야 한다. 큰까마귀는 그 순간에 대한 반응만 하기 때문에 무슨 말을 하는지 금방 알 수 있다.

한 시간 반 동안 운전한 뒤에 세인트 존스베리에서 '우드맨스 버거'를 파는 안토니스 다이너라는 작은 식당에 들렀다. 난 커피만 마시면 되었기에 잭은 차에 두고 내렸다. 잭을 데리고 들어가면 손님들의 접시 위를 걸어 다니며 프렌치프라이를 훔치고 계산대에 있는 동전에도 관심을 보이며 그곳을 아수라장으로 만들 것이기 때문이다. 내가 운전석 문을 닫자 녀석이 바로 횃대에서 내려와 창문에 몸을 바짝 붙이고는 간절한 모습을 보였다. 그렇지만 나는 한 잔의 차라도 여유롭게 마시기 위해

뒤도 돌아보지 않았다. 게다가 떨어져 있으면 더 애틋해지는 법이니까.

20분 뒤 차로 돌아왔을 때 나는 서로 떨어져 있으면 애틋한 마음뿐만 아니라 장의 운동속도도 증가한다는 걸 깨달았다. 모든 자리에는 4개의 배설물 줄기가 있었는데, 하얗고 냄새 없는 그런 분비물이 아니었다. 로드킬이 그러하듯 적절한 과정을 거치지 못하고 여새 고기가 그대로 나와버렸던 것이다. 녀석은 나를 그리워했을 것이다. 몸은 거짓말을 하지 않는다.

아무튼, 아기를 키우다 보면 이런저런 일이 생기게 마련이다. 다시 길을 나서자 잭은 얼른 내 귀 옆의 횃대에 올라가 자리를 잡았다.

"괜찮아, 잭? 날 보니 반가워?"

"음음."

"이렇게 다니니까 재미있다. 그렇지?"

"음음."

잭은 나를 다시 보게 되어 매우 기뻐했다. 그리고 우리는 다시 여행길에 올랐다.

메인 주에 이르렀을 때 우리의 대화는 줄어들기 시작했다. 앤드로스코긴 강을 따라 운전하여 마침내 딕스필드 옆 언덕으로 접어들기까지, 잭은 테이프에서 흘러나오는 조앤 아머트레이딩과 브루스 스프링스틴의 노랫소리를 참아내야 했다.

내가 사는 곳, 애덤스 힐

우리의 목적지는 메인 주 서쪽에 있는 애덤스 힐이다. 한때는 농장지역이었으나 지금은 내가 거주할 작은 터를 제외하고 전부 숲으로 바뀌었다. 어렸을 때 내 친구 필 포터와 플로이드 애덤스(이 구릉지대의 이름이 된 애덤스 가의 후손 중 한 명)와 이곳에 종종 오곤 했다. 우리는 사과나무들이 있던 자리를 점차 풀과 나무들이 차지하는 것을 지켜보았다.

뉴잉글랜드(미국 북동부의 뉴햄프셔·버몬트·매사추세츠·코네티컷·로드아일랜드의 6주에 걸친 지역—역주) 전역의 구릉지대와 마찬가지로 여기도 예전에는 사람들이 살았었다. 목초지와 밭의 가장자리를 표시했던 돌담이 마치 잃어버린 문명의 유적처럼 숲 속 여기저기에 흔적으로 남아 있다. 가끔씩 돌멩이와 화강암 조각으로 된, 블록으로 깔끔하게 쌓아놓은 네모난 지하 저장실 구멍 틈도 보인다. 이런 헛간의 울타리는 커다란 흰자작나무, 물푸레나무, 단풍나무 들을 에워싸고 있다. 한때는 초지와의 경계가 되었던 200년 된 거대한 사탕단풍나무에 아직도 녹슨 가시철사가 달라붙어 있는 것도 볼 수 있다.

구불구불한 길에 있는 잡목림을 지나 가파른 언덕을 800미터쯤 올라가면 나의 오두막이 나온다. 지금은 나이 든 사람들의 기억에만 존재하는 힐드레스 밀이란 곳에 있다. 긴 가뭄으로 인해 작은 개울이었던 길이 말라 있긴 하지만 그래도 사륜구동차가 아니면 운전해서 갈 수가 없다. 이 도로 때문에 지나가던 대부분의 방문객들은 굳이 나를 보러 올라올 마음을 먹지 못하지만, 나와 친한 친구들은 기꺼이 이 길을 올라온다. 난 이런 점이 좋아서 길을 개선하려고 애써 노력하지 않았다.

　오두막의 벽은 가문비나무와 전나무의 통나무로 되어 있다. 통나무는 도끼로 잘라낸 뒤 나무껍질이 아직 허물처럼 잘 벗겨지고 수액이 풍성할 때 목재용 박피 공구로 벗겨내었다. 내 전처인 마거릿과 나는 소를 몇 마리 빌려서 하얗고 빛나는 통나무들을 집터로 끌고 왔다. 통나무의 양쪽 면을 납작하게 만들고 끝부분에 깊고 매끈한 V자형 모양을 낸 후 밧줄, 지렛대, 경사면을 이용하여 통나무를 끌어올렸다. 우리는 여름 내내 일을 했고 집은 서서히 틀을 갖추게 되었다.

　잭과 내가 도착했을 때는 이미 해가 진 지 한참 후지만, 이제는 눈 감고도 길을 올라갈 수 있었다. 종이상자 안에 잭을 넣어서 들고 올라왔는데 어둠 속에서 조용히 대화를 나누자 잭은 긴장하지 않는 듯 보였다. 잭은 자신을 안심시키기 위해 말을 거는 내 목소리를 들으며 오두막에서의 첫날밤을 침대 옆 상자에서 보냈다.

　다음날 아침 일찍 시끌벅적한 새소리에 잠이 깼다. 그 어떤 교향곡보다 더 감미로운 소리가 사방에서 들려왔다. 오두막을 둘러싸고 있는 공터에는 조팝나무가 자라고, 땅 위에는 석탄기시대에 석탄을 만들어내었던 거대한 식물과 같은 부류인 석송(石松)이 덮여 있다. 단풍나무, 가문비나무, 소나무, 어린 발삼전나무도 있고 야생 산딸기와 블루베리도 군데군데 있었다. 지난 몇 년 동안 자르지 않고 무성하게 자란 식물들은 흰목참새, 검은방울새, 밤색 허리를 한 내시빌 휘파람새, 짙푸른 색의 유리멧새의 좋은 먹잇감이 되었다. 이 새들은 모두 일정한 간격을 두고 울어댔는데 내 방 창문 너머에 둥지를 짓고 사는 피비도 마찬가지였다. 나는 숲에서 들려오는 큰어치, 붉은가슴밀화부리, 붉은눈비레오의 소리에 마치 새 사람이 된 것 같은 기분으로 자리에서 일어났다.

6월 초 숲 속에서의 첫날을 시작하며 창밖을 보니 반짝거리는 푸른빛이 끝없이 펼쳐져 있었다. 난 녹색빛이 이토록 다양하고 생기를 품고 있다는 사실을 미처 몰랐었다. 이즈음 돋아나서 피어나기 시작하는 단풍나무 잎의 경우, 잎이 겹겹이 붙어 있는 곳은 채도가 어두운 녹색이고, 햇빛이 새어 들어오는 부분은 노란빛이 감돌며 빛이 난다. 오두막 둘레의 공터에는 녹색빛이 숲 속보다 좀 더 균등하게 퍼져 있는데, 아마 오두막 주변에 많이 자라고 있는 사탕단풍나무 때문인 듯하다. 공터의 끝자락에 있는 미국꽃단풍나무는 좀 더 붉은 기가 돈다. 물푸레나무처럼 아직 잎이 다 나오지는 않았지만 이미 꽃이 피었고 빨간색 열매가 나무 전체에 달려 있었다. 공터의 건너편에는 가문비나무가 자라는데 대부분의 침엽수가 그러하듯이 거의 검은빛의 녹색을 띠고 있다. 올해 새로 나온 침엽수의 줄기는 밝은 연두색인데 어떤 것은 파란색도 감돈다.

문밖으로 나서서 시원한 공기를 들이마시자 기분이 가볍고 편안해졌다. 갑자기 새들의 소리가 더 소란스러워졌다. 울새의 파란색 알껍데기가 길에 떨어져 있는 것을 발견했다. 새끼가 나온 모양이다. 큰어치가 입에 나뭇가지를 물고 오두막 위를 날아간다. 작은 바이올렛이 길을 따라 자라고 있었는데 흰색, 파란색 심지어 노란색의 꽃도 조금 볼 수 있었다. 원예종인 팬지의 작은 모형 같은 이 꽃들은 사람들이 만들어낸 것과는 달리 자연에서는 거의 단색으로 자란다. 인간이 만들어낸 다양한 꽃들보다 이 꽃들이 훨씬 매력적으로 느껴진다.

반짝이는 녹색빛의 지붕 아래에는 꽃들이 사방에 피어 있다. 전부 다

숲 속의 봄꽃들

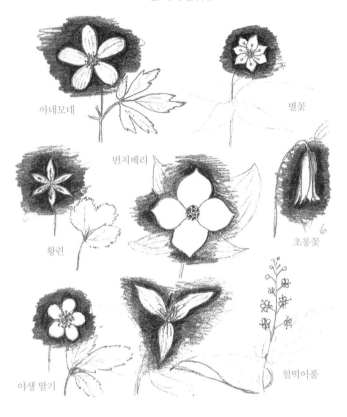

년생초화류로 대부분은 흰색이다. 별꽃, 캐나다 큰두루미꽃, 미국 헐떡이풀, 황련, 번치베리, 아네모네, 딸기, 그리고 둥굴레. 또 가운데 섬세한 붉은색 줄이 들어간 흰색 연령초도 있다. 나는 내 앞에서 반짝이고 있는 이 다양한 흰색 꽃들보다 더 멋진 흰색 꽃을 본 적이 없는 것 같다. 무수한 흰색 꽃들보다는 자주빛 연령초 하나를 알아보기가 더 쉬운 것 같다.

이윽고 잭이 귀를 찌르는 듯 거슬리는 소리를 끊임없이 내지르며 먹이를 달라고 시끄럽게 굴기 시작했다. 먹이를 주자, 이내 녀석은 오두막 옆 소나무 가지에 만족한 듯 조용히 앉아 있다.

나는 붉은가문비나무에 올라서서 경치를 감상한다. 지난 9년 동안 나는 새벽이나 해 지기 한 시간 전쯤에 이 나무에 올라서서 큰까마귀들을 관찰했다. 이 나무는 헐벗은 절벽 바위에 바싹 붙어서 자라기 때문에 언덕 아래에 자라고 있는 가문비나무들과는 달리 햇빛이 거의 몸통의 끝까지 내리비친다. 그 덕분에 튼튼해진 가지가 밑에까지 계단처럼 층층이 나 있다. 그러나 내가 지금까지 수백 번 오르내리느라 거의 모든 잔가지들이 꺾여버렸다.

잘 부러지지 않는 소나무와는 달리 다른 나뭇가지들은 웬만큼 두텁지 않고서야 잘 부러진다. 이에 비해 가문비나무 가지는 두께가 겨우 1인치만 되어도 딛고 올라서서 발을 구를 수가 있는데 구부러지기만 할 뿐 강철처럼 질기다. 아마도 60년이 넘는 세월 동안, 겨울이면 몇 톤이나 되는 눈을 견디어냈을 것이다.

붉은가문비나무는 이 언덕과 산에 '검은빛'의 지붕을 만들어내는 나무로, 너도밤나무·자작나무·미국꽃단풍나무·사탕단풍나무·루브라참나무로 이루어진 활엽수림 위를 뚫고 자란다. 아래쪽에는 참피나무와 빅투스 사시나무도 자라고 습지 쪽에는 발삼전나무, 미국꽃단풍나무, 편백나무가 있다. 야생 벚나무와 흑벚나무, 사시나무, 미국꽃단풍나무와 전나무는 바람이 잦아들거나 일시적으로 나무를 베어낸 곳 같은 데서 얼른 싹을 내고 자라난다. 이 숲 속에서 이런 빈터들은 아주 잠깐 동안만 빈터로 남아 있다. 빈터가 생길 때마다 마치 진공청소기가 공기를 빨아들이 듯이 숲의 생명체들이 거침없이 달려든다.

　가문비나무가 있는 산등성이에서는 아래쪽보다 눈이 조금 더 일찍 내리고 늦게 녹는다. 이 위는 더 춥고 비늘잎(자연 변태로 비늘같이 된 잎. 겨울눈을 싸서 보호한다-역주)이 두텁게 덮여서 그늘이 지기 때문에 해가 눈을 녹이지 못한다. 작은 북미상모솔새, 검은머리북미박새, 붉은배동고비가 바람이 잘 통하는 이곳에 집을 짓고 산다. 붉은가문비나무의 작은 적갈색 열매는 나무의 거의 꼭대기에서 난다. 나는 열매가 잔뜩 달린 짧고 두꺼운 푸른 잎이 난 가지를 우산 삼아 그 밑에 걸터앉았다. 어느 방향으로든 전경이 잘 보이도록 가지를 정리해놓았다. 마운트 텀블다운 근처의 언덕 꼭대기인 이곳에서는 숲이 끝없이 다른 언덕과 구릉지대를 뒤덮고 있는 것을 볼 수 있다. 깊은 숲 속을 다니다 보면 무스(북미산 큰사슴-역주), 즉 사슴의 흔적뿐 아니라 곰이 매끄러운 너도밤나무 기둥을 발톱으로 긁어놓은 자국도 볼 수 있다. 이 지역의 소나무 숲을 보고 있노라면 40년 전에 이곳이 과수원과 양을 키우던 목초지였다는 것이 믿기지 않을 것이다.

　북쪽으로 보이는 옛 농가는 내가 오두막을 지은 곳이다. 봄이면 정착민들이 맨 처음 심어놓았던 보라색 꽃의 라일락 나무가 보인다. 6월이 되면 어느 빈터에서는 분홍색 장미가 잔뜩 피어난다. 그 빈터는 이미 오래전에 없어졌으나 난 대충 풀을 베서 경계를 지어놓았다. 나는 예쁘기도 하지만 이곳에 살았던 사람들을 생각나게 하는 라일락과 장미를 좋아한다. 블루베리가 몇 그루 자라는 곳도 있다.

　헛간이었던 네모난 화강암 블록 부근에는 백 년도 더 전에 심어 놓았던 루바브 풀이 아직도 자라난다. 블루베리를 심기 위해 땅을 파니 쟁기, 건초 갈퀴, 마구, 그리고 한쪽 면에는 홀스^{Hall's}, 다른 쪽에는 헤어 리뉴어

Hair Renewer라고 쓰여 있는 네모난 파란색 병 같은 것들을 발견했다.

이곳에 살던 사람들은 어떻게 되었을까? 그들은 이 숲 속 곳곳에 작은 묘비를 세워 자신들의 이름을 남겼지만, 비바람에 거의 지워졌다. 돌담, 무너져버린 우물, 헛간과 집터만이 여태 남아서 그들의 흔적을 말해주고 있다.

아직 읽을 만한 묘비라도 이름과 날짜만을 겨우 알아볼 수 있다. 이 근방의 100개 묘비 중에서 57개는 20세가 되기 전에 죽은 아이들의 것이다. 대부분 어린아이거나 더 어린 아기들이 죽었다. 살아남아서 나이가 든 사람들은 먼저 간 자식들을 그리워했다. 일곱 살짜리 무덤의 비석에는 '우리 아기천사'라고 쓰여 있었다. 어느 묘비에는 '로드니와 멜리사 스턴즈의 아들 앨버트 엠은 메인 주 의용군 17연대 조지 대령 부대원으로 1864년 6월 20일 피츠버그 인근에서 총에 맞았다'라고 적혀 있었다. 하지만 대부분의 묘비에는 왜 죽었는지에 대한 이야기가 나와 있지 않았다. 추측하건데 항생제가 개발되기 전, 미국 원주민들의 상당수를 죽인 박테리아로 인해 정착민들도 죽었을 것이라고 본다.

전망대 바로 아래의 서쪽으로는 동굴이 있는 가파른 화강암 절벽이다. 단풍나무를 이로 갉아서 상처를 내곤 하는 호저(고슴도치 같은 동물-역주)들이 살고 있다.

수십 미터 아래는 아스팔트 길이다. 이 위쪽에서는 보이지 않지만 목재를 실은 트럭이 덜거덕거리며 지나가는 소리를 들을 수 있다. 트럭마다 1.2미터 길이의 통나무를 2단씩 싣고 가는데, 통나무 위에는 커다란 집게발같이 생긴 유압승강기가 놓여 있다.

트럭은 제이와 리버모어 폴스에 있는 제지공장 마을을 향해 언덕을 내려간다. 어떤 차들은 멕시코로 향하기도 하고 여기서 멀지 않은 럼퍼드로 향하기도 한다. 여기는 또 마드리드, 중국, 노르웨이, 페루, 스웨덴, 덴마크, 나폴리, 폴란드, 파리, 베를린과 가깝기도 하다(이곳의 마을 이름들. 세계 각지의 이름을 가진 마을이 주변에 있다 – 역주). 이 지방을 흐르는 강은 앤드로스코긴·케네벡·페놉스코트이며, 호수로는 움바고그·아지스코호스·무스룩미건틱·파마치니가 있다.

백인이 처음 이곳에 왔을 때 이곳에 살던 원주민들은 알곤킨족의 한 부족인 아베나키로, 여러 씨족들의 연합으로 이루어졌으며, 각 그룹이 물려받은 강의 계곡에 따라서 구분 지어졌다. 이곳 샌디 강 계곡에 살던 부족은 케네벡 부족인 것으로 여겨지는데 샌디 강이 케네벡 강의 한 지류이기 때문이다.

나는 오로노에 있는 메인대학교에 다닐 때 페놉스코트 강가에 있는 올드 타운의 한 트레일러에서 잠깐 살았었다. 올드 타운은 페놉스코트 인디언족의 고향인데, 헨리 데이비드 소로는 여기에서 카타딘 산으로 가는 길을 안내할 가이드 폴리스Polis를 고용했다. 나는 미식축구 경기장에서 소박한 인디언 예복을 입고 있는 그 부족의 추장 브루스 폴로를 본 적이 있다. 폴로는 오클라호마에서 온 카이오와족이었다.

메이플라워 호가 플리머스록에 도착한 지 얼마 지나지 않아서 영국에서 애덤스 가의 일곱 형제가 이곳에 왔다. 그중 한 명은 메인 주의 요크에 정착했고, 한 명은 존 퀸시 애덤스 대통령의 병사를 이끌기도 했으며, 나머지 형제들은 매사추세츠에 정착했다. 메인 주에 정착한 애덤스 사람들 중에 한 명이 1769년 보도인험에서 태어난 모지스라는 손자를 두었다.

모지스는 메인 주의 가드너에 사는 마사 키니와 1788년에 결혼했다. 그들은 열세 명의 자식을 낳았는데 이 지역 전화번호부에 실려 있는 수많은 애덤스들이 아마 그 후손일 것으로 생각된다. 그리고 더 이상 애덤스란 성을 쓰지 않는 여성도 많을 것이다. 열세 명 중 한 명인 메리는 아버지의 형제인 제데디아와 결혼했기 때문에 애덤스란 성을 계속 쓰게 되었다. 그들의 아들인 제데디아 2세는 1808년에 태어나서 또 아사란 아들을 낳았는데, 애덤스 힐은 바로 이 애덤스를 기려서 붙여진 이름이다.

아사는 1856년 언덕에 있는 농장을 산 후 결혼해서 그곳에 정착했다. 그의 딸인 플로라는 이 언덕에서 1858년에 태어났는데 그녀는 켄달 요크와 결혼해서 몇 년 동안 농장을 떠나 있었다.

아사가 다른 가문의 사람에게, 그 사람은 또 다른 가문의 사람에게 이 언덕 지역을 팔게 되면서 잠시나마 한동안 이곳은 애덤스 가의 땅이 아니었다. 하지만 플로라와 켄달이 다시 이곳을 샀고, 부부는 1907년부터 1913년까지 이곳에서 살았다. 1913년에는 아이들이 벌써 9명이나 되었다.

애덤스 힐에서 켄달과 플로라 부부는 벤 데이비스 사과를 길렀는데 저장이 잘되는 품종이어서 배로 영국까지 보낼 수 있었다. 사과는 지하실의 건초 속에 넣어두었는데, 그 과수원의 흔적을 지금도 숲 속에서 찾을 수 있다. 비트, 순무, 당근 역시 모래 속에 통째로 넣어서 보존했는데 루바브와 완두콩은 병조림으로 보관했다.

그들은 또 양과 소도 길렀다. 8∼10마리의 젖소를 키웠는데 그 당시에는 꽤 큰 무리로 여겨졌다. 우유에서 나온 크림을 일주일에 두 번씩 웹 호숫가 옆 마을인 웰드까지 마차로 실어 날랐다. 달걀도 팔았으나 닭장은 없었다. 암탉은 헛간 외에도 아무 데나 둥지를 틀었기 때문에 필요할 때마다 알을 찾아야 했다. 애덤스 힐 농장은 인근에 있는 플로이드와 리오나 애덤스 농장과 비슷했던 것 같은데, 나는 열 살 때 천국 같은 그곳에서 여름을 보낸 적이 있다.

켄달과 플로라가 이곳을 떠난 1913년 후로는 아무도 이곳에서 살지 않았다. 그들은 농장을 아들인 리처드에게 팔았는데 그는 1926년까지 여름에만 이곳을 찾았다. 처음에는 건초를 계속 깎아냈지만, 1930년경 큰 창고와 집이 불에 타버린 이후 더 이상 건초를 깎지 않게 되었다. 이후로도 한동안은 양들이 풀을 뜯으러 왔으나, 이 근방에 살고 있는 흑곰이 양을 잡아먹기를 매우 좋아했기 때문에 결국 양 대신 육중하고 혈기왕성한 해리퍼드 육우를 키우게 되었다. 1940년대 초까지 소들은 봄과 가을에 가파른 언덕을 오르내렸다. 20년 뒤 이 지역은 사슴이 즐겨 풀을 뜯는 장소가 되었다.

이 숲은 내가 어린 시절부터 알고 지내던 애덤스 가 사람들이 살던 곳이기 때문에 아직도 내겐 생동감이 넘치는 곳처럼 느껴진다. 이 농장의 흔적에서 사람들의 모습을 떠올릴 수 있다. 소들을 몰고 가고, 낚시를 하고, 옥수수 밭을 일구는 소년들이 보이는 듯하다. 그 속에 내 친구 플로이드가 있고 내 모습도 보인다.

그래서 켄달과 플로라 그리고 두 사람의 딸 에델은 남 같지 않았다. 내가 행복한 시간을 보냈던 농장이 에델의 아들인 플로이드의 것이기 때문이었다. 플로이드와 리오나는 아직도 언덕에 있는 나를 찾아오고 그들의 아들인 빌과 나는 함께 낚시를 가곤 한다.

켄달과 플로라에게는 에드나 엘즈워스라는 손녀딸이 있는데, 그녀의 아들 버키는 부동산 회사에서 일했다. 그리고 나는 그 회사를 통해서

1977년 애덤스 힐의 이 땅을 구입한 것이다. 에드나는 할머니인 플로라가 언덕에서 만들어주던 신맛 나는 사과조림과 창고 옆에서 자라던 루바브를 기억하고 있었다. 루바브는 이제 적어도 100년은 되었는데 아직도 매년 봄이면 왕성하게 자라나서 지금도 소스와 파이를 만드는 데 쓰인다(나는 근처 마을에 살고 있는 리오나와 에드나에게 루바브를 뿌리째 한 줄기씩 가져다주었다).

1958년경 에드나는 남편과 함께 여기 절벽 옆에 작은 판잣집을 짓고 캠프 카플렁크라 이름 지었다. 그때는 이 들판이 허허벌판이었다. 이곳에서 에드나는 블루베리를 수확했던 것으로 기억하고 있으며, 그때는 웹 호수까지 잘 내려다보였다고 한다. 하지만 지금은 나무가 자라나 호수를 가려버렸고 이제는 블루베리 대신 쓸 만한 통나무로 잘라낼 수 있을 정도의 소나무가 자라고 있었다.

에드나가 네 살 때인 1917년에 소유지 가장자리를 따라서 흐르던 개천은, 지금은 아스팔트 길이 시작되는 도로가 나면서 댐으로 갇혀버렸다. 한때 거기에는 작은 공장 힐데스 밀이 있었는데 수력발전으로 가구를 만드는 데 쓰이는 목재판을 만들었다. 공장 일꾼들은 에드나의 어머니가 운영하던 근방의 숙소에 머물렀다. 에드나의 아버지는 공장에서 나오는 통나무를 가공하는 일을 했는데, 통나무는 애덤스 힐과 위쪽에 있던 다른 언덕에서부터 흐르는 올더 강을 따라서 떠내려왔다. 그를 잘 알던 사람들은 에드나의 아버지가 '송어 낚시를 할 때를 제외하면 매우 법을 잘 따르는' 사람이라고 했다.

이 지역의 아이들은 오래된 공장부지 옆에 아직도 서 있는 판잣집 안에 있는 학교에 다녔는데, 자그마한 교실이 하나밖에 없었다. 선생님은 노동자들과 함께 숙소에 묵었다. 학교는 1920년대 이후로는 아이들이 다니지 않고 있으나, 매년 한 쌍의 피비가 새끼 네다섯 마리를 키우고 있다. 깨진 창문으로 들어온 새들은 진흙과 이끼로 된 둥지를 문 바로 안쪽에 있는 가로대 위에 지어놓는다. 댐의 흔적도 발견할 수 있는데 오리나무 덤불을 따라 나 있다. 공장 숙소의 지하창고는 1991년에 재재용으로 잘라내버린 스트로부스소나무로 꽉 채워지고 둘러싸여 있다.

나는 열 살쯤 되었을 때 이웃인 포터네 농장에서 허드렛일을 하기 시작했는데 주로 젖소의 젖을 짜거나 매일 장작 통을 채워 넣는 일이었다. 필과 머틀은 나의 친한 친구가 되었다. 둘 다 마을의 양털 공장에서 일했는데 우린 함께 사냥이나 낚시를 다니곤 했다. 아주 맛있는 딸기 루바브 파이를 만들 줄 알았던 머틀은 고등학교 졸업 선물로 나에게 파랗고 빨간 색의 스웨터를 짜서 주었는데 아직도 그녀가 준 그 옷을 입고 있다. 언젠가 머틀은 그녀의 조상이 케네벡 강을 따라 있는 노리지워크란 작은 마을에서 왔다고 말했다. 또 그녀의 조상이 인디언이라고도 말했지만 그 말에 속지는 않았다.

둥근 산들 아래쪽에 보이는 커다란 호수는 웹 호수다. 웹 가문은 호수가 얕아지면서 눅눅한 목초지대가 되어버린 북쪽 끄트머리 쪽에 아직도 농장을 소유하고 있다. 6월이면 종종 무스가 흑파리를 피해 숲에서 나와 그곳으로 가서 바람을 쐰다.

웹 호수의 반대쪽에는 불과 8킬로미터도 안 되는 곳에 깔때기 모양의 산인 마운트 블루가 있다. 높이는 약 970미터로, 날씨가 맑아 뉴햄프셔에 있는 화이트 마운틴 산맥의 일부와 마운트 워싱턴, 프레지덴셜이 다

보일 때만 아니면 이 근방에서는 가장 높다.

이 숲 속의 여러 풍경들이 내가 있는 붉은가문비나무에서 다 보이지는 않는다. 주변에 있는 생명체들은 대개 우리의 눈에 잘 보이지 않는 법이다. 별다른 흔적도 없다. 아주 꼼꼼하게 오랫동안 지켜본다면 그저 끄트머리 정도만 조금 엿볼 수 있을 뿐이다. 우리의 환경을 이해하고 싶다면 이 숲 속에 살고 있는 또 다른 원주민인 여러 생명체들을 잘 파악해야만 한다. 우리는 맡지 못하는 수백만 가지 냄새가 지금도 바람결에 퍼지고 있는데, 각각의 냄새는 어떤 곤충에게는 특정한 정보를 제공하곤 한다. 여름에 나무를 베어내면 대여섯 품종의 딱정벌레 수백 마리가 냄새를 맡고 찾아올 것이다. 딱정벌레는 바람을 거슬러 날아와서 알을 낳는데 이 알들은 금방 하얀 유충이 된다. 그러고 나면 여러 종류의 말벌이 또 이 유충들 위에 알을 낳아두고, 딱따구리는 나중에 이 딱정벌레와 말벌의 유충과 알을 맛있게 잡아먹는다. 딱정벌레의 종류는 수천 가지가 넘을 만큼 다양하며 그 이름들을 제대로 알고 있는 사람은 아마 없을 것이다.

그래도 새들은 최소한 이름이라도 좀 알 수 있다. 수년 동안 이 언덕지대 인근에 사는 나무휘파람새를 한 20종은 보았다. 각 종마다 우는 소리가 다른데 여러 가지 소리를 내는 종도 있다. 숲 속을 거닐며 새소리를 잘 못 알아듣는다면 그들의 존재를 못 알아보는 것이다. 새들이 예술적으로 숨겨놓은 특유의 아름다운 둥지를 모른다면, 이 숲이 무엇으로 채워져 있는지 잘 모르는 것이다. 인간은 숲 속에서 일어나는 일에 대해 너무나 조금밖에 알지 못하기 때문에 그저 꿈속을 헤매는 것과도 같다.

계곡 아래쪽에는 연못이 있다. 이곳에서 아비새는 숭어를 잡아먹으며 여름에 짙은 색의 털이 부숭부숭한 새끼를 낳아 기른다. 어떤 봄에는 이곳에 얼음이 사라지기도 전에 대서양을 건너 기진맥진해져서 날아온다. 그런 때에는 얼지 않은 다른 물을 찾아가서 기다렸다가 다시 찾아온다. 한 쌍의 큰까마귀도 이 연못을 자기 집으로 여기고 있다. 이 부부는 물가에 자란 소나무에 둥지를 지어놓았는데 아마도 한 20년은 되었을 것이다. 그리고 아마도 그 두 배쯤 더 오랫동안 이곳에 둥지를 틀 것이다.

나의 오두막 옆 빈터에서 집을 짓고 사는 유리멧새는, 겨울에는 중앙아메리카에서 지내다가 변화하는 별자리를 보며 밤마다 수천 킬로미터를 날아서 다시 이곳으로 온다. 어린 새일 때 이 녀석들은 조팝나무의 작은 둥지 속에서 웅크린 채로 이 별자리를 익히는 것이다. 내가 같은 하늘을 쳐다보고 있는 지금 이 순간에도 유리멧새는 이곳으로 되돌아오기 위해 열심히 공부하고 있을 것이다.

'진정으로 고립된 삶'을 시작하다

오두막으로 난 진입로 아래쪽에는 우편함이 있는데, 시골 우편배달부가 바깥세상 소식을 이 구석까지 전달해준다. 매일 우편함으로 배달되어오는 신문은 아침에 모닥불을 피울 때 요긴하게 쓰인다. 무엇이든 낭비되는 것을 원하지 않기에 가끔은 읽기도 한다.

우편함이 있는 길가에 사는 론과 신디네 집에는 전화가 있다. 그들의 집에는 옥외 변소도 있다. 두 아이들과 친구들의 목소리가 듣고 싶을 때가 있을 것 같아 론에게 물어보았다.

"저기 론, 혹시 변소에 전화를 놓아도 될까요?"

"그러슈."

하지만 론과 달리, 전화를 놓는 사람은 어이없어 했다. "어, 어디에 전화를 놓는다고요?"

난 자동응답기를 달아놓아서 녹음도 할 수 있게 하였다. 이제 나만의 꽤나 훌륭한 전화 부스가 생겼다.

텔레비전은 없지만, 가끔 커피도 마시고 동네 사람들과 담소를 나누러 파밍턴 식당으로 가는 차 안에서 라디오는 듣는다. 광고가 나오는 즉시 라디오를 끄는 버릇이 있긴 하다. 뉴스도 듣기는 하지만 대부분의 일들은 나와는 관련이 없는 일이었다. 올 한 해는 내 모든 에너지와 감정을 중요한 곳, 바로 이곳 메인 숲에 집중하려고 한다.

지속적인 관심을 가지고 잭을 돌봐줘야 하고 게다가 옥외 변소도 지어야 한다. 야생 까마귀들을 큰 새장에서 키우며 관찰하는 한편 겨울을 대비하여 오두막 밑의 토대도 다져야 할 것이다. 잘라낼 나무도 있고 정원에 심을 식물도 있다. 달리기도 다시 시작하고 싶었는데, 달리면서 자연이 선사하는 아름다운 광경들을 그저 지나치는 것이 아니라 천천히 즐기고 싶다.

한때 나는 장거리 달리기 선수였는데 최근에는 매일 달리기를 하면서 우편함까지 오가고 있다. 한 쌍의 아비새를 보러 호수를 넘어간다. 호수 끝자락에 살고 있는 까마귀 가족도 지켜보러 간다. 또 잭을 위해서 로드킬이 일어나지 않았는지 살피거나 나를 위해 산딸기도 따곤 한다. 한 손으로는 딸기 몇 개 혹은 죽은 새나 다람쥐를 들고, 다른 손으로는 대개 맥주병이나 길가에서 주운 캔을 든다. 왜 이 깡통들을 줍는지 나도 모르겠다. 반짝이는 물건을 주워 모으는 까마귀의 습성을 닮은 것일지도 모르겠다. 어쨌든 진정으로 고립된 삶을 살아가려면 이런 훈련이 필요하다. 지나가던 사람들이 내가 한 손에는 맥주캔을 들고 조깅하고 있는 것을 보면 무슨 생각을 할지 알 만하기 때문이다. 분명 내가 술에 취한 채로 달리기를 하고 있다고 생각할 것이다. 남들이 무슨 생각을 하든지 개의치 않아야 한다는 것이 내 신념이다.

6월과 7월은 나에게 아주 행복한 달이었다. 이 시기의 일기장의 내용은 아주 간략하다.

5월 31일~6월 2일: 캠프에 자리 잡았음. 잭과 놀아줌. 땔감을 잘라놓음. 흰색 꽃이 많음.

6월 3일~4일: 새소리 조사.

6월 5일~6일: 변소 구덩이를 파기 시작. 비가 퍼부음.

6월 7일~8일: 버터컵 호박과 주홍색 깍지콩을 심음. 블루베리 덤불을 심음. 오두막 토대를 위한 도랑을 파놓았음.

6월 9일~17일: 물이 고인 곳이 연못이 될 것 같아서 나무와 수풀을 치워놓음. 개똥벌레가 나옴. 대모등에붙이도 나옴. 나무를 잘랐음. 블루베리 나무 밑에 톱밥으로 뿌리 덮개를 함. 기초공사를 위한 바위를 간신히 끌고 옴.

6월 15일: 큰까마귀를 관찰함. 마을에 갔다 옴. 블루베리를 좀 더 심고 아스파라거스도 심음.

6월 17일~18일: 헤엄칠 수 있는 웅덩이까지 난 길을 치워놓음. 서쪽 벽의 토대로 삼을 바위를 몇 개 더 끌고 옴. 올더 브룩을 관찰. 짙은 녹색의 잠자리와 진한 청녹색제비갈매기가 빙빙 날아다님(모기를 잡나?).

6월 19일: 읍내 나들이 - 도서관, 식당에 들름. 체인톱을 수리함. 장작을 팸. 두 개의 묘지를 돌아봄. 수영을 했음.

6월 20일~21일: 장작을 쪼개서 쌓아놓음. 흑파리가 조금 줄어들었음. 구덩이를 완성했으며 돌멩이를 가져다가 굴려서 자리에 가져다 놓음. 북쪽 벽의 마지막 부분을 완성함. 일을 끝내니 매우 피곤해짐. 낮잠을 잤음. 숲 속의 꽃들이 거의 지고 있음. 비가 쏟아졌음. 테이블 위에 자그마한 거미가 하룻밤 사이에 아주 멋진 거미줄을 만들어놓았음. 모기 두 마리가 먹이로 걸려들었음. 거미줄로 감아서는 줄 밖으로 바로 끌어냄. 수액딱따구리가 나무에 올라 다니는 것을 지켜봄.

6월 22일~23일: 통나무 작업. 편지를 씀.

6월 24일~25일: 들꽃이 많이 피었음. 노란색과 오렌지색의 조팝나물 꽃이 많이 피었음. 통나무 작업을 함. 빵을 굽고 트럭에 카누를 얹을 때 필요한 받침대를 만듦. 잭하고 긴 산책을 함.

6월 26일~30일: 수액딱따구리가 점점 수액을 핥아 먹지 않는 것일까? 조팝나물이 들판에 가득함. 분홍바늘꽃이 피기 시작함.

7월 1일~2일: 통나무를 잘라놓음. 제지회사 삼림 노동자를 보았음. 글을 씀.

7월 3일: 웰드에서 하는 댄스 구경을 감. 통나무를 잘라놓음. 글을 씀.

7월 4일: 비. 체인톱을 고치러 마을에 갔다 옴. 피비 새끼가 알을 까고 나옴.

7월 5일: 변소 구덩이 파는 작업을 조금 더 함. 그림을 그렸음. 잭하고 산책함. 책을 봄.

7월 6일: 그림 그리기. 마을 다녀옴. 편지를 씀.

7월 7일~9일: 호숫가에 놀러갔다 옴.

7월 10일~13일: 분홍바늘꽃이 절정으로 핌. 새로 태어난 여왕 호박벌들이 날아다님. 바늘꽃이 핀 초지 약 14제곱미터에 호박벌 네 종류가 200마리 이상 되는 걸로 보임. 덤불을 잘라냄. 비. 그림을 그림.

7월 14일~15일: 이젠 호랑나비가 보이지 않음. 멋쟁이 나비도 거의 사라진 듯함. 14.5킬로미터를 달림.

7월 16일: 새소리 조사. 덤불을 잘라냄.

7월 17일~18일: 덤불 자르기. 호박벌들이 분홍바늘꽃 봉오리 속에 들어가서 밤을 보냄. 대부분은 수벌인데 가끔 일벌도 보임. 달리기함. 요즘 로드킬을 당하는 동물은 대부분 큰 반짝이 표범나비, 호박벌, 초록뱀, 여새들(대부분은 개똥지빠귀와 노랑목 휘파람새)임.

7월 19일~21일: 옥외 변소를 완성했다! 독서.

7월 22일: 번치베리가 익었음. 개똥벌레가 아직도 보임. 귀뚜라미 소리가 남. 물푸레나무와 사탕단풍나무 씨앗이 여물었음. 새장에 있는 큰까마귀를 연구함.

7월 23일~24일: 버지니아 테나키드 나방이 조팝나무 주변에서 먹이를 찾아다니며 많이 날아다님.

7월 25일~29일: 큰까마귀들을 연구함. 달리기를 함.

7월 30일: 미국꽃단풍나무 몇 그루가 자주색으로 변하기 시작함. 보이시 캐스케이드 주식회사의 삼림 감독관인 씨 볼치 씨와 통나무 자르기에 대하여 이야기를 나눔. 블루베리와 래즈베리가 익었음. 날개가 다 찢어진 긴꼬리산누에나방을 발견함. 알이 들어 있는 갈색지빠귀 둥지를 봄. 아마도 두 번째나 세 번째로 낳은 알들인 듯함.

용도가 다른 두 개의 나무, 목재^{wood}와 숲^{woods}

6월 초 새벽의 메인 숲에서는 새소리와 여러 체인톱 소리를 들을 수 있다. 물론 내 톱 소리도 여기에 포함된다. 기온이 서늘한 아침 일찍 일을 해야 한다. 더워지면 흑파리가 기승을 부리기 때문이다. 이 녀석들이 한번 몰려오면 수백 마리 혹은 수천 마리가 함께 움직이는데, 밖으로 드러난 피부는 전부 물어 재낀다. 회색빛 구름처럼 몰려와 주변을 맴도는데 너무 많이 오면 숨을 쉬기가 꺼림칙할 정도다. 그런데 희안하게도 체인톱이 연기를 뿜으며 데시벨이 어느 정도인지 모를 정도로 윙윙거리면 가까이 오지 않는다. 나는 지금 사탕단풍나무가 있는 땅의 '잡초를 제거'하고 있다. 좌우에 있는 미국꽃단풍나무는 잘라내서 다가올 겨울에 땔감으로 쓰려고 한다. 장작으로 쓰려면 몇 달 동안 건조시켜야 한다.

공기가 눅눅하다. 풀 위에 앉은 이슬방울들이 말해주듯 이 시간대에는 습도가 100퍼센트일 정도로 물기가 가득하다. 기온이 오르면 공기가 습기를 더 머금게 되고 이슬은 증발해버린다. 일을 아무리 서둘러 시작해도 한 시간 동안 톱질을 하고 나무줄기를 잘라서 옮기고 나면 땀으로 목욕을 하게 된다. 몸에서 풍부한 분비물이 나오면 파리들은 더욱더 덤벼드는데, 내가 톱과 도끼를 들자마자 달려든다. 하지만 그것들을 뭐라 할수는 없다. 예상했던 일이다. 이 작은 생명체들 덕분에 사람들이 오지 않아서 메인 숲이 푸르게 유지되고 있는 것이다.

내가 참을 수 있는 한도까지(그게 그다지 크지는 않다) 허드렛일과 파리와의 아침 일과를 끝내고 나면, 양동이 바닥을 못으로 구멍뚫어 만든 샤워기 아래에서 몸을 후딱 씻는다.

시원하게 씻고 나면 오두막으로 가서 두 번째 커피를 마신다. 이젠 창문을 열고 해가 들어오게 한다. 밤에 창문을 열어두면 모기 떼들이 몰려들어와 나를 귀찮게 하는 데 반해, 이상하게도 낮에 기둥 같은 모양으로 나를 따라다니던 흑파리 떼는 오두막에만 들어오면 곧바로 창문 밖으로 나가려고 아우성이다.

낡은 옥외 변소가 아슬아슬하게 서 있다. 변소를 비워놓아야 하지만 사탕단풍나무에 비료를 주기 전까지 1년 정도는 그냥 내버려두고 싶다. 낡은 변소를 비우기 전까지 다른 변소를 만드는 수밖에 없다.

이 숲에서 구덩이를 파기란 매우 힘들다. 나는 표면의 흙과 돌을 삽과 도끼로 파고 나면 쉽게 작업할 수 있을 것이라 여겼다. 하지만 아니었다. 땅의 아래쪽은 아마도 1만 년 전까지 이 땅을 덮고 있던 1.6미터가량 높이의 빙하가 진흙과 돌을 단단하게 다져 놓은 것 같다. 나는 꼬챙이로 매일 조금씩 흙을 파냈는데, 이 지역에서 왜 예전에 2인용 변소를 선호했는지 이해가 되었다. 구덩이 파는 일이 힘들다 보니 공간을 잘 활용해야 했던 것이다. 땅파기에 비하면 구덩이 위에 변소를 세워놓는 일은 식은 죽 먹기일 것이다.

제이 마을 근처의 4번 루트에 '식 앤드 신 럼버Thick'n Thin Lumber – 사과 궤짝, 터보건(좁고 긴 썰매 – 역주)'이라고 쓴 손글씨 간판이 있다. 그 옆에는 '페로, 1992년 새롭게 등장하다'라고 쓰인 선거 홍보 간판도 땅에 박혀 있다. 월요일 아침인데, 길을 가로질러 있는 럼버야드까지 난 케이블이

고장 났다. 물푸레나무와 버드나무 덤불이 있는 모래길을 운전해서 내려 가, 황소개구리들이 울고 있는 작은 연못 옆 큰 빈터로 갔다.

뜰은 조용하다. 늙은 독일 셰퍼드 한 마리가 긴 줄에 묶인 채 왔다갔다 하면서 나를 쳐다본다. 셰퍼드는 톱질하는 곳으로 쓰이는 회색빛의 낡은 헛간 옆, 톱밥 더미 근처에 묶여 있다. 짖지는 않는다. 황소개구리는 느 린 메트로놈처럼 낮은 소리로 계속 울고 있다.

뜰에는 쌓아놓은 통나무들이 보이지 않는다. 대신에 연못 근처 낮은 덤불 속에 5에서 10센티미터 두께의 흰 소나무 통나무 조각들이 아무렇 게나 놓여 있다. 이것들을 낡은 헛간까지 어떻게 끌고 가져가는지 궁금 하다. 헛간 끝쪽에는 통나무 조각더미가 있는데, 대부분은 아직도 바크 가 붙어 있는 소나무와 솔송나무 외장용 통나무 조각이다. 변소를 만들 기에는 안성맞춤이다. 조각더미 반대편에는 손글씨로 쓴 '사무실' 간판 을 걸어놓은 기다랗고 낮은 건물이 있다. 오늘 아침에 파커 키니를 만난 곳도 바로 이곳이다.

식 앤드 신의 주인이며 사장이자, 유일한 직원인 파커는 체격이 단단 한 30대 후반의 남자로, 짧게 다듬은 회색 머리에 '메인'이라고 써 있는 파란색 모자를 쓰거나 '존스레드'(체인톱 상호명)라고 쓰인 빨간색 모자를 쓰곤 했다. 노스제이에서 평생 살아왔으며 전에는 통나무꾼으로 일하다 가 인터내셔널 제지회사가 운영하는 '밀the Mill'에서 일하기도 했다.

파커의 사무실에는 사과 박스가 여기저기 조립되는 대로 흩어져 있고, 터보건 썰매, 막 만든 새집, 나무로 된 카누를 만드는 데 쓰이는 구부리 는 선반 틀, 설상화를 만드는 데 필요한 틀 등이 잔뜩 들어차 있다. 벽에 는 최근에 유화로 직접 그린 작은 풍경화가 걸려 있다. 맨 구석에는 나무로 된 오븐이 있는데 통나무로 된 의자가 주위에 둘러져 있고 케네디 암살에 관한 책이 가득 있는 책장도 있다.

파커를 만나러 온 것은 6년 전 파커가 내 오두막의 바닥과 지붕에 쓸 판자를 잘라주었을 때 이후로는 처음이다. 그는 사과 박스를 맞추느라 망치질을 하다가 나를 올려다보았다. 그의 눈빛에서 날 알아보는 걸 읽을 수 있었다.

"나 기억해요?"

"그럼요, 예쁜 아내 분은 안녕하신가요?"

"내가 싫어졌답니다. 아니면 숲이 싫어졌든지, 아마도 둘 다일 걸요. 나랑 헤어지긴 했지만 잘 지내고 있어요."

"아직도 대학교에서 학생들을 가르치고 계신가요?"

"그랬었지요. 지금은 변소를 지으려는 중입니다. 통나무 조각을 좀 살 수 있나 해서 왔어요."

그는 밖으로 나가 외장용 자재를 보여주었다. "여기 있는 거 정도면 아주 적당해요"라고 내가 말했다.

"그럼, 트럭을 이리로 끌고 오세요."

사무실로 돌아가는 길에 나는 픽업트럭에서 체인톱을 꺼내서 혹시 체인이 잘 움직이지 않도록 묶는 방법을 아냐고 물었다. 아침에 체인이 틀에서 튀어나와서 다시 집어넣으니 꽉 끼어버렸다고도 말했다.

"보통 그런 경우에는 톱니 하나에 아마도 깔쭉깔쭉하게 튀어나온 부분이 생겼을 겁니다. 체인을 한두 번 돌리면 대개는 닳아서 없어져요."

파커는 손으로 체인을 강제로 움직이더니 한 손으로 톱을 잡고 다른 손으로는 줄을 당겨서 시동을 걸었다. 그러고는 제동기를 누르자 체인이 멈칫하더니, 이럴 수가, 곧 고양이처럼 가릉거리며 돌아가는 것이었다.

"수리비를 얼마 드리면 될까요?"

"아니에요. 아무것도 한 게 없는데요… 알면 누구나 다 할 수 있어요."

그에게는 '그냥 알면 할 수 있는 것'인지 모르겠으나 나에게는 반나절이 걸리고 어쩌면 체인을 새로 사야 할지도 모를 일이었다. 난 20달러 정도면 적당할 것 같았고 기꺼이 지불하고 싶었다. 메인에서의 지식은 아주 요긴한 것이다. 파커는 숲에서 수년간 일하면서 그런 지식을 쌓은 것이다. 체인톱에 관한 한 알 수 있는 모든 걸 다 파악하고 있다. 나는 그의 과거 경력에 대해, 그가 견뎌내었을 고통에 대해(그의 손등에 난 심한 상처 자국을 보았다) 대가를 지불하는 것이다.

"파커, 그러면 10달러라도 받아요. 내가 미안해지잖아요."

"뭐 한 게 있어야죠."

"50센트는 수리비로, 9달러 50센트는 당신의 능력에 대해서 지불하는 거죠."

우리는 사무실로 되돌아가서 난로 주위에 앉았다. 그는 오븐을 열고 소나무 조각을 더 넣었다. 연기가 한줌 솟아나왔다.

"여기 뜨거운 물이 있어요. 커피랑 설탕은 저기 있고요. 마음대로 드세요."

6월 초였지만 아직 아침에는 쌀쌀했다. 그렇지만 타오르는 장작 덕분에 아침 추위도 가시고 커피도 끓일 수 있었다. 우리는 통나무 작업에 대해 그리고 내가 사는 숲 바로 위에 있는 마운트 블루에서 최근에 일어난 일들에 대해 수다를 떨었다.

소문에 의하면, 환경보호단체인 '어스 퍼스트Earth First'가 마운트 블루

주립공원의 나무 1만 1,600개의 코드(장작의 단위 - 역주)가 베어지는 것에 대해 항의하기 위해 기계를 망가뜨리고 나무에 못을 박아놓았다고 한다. 이 벌채 계획은 26년 전 웹 호수 연안 부지를 두고 주 당국과 대형 제재 회사인 팀버랜드가 맺은 계약의 결과물이다. 못을 박은 나무에 붉은 깃발을 매달아놓고 항의하는 선동적인 모습은 오히려 보는 사람을 불안하게 하여 정작 중요한 사안들을 잊어버리게 만들었다.

"내가 알기로는." 파커가 말했다. "그 사람들은 살인자들이에요. 커다란 톱이 폭발하는 거 본 적 있어요? 쇠 같은 파편이 사방에 튀었지요. 한 사람이 죽는 걸 봤어요. 저도 죽을 뻔했고요. 내 얼굴 바로 옆으로 파편이 시나갔다니까요."

메인 주 이쪽 부근의 삶은 나무와 숲을 빼고는 상상할 수 없다. 어떤 사람은 나무를 땔감으로 쓰고 어떤 사람은 먹고살기 위해 나무를 잘라낸다. 많은 사람들이 종이, 터보건, 설상화, 사과 박스, 카누를 만들어서 생계를 유지한다. 이 모든 것이 나무로부터 나온다. 나무는 여러 가지 면에서 우리의 생명줄인 것이다. 이것이 문제다. 용도가 다른 두 개의 나무가 있는 것이다. 나무는 목재wood가 되기도 하고 숲woods을 이루기도 한다.

새들이 노래하는 계절을 맞이하다

새들의 울음소리는 6월 초에 절정에 다다른다. 6월 3일, 정확하게는 저녁 8시 20분에 갈색지빠귀의 노랫소리가 들려 좀 더 주의를 기울여보았다. 해가 진 것은 오후 8시 17분이다. 8시 25분이 되자 꽤 어둑어둑해졌고 갈색지빠귀들이 이제 막 본격적으로 나다니기 시작한다. 다른 소리들도 들린다. 미국개똥지빠귀, 붉은가슴밀화부리, 자주색홍새, 줄무늬올빼미, 울새 세 종류(메릴랜드 노란목 울새, 밤색허리 울새, 흑백 울새). 호박벌은 어둠 속에서 아직도 초크체리 꽃을 오가며 꿀을 찾아다닌다. 한 쌍의 수액딱따구리가 오두막 옆에 있는 흰자작나무의 수액을 마시려고 쪼아대고 있는데 아마도 수액을 찾아온 벌레도 먹으려는 속셈일 것이다. 말벌, 벌새, 나방, 나비들도 거기서 먹을 것을 찾는다.(미국꽃단풍나무를 끌로 파서 수액을 받으려고 했으나 나오지 않았다. 딱따구리처럼 바크까지만 뚫었는데 목질부가 보일 만큼 한 조각을 뚝 떼어버렸다. 수액딱따구리는 단풍나무를 거의 쪼지 않는데, 흥미롭게도 내가 끌로 떼어낸 부분 바로 위를 쪼아서 구멍을 내어놓았다. 마치 자기네는 모르는 것을 다른 누가 알고 있나 보다 하고 생각이라도 한 것처럼 말이다.)

3분 후인 오후 8시 28분에 첫 모기가 뜰로 들어왔다. 상상할 수 없을 만큼 많은 모기들이 잠자리가 들어가지 않는 숲의 그늘진 곳에 무리지어 살고 있는데, 잠자리가 퇴각했음에도 불구하고 지금까지 한 마리도 뜰로 들어오지 않았다. 하지만 흑파리들은 아직도 다닌다.

오후 8시 30분 - 모기들은 이제 그늘에서 나와서 무리를 지어서 다니는데 몰려다니는 소리가 새소리를 압도할 정도다.

오후 8시 35분 - 이제는 깜깜해졌지만 갈색지빠귀, 목련솔새, 메릴랜드 노란목울새의 소리가 들린다. 가마새는 낮에는 땅에서 시끄럽게 단조로운 가락으로 우는데("티처-티처"), 지금은 신기하게도 나무 꼭대기로 날아

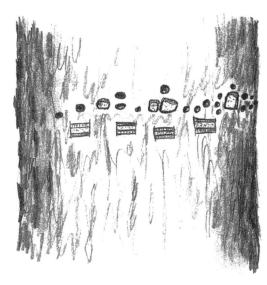

수액딱따구리는 단풍나무를
거의 쪼지 않는다.
그런데 흥미롭게도
미국꽃단풍나무에
내가 새겨놓은 네 개의 흔적 위로
수액딱따구리가 23개의 구멍을
만들어 놓았다.

가서는 멋지고 다양한 곡조로 울다가 수풀 속 어두컴컴한 바닥으로 다이
빙하듯이 날아 내려가곤 한다. 구름이 뒤덮인 날의 자정 무렵 이 소리와
혼동되는 이상한 새소리를 들은 적이 있는데, 아주 특이한 행동을 하는
지빠귀들의 소리다. 밤에 우는 그 소리는 매우 괴상해서 진화론적으로
설명해야 하는 현상이 아닌지 궁금해진다.

오후 8시 40분 – 이제 흑파리들은 전부 사라졌다. 멀리서 들려오는 부드
러우면서 명료한 음조의 개똥지빠귀 소리와 높은 음조로 윙윙대는 수백
마리 모기들 소리만 들릴 뿐이다.

야밤의 합창 소리를 들으니 새벽 합창 소리도 듣고 싶어졌다. 그러려
면 꼭 이 시기에 들어야 한다. 왜냐면 새소리들이 벌써 사라지기 시작해
서 한 일주일이 지나면 더 이상 다양한 소리를 듣기 어렵기 때문이다.
내가 알아본 바로는 일출이 오전 3시 57분에 있을 예정이다(동부 표준시

간).(내 시계가 기준이므로 서머타임으로 계산하면 한 시간을 더해야 한다.) 나는 적어
도 해가 뜨기 한 시간 전에 일어나고 싶었기에 알람을 오전 3시 50분에
맞춰놓았다.

오전 3시 55분 – 한밤중만큼 깜깜하지만 동쪽 지평선 부근에서 희미하
게 빛이 난다. 내 위쪽 어디에선가 녹색제비가 쉬지도 않고 짹짹거린다.

오전 4시 03분 – 아주 조금 밝아진 하늘 위로 아직도 별들이 떠 있다. 풀
위에 내린 이슬방울도 보인다. 녹색제비는 여전히 기운차게 노래하고
있다. 어디에 있는지 알 수는 없지만 하늘 위 높은 곳에서 계속 날아다
니는 듯한 느낌이 들었다. 너무 일찍 날아오른 나머지 아직 컴컴해서 착
륙 지점을 찾지 못하는 것일까? 가마새가 아침을 맞는 소리도 들린다.
공기가 쌀쌀하다(14℃). 아직 모기도 흑파리도 없다. 하지만 내 머리랑
팔이랑 손등이 갈수록 불이라도 붙은 듯이 가렵다. 손전등 빛으로 살펴
보니, 내 팔이 후춧가루 같은 자잘한 검은색 점들로 뒤덮여 있었다. 깔
따구다. 무는 벌레로 메인 주를 메인일 수 있게 지키는 수많은 무는 파
리들 중 하나다.

오전 4시 09분 – 저 멀리서 청둥오리가 날아가면서 운다. 아직도 어둡
다. 늪 쪽에서는 줄무늬올빼미가 아래쪽으로 소리를 지른다. 갈색지빠귀
가 고유의 나른한 울음소리를 내기 시작하더니 이내 피리 같은 음색의
익숙한 노랫소리를 들려준다.

오전 4시 14분 – 가마새가 아직도 '전형적인' 노랫소리가 아닌 방황하는
듯한 울음소리를 들려주고 있으며, 갈색지빠귀는 여전히 끊임없이 노래
를 불러댄다. 이제 녹색제비가 보인다. 내 추측대로 정말로 뜰 위를 날아
다니고 있는데 여전히 단조롭고 이상한 울음소리를 내고 있다. 하지만

이후 5분 동안 소리에 큰 변화가 있었는데, 간헐적으로 늦잠 자는 녀석들의 소리를 들을 수 있었다: 자주색홍새, 붉은가슴밀화부리, 흰목참새, 메릴랜드 노란목울새.

오전 4시 25분 – 해가 완전히 떠오르기까지 아직 32분이 남았지만 이제 손전등 불빛이 없어도 글을 쓸 수 있다. 사방에서 새소리가 일제히 솟아나며 10여 마리가 넘는 새들의 노랫소리가 한꺼번에 들린다. 내 기분도 함께 솟아오르는 듯하다. 종마다 소리를 구분해서 들어보려고 했으나 이제는 쉽지 않다. 좀 전에 울어대던 새들이 이제는 한꺼번에 같이 울기도 하거니와 피비, 박새, 검은방울새, 내시빌 휘파람새도 가세한다.

오전 4시 35분 – 장밋빛의 연어 같은 색의 하늘이다. 몇 주 전만 해도 이 시간의 이침에는 멧도요새만이 멋진 광경을 보여주곤 했다. 이제는 활기차게 다양한 노래를 불러대는 가수들 때문에 귀가 먹먹할 지경이다. 이 새들이 얼마 동안이나 이런 식으로 울어댈지 궁금해진다. 대부분의 사람들이 일어나는 시간인 지금부터 두 시간 후에도 지금처럼 계속 열심히 울어댈까?

오전 4시 50분~55분 – 나는 5분 간격으로 새들의 소리를 메모하고 있는데 새소리가 벌써 좀 잦아든다. 먹이를 찾아 나서기에는 아직 좀 어둡지만 곧 먹이를 먹기 위해 노래를 그칠 것이다. 제비(아직도 날아다니면서 미친 듯이 울고 있다), 흰목참새, 밤색허리울새, 가마새, 내시빌 휘파람새, 노란목울새의 소리가 들린다. 큰까마귀, 붉은가슴동고비, 수액딱따구리(이 녀석은 드럼을 치는 하지만) 등 새로 나타난 새들의 소리도 들린다. 검은눈방울새와 갈색지빠귀는 이제 울지 않는다.

오전 5시 05분 – 햇빛이 보인다! 비레오 한 마리가 노래를 시작한다.

오전 5시 07분~12분 – 이제 네다섯 마리만이 울고 있기 때문에 새소리가 훨씬 조용해졌다. 가마새가 이제는 제대로 된 익숙한 소리, "티처-티처" 하는 고유의 노랫소리를 들려준다. 밤색허리울새 몇 마리가 오두막 바로 옆에 있는 래즈베리 줄기 위에서 신나게 울고 있다. 붉은눈비레오는 변소 근처에 있는 단풍나무에서 운다(거의 그치지 않고 하루 종일 울어댄다). 큰어치가 짧게 소리를 내지른다.

오전 5시 30분~35분 – 해가 약 5도 정도 더 떠올랐다. 무는 벌레는 전부 사라졌다. 모기가 나오기에는 아직 서늘하고 흑파리가 나다니기에도 이르다. 새들의 노랫소리가 잠잠하다. 심지어 제비들의 소리도 잦아들었다. 아직도 붉은가슴밀화부리, 수액딱따구리, 박새, 붉은눈비레오와 울새들(가마새, 내시빌, 밤색허리)의 소리가 들린다.

오전 6시 15분~20분 – 체인톱 소리가 들리기 시작하더니 흑파리도 나타난다. 30분 전부터는 같은 새소리들이 들리기 시작한다. 노랑엉덩이울새, 갈색지빠귀, 검은방울새가 잠시 동안의 휴식을 뒤로하고 다시 울기 시작한 것이다. 아침밥을 먹고 난 후에 우는 걸까? 나도 아침을 간단히 먹고 다시 눈을 붙였다.

오전 8시~05분 – 햇빛이 뜨거워진다. 모기들은 이미 들판을 떠나갔지만 흑파리들이 대신 자리를 잡았다. 여기서는 녀석들이 떼로 몰려다닌다. 새로운 새소리가 들린다. 굴뚝새, 오색방울새(낮게 날아다니는), 세 종류의 솔새(목련·캐나다·흑백 솔새)의 소리다. 다른 새들도 여전히 울고 있다. 붉은눈비레오, 노랑엉덩이울새, 밤색허리, 내시빌 울새, 녹색제비, 가마새, 붉은가슴밀화부리, 피비(현관 계단에 앉아 있는 내 머리 위에서, 울지는 않고 단지 새끼들에게 먹이를 주면서 소리를 낸다.)

오전 9시 40분~45분 – 연주회는 끝났다. 가끔 메릴랜드 노란목 울새, 밤색허리울새, 가마새, 제비, 붉은눈비레오의 소리만 들릴 뿐이다. 붉은목벌새가 날아간다. 유리멧새가 우는 소리도 잠깐 들렸다.

오후 3시 07분~12분 – 날씨가 흐리다. 갈색지빠귀, 내시빌 휘파람새와 밤색허리울새, 붉은눈비레오, 큰까마귀의 소리가 들렸다.

다음 며칠 동안은 비가 퍼부었지만 난 장작을 패서 빗속에서도 변소를 계속 만들었다. 모기랑 흑파리가 없기 때문에 빗속에서 일하는 것이 훨씬 수월했다. 우르릉대는 천둥소리를 듣는 것도 좋았고, 밤이면 빗방울이 지붕을 때리는 소리를 들으며 따뜻한 이불 아래에서 번쩍이는 번개를 보는 것도 좋았다. 6월 7일에는 밤새 비가 왔는데 잠에서 깨어나니 덥고 늘어지는 아침이 되어 있었다. 유리멧새가 쉬지도 않고 오전 6시부터 정오까지 울어댔다. 붉은풍금새가 지나갔다(그전이나 이후로는 여름 내내 본 적도 소리를 들은 적도 없었다). 400미터쯤 아래에 있는 숲 속에서는 노랑미국솔새와 블랙번솔새가 매일 아침부터 저녁까지 울어댄다.

파랑새 수놈이 오전 10시경에 왔었는데 모닥불 피우는 곳 옆에 내가 가져다 놓은 새집을 살펴보면서 부드럽게 지저귀며 울었다. 녀석은 그루터기에 앉아서 주위를 둘러보면서 적어도 10분 동안은 노래를 불렀다. 그러고는 날아가버렸다. 내년 봄이 되어 한 쌍의 파랑새가 역시 잠깐 동안 머무를 때까지는 다른 파랑새는 볼 수 없을 것이다.

여름이 최고조에 달한 7월 16일에 또다시 새소리 조사를 하루 종일 했는데, 전보다 새소리의 양이 많이 줄어들어 있었다. 아마 새들이 짝을 이미 찾았고 자기 영역도 확보하면서 자리를 잡았기 때문일 것이다. 그때쯤이면 새들의 숫자가 아마 세 배는 불어나 있을 것이다. 대부분의 새들은 이 시기에 네다섯 마리의 새끼를 낳아서 키워내고는 다시 두 번째 번식을 시작한다(어린 새들은 울지 않는다).

'찰나의 영원함' 같은 삶

해가 뜨자 오두막집 근방에 살고 있는 피비와 개똥지빠귀의 노랫소리 때문에 다른 새들의 시끄러운 소리가 거의 들리지 않을 지경이었다. 커피를 마시고 오트밀을 먹은 후 올더 강까지 내려가서, 잭을 위해 싱싱한 민물조개 몇 개를 건져왔다. 올라오는 길에 둥지에 있던 갈색지빠귀가 나를 보고 놀라 푸드덕 날아가버렸는데, 갈색 솔잎이 깔린 둥지 안을 보니 하늘색 알 세 개가 놓여 있었다. 둥지는 키가 30센티미터 정도 되는 어린 발삼전나무 밑에 박혀 있었는데 전나무의 어린 가지 끝에는 연둣빛 잎이 나 있었다.

6월 초 호랑나비들이 솟구치듯이 펄럭거리며 나오더니 이제는 풀이 우거진 숲 속 공터 위를 따뜻한 바람을 타고 잘 날아다닌다. 붉은눈비레오는 사탕단풍나무 수풀의 짙은 녹음 아래에서 노곤한 듯 지저귀고 있다. 주변 생명체들의 이런 무심한 듯한 모습 이면에는 숨 쉴 틈 없이 바쁜 움직임이 있다. 우리가 눈치채지 못하는 순간에도 숲 속 생명들은 진화론적인 이론에 따라 움직이고 있다. 금방 다가올 겨울을 맞기 전에 에드워드 애비가 말하는 '찰나의 영원함' 같은 삶을 사는 것이다.

분홍바늘꽃과 미역취의 새순은 이미 30센티미터가 넘게 자랐는데, 재보니 매일 1.27센티미터씩 자라고 있다. 풀보다 햇빛을 더 많이 보기 위해 끈질기게 자라서 간신히 그 키를 넘어서고 있다. 그사이 풀에는 메뚜기가 생겨났고, 식물의 체액을 빨아먹으며 여기저기 뛰어다니는 선명한 자줏빛 날개를 지닌 녹색의 샤프슈터(멸구과의 곤충)도 보인다.

숲 속 아래쪽은 나뭇잎에 가려서 직사광선을 못 받지만 위쪽의 나뭇잎들은 부지런히 빛 에너지를 받아 영양분을 만들어서 쑥쑥 자라게 된다. 확인해 보지 않아도 알고 있긴 하나 어쨌든 며칠 동안 오두막 근처 몇몇 나무들의 가지를 아침저녁 자로 재보았다. 사탕단풍나무와 흰 물푸레나무의 새로 나온 가지는 이미 63.5센티미터나 되있는데, 개중에는 아직도 매일 1.6센티미터(단풍나무) 혹은 2.5센티미터씩(물푸레나무) 자라는 가지도 있다. 이런 속도라면 두 달 남짓 남은 여름 동안 아마 어마어마한 크기로 자라겠지만(물푸레나무 가지가 어린 묘목에서 3미터까지 한철에 자라는 걸 본 적도 있다) 대부분의 가지는 이제 조금밖에는 더 자라지 않고 성장을 멈추게 될 것이다.

불과 2~3주 전까지 숲 속 풀밭을 장식하던 봄꽃들은 직사광선을 충분히 받지 못하자 성장을 멈추었다. 개화 시기가 좀 늦어서 급속하게 사라져가는 햇살을 붙잡으려고 안간힘을 쓰는 번치베리는 심지어 꽃잎까지도 광합성을 한다. 층층나무과의 이 식물은 이 지역보다 남쪽에서는 나무로 자라지만 이 근방에서는 땅속줄기의 형태로 자란다. 봄에 땅속에서 순이 나와 짧은 줄기가 솟는데 줄기 끝에는 6개의 잎이 로제트rosette 형태로 나오고 4장의 꽃잎을 가진 꽃이 하나씩 핀다. 번치베리가 꽃을 피우고 나중에 붉은 열매를 맺기 위해서는 굉장히 많은 에너지가 필요한데, 그늘이 많은 곳에서 자라면 꽃이 피지 않는다. 그늘을 벗어나기 시작하는 지점에서는 녹색빛이 감도는 꽃이 피고 햇빛이 더 많은 곳에서는 밝은 흰색의 꽃이 핀다. 대부분의 식물들과 달리 번치베리의 번식은 외부로부터 도움을 받지 못하여 종종 번식을 하지 못하거나, 생식기관과 함께 꽃잎까지 에너지 생산의 역할을 맡게 된다.

난 이 식물이 어떻게 외부환경으로부터 얻은 자원을 효율적으로 관리하는지 궁금했다. 녹색빛의 꽃은 그늘이 지면 더 푸르게 되는 것일까(그리고 흰색 꽃이 녹색으로 변하게 되나)? 궁금증을 해소하기 위해서 나는 녹색빛의 꽃 몇 개를 주의 깊게 관찰하고 하얀색 꽃은 검정 비닐로 덮었다. 예상했던 것과는 다르게 4일 후에 덮어놓았던 하얀색 꽃은 녹색으로 변하지 않았지만 녹색 꽃잎은 하얀색으로 변했다. 알고 보니 어린 꽃잎만이 잎의 역할을 할 수 있다(이듬해 봄에 모든 꽃들을 처음부터 관찰해보니 모두 녹색빛으로 피었다가 전부 흰색으로 변했다. 태양 아래 핀 꽃들이 개화 진행 속도가 더 빨랐다).

스트로부스소나무의 짙은 그늘 아래에서 잔가지를 가진 블루베리는 간신히 살아가고 있다. 거의 꽃이 피지 않는다. 하지만 큰두루미꽃과 비슷한 것들은 잘 핀다. 잎이 두 개씩 달리고 그늘에서 잘 자라는 이 꽃은 지금 한창으로 수상꽃차례의 하얀색 꽃이 피어 있다. '그늘에서 잘 자라는'이란 표현은 사실 부적절하다. 햇빛이 충분하다면 이 음지식물들은 밀려날 것이다. 대부분의 꽃들이 이런 조건에서 잘 자라지 못하기 때문에 여유가 생긴 이곳에 이 식물들이 잘 자라게 된 것이다.

땅은 작은 나무들로 뒤덮여 있다. 개울가에는 새로 나온 3센티미터쯤 되는 발삼전나무 어린 묘목들이, 성숙한 전나무 아래의 그늘지고 헐벗은 땅을 벨벳이나 이끼처럼 거의 덮고 있다. 전나무의 방울은 수많은 자주색홍새, 검은머리방울새, 노랑콩새의 무리에게 지난겨울의 양식이 되어주었다. 이 묘목들은 가로세로 약 3센티미터 되는 땅 위에 네다섯 그루씩 빽빽하게 자란다. 갈색지빠귀 둥지 옆 소나무 숲에는 6~8센티미터당 작은 나무 한 그루가 있는 것을 볼 수 있다. 또 키가 5~8센티미터가 되는 발삼전나무가 카펫처럼 깔려 있고 비슷한 크기의 미국꽃단풍나무도 있다. 이렇게 그늘이 지고 경쟁이 심한 곳에서는 수천 개의 나무 중 겨우 한 그루만이 30센티미터 이상 자랄 수 있을 것이다. 지금 이 순간에도 미국꽃단풍나무의 자줏빛 씨앗이 작은 바람에 바쁘게 돌아가는 헬리콥터의 날개처럼 빙글빙글 돌면서 떨어져 땅을 뒤덮는다.

이 씨앗과 묘목들은 전부 잠복기를 가진다. 몇 년이 지나도 거의 자라지 않는다. 하지만 나무가 한 그루 쓰러져서 빈터가 생기게 되면 그때부터는 햇빛을 받기 위한 경쟁이 시작된다. 상록수가 경쟁에서 이겨서 자라나면 근처 땅은 완전히 그늘이 져서는 겨우 이끼만 자랄 수 있다. 활엽수가 자라면 먼저 토끼가 새싹을 먹고 다음에는 사슴이, 다음에는 무스가 싹을 먹는다. 풍부하고 다양한 꽃과 잎이 자라는데, 6월 초가 되어 나무를 잎이 다 뒤덮기 전까지는 햇빛이 한 달가량 아래쪽 수풀까지 닿기 때문이다. 하지만 상록수가 서 있게 되면 일 년 내내 그림자가 진다. 낙엽수가 있는 숲의 아래쪽 초본류는 그림자가 생기기 전에 서둘러서 꽃을 피워야 한다.

동물도 바쁘기는 마찬가지다. 숲의 개구리들은 4월이 되면 연못에 모인다. 겨우 3일 동안 울고, 짝짓기를 하고, 알을 낳고 나면 또다시 숲 여기저기로 널리 흩어진다. 이맘때쯤이면 그들은 이듬해 겨울을 잘 견딜 수 있도록 조용히 먹이를 사냥하고 에너지를 충전한다. 개구리들은 부엽토 아래에서 동면한 채 겨울을 난다.

숲의 구석구석이 생명으로 가득 차 있는데 새로 생긴 구멍들도 있다. 옥외 변소를 만들기 위해 내가 끙끙거리는 동안에도 벌레들은 스스로 알아서 훌륭하게 제집을 짓고 있다. 버드나무를 보면 수백 개의 잎이 각각 한쪽 끝이 단단히 당겨진 채로 작은 주머니가 만들어져 있는데, 그건 그 안에 있는 작은 애벌레가 몸을 숨기려고 만들어놓은 집이다. 나의 오두막으로 가는 길에는 포플러 잎이 떨어져 있는데 돌돌 말려 접혀서 명주실로 묶여져 있다. 이 역시 애벌레의 작품이다. 이렇게 해놓으면 눈에 불을 켜고 벌레를 찾아다니는 위험한 새들로부터 피해, 잎의 안쪽에서 잎을 안심하고 먹을 수 있다. 작은 바구미과의 곤충들은 이런 집을 더욱 잘 만든다. 잎의 주맥 양쪽을 잘라 양쪽을 접은 다음 그것을 다시 끝에서부터 이중으로 샌드위치처럼 접는데, 그 전에 먼저 가운데에 작은 노란색의 알을 낳아놓는다. 잎으로 잘 싸인 알 하나가 곧 부화하는데 애벌레는 부모가 남기고 간 나뭇잎 집을 뜯어먹으며 자란다. 풀잎이 깔끔하게 앞뒤로 접혀서 수많은 알을 담고 있는 둥지가 된 것을 본 적도 있고, 뿐만 아니라 거미가 그 알들을 지키고 있는 모습을 본 적도 있다.

새의 둥지도 멋지지만 가끔 그다지 총명해 보이지 않는 거미나 벌레의 집이 오히려 더 멋지게 보인다.

꾸무럭거리거나 슬픔에 잠겨 있을 여유 없이 온 세상이 바쁘게 움직인다. 어제 아침에 작은 이층의 내 방 창문 옆에 있는 통나무 위 새집에서

애벌레는 잎자루를 씹어서 잎을 떨어뜨린다.

포플러 잎을 감아서
봉하거나 잘라버린다.

끝부분.

그 안에
살고 있는 애벌레.

어떻게 꿰맸는지
살펴보기 위해
일부를 펴보았다.

자라던, 피비가 기르는 찌르레기 새끼를 잡아먹었다. '자기들의' 어린 새를 잃은 부부새는 난리를 쳤다. 하지만 저녁이 되자 다시 노래를 부르기 시작하더니 오늘 아침에는 바쁘게 둥지를 재정비하기 시작했다. 1주일 후에는 하얀 알들을 또 낳을 것이고 비극 같았던 일이 오히려 번식의 기회로 다가올 것이다.

지난주에 녹색제비 부부가 내 창문 앞에 있는 오래된 자작나무 위에 있던 새집을 버리고 떠났다. 하지만 다음날 옥외 취사장 옆에 있는 장대 위의 또 다른 새집으로 부지런히 드나들고 있는 모습이 보였다. 반짝이는 금속빛의 푸른색과 티 하나 없는 하얀색의 배를 가진 수놈이 새집의 보초를 서며 행복한 듯 기분 좋게 울고 있다. 덜 반짝이고 갈색빛이 좀 더 많은 암놈은 기다랗고 마른 풀줄기를 새 둥지로 계속 나르느라 바쁘다. 곧이어 수놈이 하얀 깃털을 가지고 온다. 수놈이 암놈 위를 맴돌다 잠깐씩 내려와서 옆에 앉는 동안 암놈은 가만히 앉아 있다.

나는 이들이 두고 간 낡고 버려진 둥지를 살펴보았다. 다섯 개의 투명한 흰색 알이 들어 있었다. 하지만 겨우 이틀 전까지 짝이었던 다른 암놈이 둥지 속에 죽은 채로 함께 놓여 있었다. 암놈의 목 뒤에 피가 굳은 채로 붙어 있었고 가슴 쪽에는 구멍 자국이 있었다. 아마 붉은다람쥐의 소행인 듯하다.

제비의 두 번째 둥지는 아주 성공적이었다. 네 마리의 어린 새와 함께 프로토칼리포라 속 파리의 유충인, 피로 통통하게 살진 156마리의 구더기도 잘 크고 있었다. 구더기가 있다는 사실을, 둥지를 살펴보려고 새집을 열었다가 그것들이 둥지의 바닥 전체를 덮고 있는 것을 보기 전까지는 알지 못했다. 붉은색의 창자와 투명한 껍질을 지닌 하얀 것들이 꿈틀거리고 있었다. 암놈 제비가 그때 둥지에 있었는데 구더기들 위에 앉은 채로 있었다. 난 암놈을 끄집어내고 녀석과 새끼들의 피를 빨아먹으며 양분을 섭취하고 있던 구더기들을 제거했다. 여름 내내 녀석은 내가 보고 있지 않으면 꼭 내 머리 뒤통수로 바짝 다가와서 시끄럽게 날곤 했다. 난 녀석을 손으로 쳐내고 싶었지만 참았다. 녀석에게는 내가 나쁜 놈인 것이다. 녀석은 자기 근처에 있던 다른 사람은 한 번도 공격한 적이 없었다. 놀랍게도 사람을 잘 구별하고 있다. 그렇지만 어설프게 똑똑해서 상대가 자기에게 도움이 되는지 해가 되는지 알지 못한다.

어떤 날은 유리멧새가 수풀이 우거진 마당에서 끊임없이 지저귄다. 다른 수놈들이 가까이 오지 못하게 하려는 것이자 동시에 암놈들은 환영한다는 소리이기도 하다. 최근에 알게 된 사실은 수놈이 여기 없을 때에는 수풀이 난 길 반 마일 아래에서 유리멧새 한 마리의 노랫소리가 들린다.

우리 인간은 애도의 시간을 가진다. 짝이 죽자마자 새로운 암놈을 맞는 제비나 멧새와 같은 행동은 효율적이긴 하나 모질기 짝이 없는 행동이라 비난할 것이다. 하지만 인간의 수명은 새들보다 더 길다. 대부분의 어른 새는 이듬해가 되면 죽는다. 자손을 낳고 번식하는 기간은 겨우 1년일 경우가 많다. 그 한 해 동안에 많은 어려움을 겪으며 아주 한정된 기간 동안에만 번식을 해야 한다. 다음 한 주 정도가 지나면 짝을 잃은 새는 더이상 다른 짝을 찾지 못할 것이고 짝이 될 새가 있더라도 적절한 시기를 놓치면 소용이 없다.

나도 너무 오래 짝을 기다린 게 아닐까? 여기 애덤스 힐에 앉아 있는데 내 이브를 어찌 찾을 수 있을까?

6월 12일
미리미리 땔감 마련하기

여기 온 이후로 겨우 2주밖에 지나지 않았는데 뜰에 있는 초크체리 꽃들은 이미 져버렸고 블랙체리는 이제 막 꽃을 피우기 시작했다. 연한 핑크빛의 종 모양 블루베리는 꽃은 떨어졌고 그 자리에 자그마한 녹색의 혹이 생겼는데 곧 열매로 자랄 것이다. 미국꽃단풍나무는 이제 막 씨앗을 떨어뜨렸고 아직 훈훈한 저녁이 되면 두 종류의 개똥벌레가 차가운 흰색의 빛을 반짝인다. 매일 아침 나는 새들의 새벽 합창소리에 5시 무렵이면 잠을 깨고, 저녁 8시에는 그날 하루 무엇을 했는지 내일은 무엇을 할지 생각하면서 잠자리에 든다.

겨울이 아직 먼 것 같지만 금방 다가올 것이다. 마른 땔감을 얼른 장만해서 쌓아놓아야 안심할 수 있다. 어차피 미국꽃단풍나무를 제거해야 했다. 사과나무를 뒤덮을 기세로 자랐기 때문이다. 약 150년 된 사과나무 대부분이 빠르게 성장하는 다른 나무들 때문에 죽어버렸다. 아직 몇 그루가 남아 있는데 내가 도와주지 않으면 숲이 그것들을 모두 집어삼켜 버릴 것이다. 과수원을 다시 만들고 싶지는 않지만 사슴, 곰, 뇌조, 호저, 붉은다람쥐가 가을에 열매를 먹을 수 있도록 사과나무 몇 그루는 남겨두고 싶다.

나는 체인톱으로 미국꽃단풍나무를 쓰러뜨려놓고 가지치기를 하고 오두막 뒤 '뜰'에 끌어다놓는 고된 작업을 해야만 했다. 통나무는 난로 크기에 맞는 길이로 잘라야 한다. 그러고는 쪼개서 오두막 안쪽에 포개놓아야 한다. 올해 쓸 장작더미를 준비하려면 아직도 멀었지만 안쪽 방이 제법 꽉 찬 듯하다. 안을 들여다볼 때마다 뿌듯한 느낌이 든다. '비야, 올 테면 와라'라는 생각이 든다. 내 통나무는 비에 맞지 않고 안전할 테니까. 눈이 내리려면 내리고 가을과 겨울의 추위가 와도 괜찮다. 난 기꺼이 맞아줄 터이니. 난 통나무 마련하기를 지속적인 프로젝트로 정하고 재미삼아 하면서 몇 주 동안 계속했다.

즐거운 일이었으나 이런 작업은 옷을 망가뜨리는 것이라 내 바지는 낡아서 구멍이 뚫리곤 했다. 새 옷을 살 수는 있지만 난 몇 시간이고 조용히 옷을 수선하면서 시간을 보냈다.

작업하면서 생긴 톱밥 더미는 버리기에는 너무 아까웠다. 키가 큰 블루베리를 위한 훌륭한 뿌리 덮개가 되기 때문에 나는 이참에 블루베리를 몇 그루 심었다. 하지만 땅에 돌이 너무 많았다. 바윗덩어리들을 뽑아내고 나무를 심어야 했다. 돌덩이 중에 몇 개는 90킬로그램은 족히 나갔는데 오두막을 지지하고 있는 여섯 개 지점 사이에 있는 공간을 채워줄 때 유용해보였다. 나는 겨우겨우 첫 번째 돌을 땅에서 파내어 굴려서 오두막 밑에 있는 구멍으로 가져다 놓았다. 그러고 나자 '전부 이렇게 해볼까?'라는 생각이 들었다. 세 번째 구멍을 메울 돌을 찾고 네 번째 돌을 또 찾고 이런 식으로 해서 오두막의 한쪽 면이 전부 돌로 둘러싸이게 되었다. 보기가 아주 좋았다. 지금은 나머지 세 면을 다 에워싸고 싶다. 땅을 파거나 톱질을 하다가 쉬고 싶은 순간이 있을 터이다. 때로 막 파낸 구덩이에 돌을 굴려 넣는 것이 그런 휴식이 될 수도 있다. 농학자였던 아서 영은 1787년 《여행Travels》에서 이렇게 말했다. "남자에게 거친 돌만 가득한 곳을 물려주라. 그러면 그는 그것을 정원으로 바꿀 것이다. 남자에게 정원을 9년 동안 빌려주라. 그러면 그것을 사막으로 바꿔버릴 것이다… 남자는 내 것이란 의식이 생기면 모래를 금으로 바꿔버린다."

난 이 땅이 너무 마음에 들어서 무엇이든지 자꾸 해보고 싶다.

잭, 마침내 떠나다

지금까지 잭은 거의 매순간 내 곁에 머물렀다. 그냥 얌전히 있었던 것은 아니다. 우리가 여기 처음 도착했던 5월 30일 밤, 녀석은 둥지에서 나온 지 며칠밖에 안 됐지만 깃털이 완전하게 나 있을 정도로 성장해 있었다. 마치 푸른빛이 도는 자주색의 반짝이는 의상을 입은 것 같았다. 눈도 울새 알처럼 연한 푸른빛이 도는 어린 새의 눈에서 회색으로 변해가고 있었다(다 큰 새의 경우에는 진한 갈색빛을 띤다). 부리의 밑쪽은 흰색이고 입과 혀와 입천장은 밝은 핑크색이다(이 부분들은 전부 어른이 되면 검은빛으로 변한다).

오두막에서의 첫날, 나는 여기가 집이고 그냥 잠시 머무는 장소가 아니라는 것을 잭에게 인식시켜 주려고 대부분의 시간을 녀석과 함께 보냈다. 잭은 잘 날 수 있었지만 걸어다니는 것을 더 좋아했다. 또한 나는 잭이 먹을 수 있는 한 고기를 먹게 했는데 녀석은 아주 많이 먹었다. 그때 녀석이 잘 삼키지 못하는 것은 풀숲에 숨겨 놓았다. 좀 더 성숙한 새들과 달리, 잭은 아직 근처에 있는 나뭇잎과 다른 부스러기들로 먹이를 감추는 것을 몰랐다. 잭은 대부분의 시간을 오두막 옆에 있는 통나무 더미 위에서 잠을 자거나 풀, 꽃, 잎을 잡아당기며 놀면서 보냈다.

내가 숲에서 통나무를 끌기 시작하면 잭이 다가와 함께 있곤 했다. 하지만 이내 내가 가지치기 하는 곳 옆에 있는 소나무 위에서 잠이 들곤 했다. 나중에는 오두막으로 가자는 내 소리에 잠에서 깨어나 내려왔다. 잭은 배가 고플 때는 부르면 얼른 왔다. 대개는 배가 고프긴 했다. 금방 오지 않을 때는 적어도 "크르르…크르르…" 하며 답을 했기에 어디에 있는지 알 수 있었다. 잭이 밖에 있을 때에도 오두막 안에서 내가 부르면 비슷한 소리로 대답을 했다. 난 녀석이 헤매고 돌아다니지 않도록 그의 곁에 내가 있다고 계속 확인해주곤 했다.

뒷문 근처에 있는 통나무 더미 위를 잭이 잠을 자는 곳으로 정하고 팔 위에 녀석을 얹은 채로 데려다 놓았다. 잭은 통나무 위로 폴짝 뛰어내렸다. 잠자리가 마음에 들었는지 바로 잠이 들었다. 다음날 저녁에도 똑같은 자리에 스스로 가서 자리를 잡았다. 난 그쪽으로 자주 가서 저녁 인사를 해주었다. 그리고 밤에 깨면 오두막 안에서 통나무를 향해 녀석을 부르곤 했다. 잭은 "크르르…크르르…" 하면서 "알았어요. 난 잘 있어요"라고 대답해주었다. 잭은 정말로 내 동반자였다. 그것은 큰 위안이었다.

그 다음 이틀 동안 잭은 같은 장소에서 잠을 잤다. 그러나 그 이후에는 내가 모닥불을 피우는 곳 옆에 있는 죽은 자작나무 가지를 잠자리로 이용했다. 저녁에는 내가 그곳에 머물렀기 때문이다. 녀석은 피어오르는 연기나 쏟아지는 비도 개의치 않았다.

죽은 자작자무는 잭이 노래 부를 때 가장 좋아하는 장소이기도 했다. 잭의 노랫소리는 거의 끊이지 않는 단조로운 가성으로 꺄르륵대는 "캭" 소리였는데, 음을 높였다 낮췄다 하고 때론 속도와 볼륨도 이리저리 바꿔가면서 소리를 내었다. 레코드 음반이나 테이프가 번갈아가면서 느려졌다가 빨라졌다 하는 소리 같았다. 잭은 때로는 한 시간이 넘게 혼자 노래를 부르며 아주 즐거워하는 것 같았다. 보통은 얌전한 모습으로 평범하게 노래를 하지만, 때로는 남성미를 뽐내는 다 큰 수컷들이 상대방을 제압하려고 할 때나 짝을 유혹하려고 할 때처럼 '귀'를 쫑긋 세우고 목덜미의 깃털을 부풀리기도 한다. 그냥 단순히 노래하는 것이 아니라 의미 있는 행동인 듯하다. 노래를 부르는 동시에 녀석은 부리를 바쁘게 움직인다. 나뭇잎이나 가지 혹은 가까이 있는 거라면 아무거나 꺾거나 구부리거나 쪼아댔다.

가끔 비가 퍼부을 때가 있는데 잭은 비를 피하는 법을 아직 모르는 것 같았다. 아니면 그냥 개의치 않는 것처럼 보이기도 했다. 두 번 정도 심한 비가 내릴 때 데려다가 지붕 밑 장작더미에 올려놓았으나 매번 밖으로 다시 나오곤 했다.

오두막에서의 첫째 주가 끝날 무렵, 잭의 부리 밑 하얀 부분에 어느새 검은 줄이 가기 시작했고 눈은 완전히 회색으로 변했다. 잭은 아주 잘 날아다닐 수 있으면서도 날면서 놀지는 않았다. 대신에 오두막의 통나무 사이에서 뱃밥(낡은 밧줄을 푼 것 – 역주)을 끄집어내는 걸 재미있어 했다. 녀석은 내가 무엇인가를 주목하거나 손에 들고 있거나 중요하게 여기는 것에 참을 수 없는 호기심을 보였다. 그래서 난 녀석이 그런 것들에 흥미를 잃도록 녀석을 무시했다. 이 방법은 유효했다. 잭은 금방 다른 흥밋거리를 찾아냈다. 잭은 자기 노랫소리에 맞춰서 금속 지붕 위를 시끄럽게 걸어다녔다. 지붕 위 걷기는 매일 아침 4시 30분에 여지없이 시작된다.(기특하게도 잭은 가끔 뱃밥을 끄집어내는 통나무 틈새에 풀을 쑤셔 넣기도 한다.)

6월 12일이 되자 잭은 아직도 나한테 밥을 달라고 조르긴 하나 막상 내가 적당한 고기와 프라이를 먹여주어도 그걸 뱉어내 버렸다. 마치 무엇인가 다른 걸 원하는 눈치였다. 그게 무얼까?

어느 날 오후, 나는 가만히 앉아서 잭을 한 시간가량 지켜보았다. 녀석은 그 사이에 한 번도 움직임을 멈추지 않았다. 여덟 번이나 푸닥거리면서 목욕을 해대고(중탕 냄비에 가득 담긴 물속에서), 매번 햇빛 아래에서 마를 때까지 털을 골랐다. 그러고는 머리 주변에 날아다니는 흑파리를 물려고 딱딱거리고, 풀과 잔디를 잡아당기고, 호랑나비를 쫓아서 날아다녔다. 녀석은 벌을 한 마리 잡아먹고 노래를 부른 다음에는 물 양동이를 쪼아댔다.

6월 중순이 되자 잭은 날아다니는 즐거움을 알게 되었다. 내가 일어나기도 전에 뜰 주변을 아침마다 신나게 날아다녔다. 그리고 저녁에 잠자리에 들기 전에 죽은 자작나무 꼭대기의 앙상한 가지 위에서 한 번 더 날아다녔다. 이렇게 날아다니면서 녀석은 요란하고 빠르게 까악까악 하는 귀에 거슬리는 소리를 내면서 울었다. 내가 나 자신에게 느끼기 시작하는 감정을 잭이 표현해주는 것 같았다.

또 한 주가 지나자 잭의 곡예비행은 녀석이 가장 좋아하는 놀이가 되었다. 그 예로 6월 20일에 잭은 적어도 뜰을 열 번은 돌았는데 매번 점점 더 숲에서 조금씩 멀어지면서 날았다. 이렇게 날면서 거슬리는 까악까악 하는 소리도 함께 냈는데, 빠르게 공기를 가르면서 날갯짓을 힘차게 해대며 내려갔다가 회전도 하고 뚝 떨어지기도 했다. 한번은 울새를 발견하고 쫓아갔는데 울새가 간신히 숲으로 도망치기 직전까지 거의 따라잡을 뻔했다. 녀석은 나비랑 노랑엉덩이울새의 뒤를 쫓기도 했다. 원을 그리며 나는 독수리 뒤를 쫓기도 했다. 실컷 날고 나면 잭은 항상 자작나무로 돌아와서 털을 다듬었다.

한번은 녀석이 털을 고르는 동안 새로 자른 장작을 오두막 안으로 옮기려고 했다. 문이 열린 것을 보자 녀석은 털 고르기를 멈추고 아래로 내려와서는 깡충거리며 들어왔다. 초대한 적도 없는데 말이다. 난 냅다 녀석을 집어서 밖으로 던졌다. 그러나 녀석은 땅에 닿기도 전에 다시 날개까지 쭉 펴면서 깡충거리며 되돌아 들어왔다. 나는 재차 던져주었다. 우와! 새로운 놀이다! 잭은 공중에서 몸을 돌려 더 빨리 되돌아왔다. 난 녀석이 얼마나 빨리 깨우치는지 보려고 계속 집어던졌다. 잭은 내가 자신을 계속 던진다는 것을 깨달았다. 열다섯 번쯤 던지고 나자 나는 잭보다 내가 더 지친다는 걸 알게 되었다. 그래서 그냥 녀석이 집안에 머물도록 내버려두었다. 녀석은 온 오두막 안을 정신없이 돌아다니며 철제 오븐 다리를 쪼고, 종이를 찢고 테이블 위로 올라 다녔다. 이제 그만. 다시 밖으로. 이번에는 문을 닫았다. 잭은 집 주위를 돌면서 날아다녔는데 평소의 남자답게 울던 소리가 아니라 짜증이 난 듯 짧고 높은 소리로 울었다.

잭의 시끌벅적한 아침저녁 비행은 더 정교해지고 속도가 빨라지고 높이도 높아졌으며 소리도 더 커졌다. 그가 놀면서 날아다니는 모습을 보자 나는 나의 달리기에 대해 생각하게 되었다. 잭은 지칠 때까지 노는 법이 없었다. 하고 싶을 때 운동을 했고 기분이 내킬 때만 날았는데 가끔은 아주 짧고 격렬하게 날아오르기도 했다.

잭에게는 날아다니는 것이 놀이였다. 내 팔이나 어깨에 내려앉을 때조차 한쪽 날개를 접고 아래로 다이빙하며 한쪽으로 몸을 기울여서 내려오곤 했다. 잭은 늘 생기발랄해서 먹이를 먹고 나면 심지어 정신없이 폴짝거렸는데 꼭 잡기 놀이를 하자는 것처럼 보인다. 그래서 내가 공격하는 듯이 쫓아가면 녀석이 다시 나를 잡으려는 듯이 되쫓아 오곤 한다. 잭은 내가 가진 먹이 중 가장 맛있는 것을 먹여준 후에도 계속 보채는데, 막상 내가 그 먹이를 다시 주려고 하면 거부했다. 그는 무언가 다른 것, 즉 큰까마귀의 부모가 야생에서 가져다주는 먹이 같은 것을 원하는 것은 아닐까? 이런 큰까마귀는 어릴 때 보통 부모를 한두 달 정도 따라다닌다.

"론과 신디네 놀러갈까, 잭?"

내가 걷자 녀석이 뒤에서 깡충거리며 따라온다. 이윽고 잭은 날아올라서 앞서 가다가 내려와서는 다시 걷는다. 그러다 작은 흰색 나방을 쫓아다닌다. 나방은 불규칙하게 날아다니지만 잭이 공중에서 잡아낸다. 난 버섯을 관찰하기 위해 멈춰 선다. 잭이 다가와서는 신나게 버섯을 찢어버린다. 난 다시 걷는다. 내가 부르면 잭은 가까이 다가온다. 하지만 800미터쯤 갔을 때 다른 흥밋거리를 발견한 녀석이 어디론가 사라져버린다. 오두막으로 돌아와 보니 잭은 이미 돌아와 있었다.

6월 22일은 잭이 자기 저장물을 무언가로 덮는 것을 처음 본 날이다. 밤사이에 비가 6센티미터쯤 내렸는데 잭은 밤새 밖에 나가 있었다. 오후 3시 45분경, 아침부터 내내 비가 내렸다. 그러나 잭은 비에 흠뻑 젖었음에도 불구하고 목욕을 하러 다섯 번이나 목욕통으로 뛰어들었다. 이날 처음으로 잭은 날개와 머리를 동시에 흔들어 물방울을 사방으로 튀게 하였다.

점점 더 장작 패기가 힘들어진다. 장작 팰 때 잭이 끼어들어 도끼나 장작을 움켜쥐거나 내 다리를 아프게 쪼아대곤 하기 때문이다. 내가 '사내답게' 장작 패는 모습에 녀석이 신이 나는 것 같다. 내가 만지는 것마다 따라다니며 죄다 건드리고 크고 검은 부리로 살펴대었다.

오늘 저녁에서는 불나방을 뒤쫓아서 공중에서 잡아챘다. 보통은 꿀떡 삼키는데 갑자기 멈추었다. 죽은 나방을 뱉더니 얼른 물을 마신다. 불나방은 위험할 때는 독성이 있는 떫은맛의 분비물을 뿜는, 근방에서 가장 화려하고 아름다운 색을 자랑하는 나방이다. 잭은 검은색 – 노란 색 – 핑크색의 무늬를 가진 이 나방을 아마 한동안 잊지 않을 것이다.

이번에는 론과 신디네로 달려서 내려간다. 잭은 날면서 가다가 내 어깨 위로 내려온다. 난 멈춰 서서 걷는다. 잭은 또 뛰어내려서 작은 하얀색 나방을 잡으려고 쫓아간다. 나는 다시 달리기를 하고 녀석은 다시 날아서 내 어깨 위로 온다. 언덕 아래 큰 소나무 아래에 있는 오두막에 도착할 때까지 우리는 이런 식으로 달리다 걷다를 반복하면서 내려온다. 갑자기 잭이 날아올라 숲 위쪽으로 높이 돌더니 곧 시야에서 사라진다. 멀리서 날아다니며 노는 소리가 들린다. 불러보지만 답이 없다. 길을 잃은 걸까?

난 다시 달려서 내 오두막으로 올라간다. 색이 없다. 목이 쉬어져라 부른다. 답이 없다. 새소리가 들리지 않는다. 10분이 지나간다. 내가 다시 부르자 "크르르… 크르르…" 하는 소리가 들린다. 이윽고 나무 꼭대기로 잭이 오더니, 오두막 지붕에 내려앉아서 몸을 털며 몸치장을 하고 내 어깨 위로 내려온다.

그제야 안심이 된 나는 새로 생긴 돌계단에 앉아서 맥주를 들이킨다. 녀석이 함께한다. 잭의 발과 부리가 얼마나 따뜻한지 놀랍다. 녀석은 처음에는 늘 그렇듯이 이것저것 하느라 바쁘다. 내 신발과 벨트를 쪼아대고 내 양말을 잡아당기고 내 다리를 쫀다. 아프다. 잭의 주의를 다른 곳으로 돌리기 위해 내 무릎에 오게 해서 손가락으로 녀석의 머리를 쓰다듬고 깃털을 긁어준다. 지금 잭은 조용히 앉아서 아래쪽 눈꺼풀을 끌어당기며 눈을 감고 있다. 내가 쓰다듬어준 뒤에는 녀석이 스스로 털 손질을 한다. 오른쪽 발을 날개 위로 올려서 뒷머리와 옆을 긁는다. 왼발도 똑같이 한다. 몸을 심하게 턴다. 그러고는 오른쪽 날개 밑을 부리로 단장하고 위쪽도 똑같이 한다. 다른 쪽 날개, 꼬리 그리고 가슴 부분도 단장한다. 또 몸을 턴다.

이제 매일 녀석을 데리고 산책을 간다. 잭은 산책을 아주 좋아하는 것처럼 보인다. 나 역시 마찬가지다. 꼭 흥분한 어린아이를 데리고 낚시를 가는 것 같다. 어린아이랑 똑같이 잭도 모든 게 궁금하고 또 주의도 산만하다. 내가 보이지 않으면 잭은 "크르르? 크르르?" 하고 소리를 위로 올려서 꽤 높은 음조로 질문하듯이 울어댄다. 내가 대답한다. "여기 있어, 잭." 녀석이 조금 안정된 톤으로 낮게 울면서 대답한다. "크르르… 크르르…"("아, 알았어요").

6월 24일에는 산책하는 도중에 비가 내렸다. 소나무에 새 둥지가 있는 것을 보고 확인하려고 올라갔다(작년에 만들어진 큰어치의 둥지였다). 잭이 가지에 앉아서 조용히 지켜보았다. 내려와서 산책을 계속하였다. 어린 가마새 몇 마리가 둥지 바로 밖에 앉아 있는 것을 보았다. 잭이 쫓아가서는 재빨리 한 마리를 잡아서 부리로 죽였다. 그리고 바위 아래에 숨겨 놓았다.

잭과 함께 여행하면서 사물을 다른 관점에서 보게 된다. 비가 오는데도 불구하고 녀석이 신나하는 것을 느낄 수 있다. 집에 다 왔을 때까지도 비가 계속 내렸다. 녀석의 목욕통인 냄비에 물을 부어주자 잭은 즉시 뛰어들어 목욕을 한다. 오늘은 털이 절대 마르지 않을 터였다. 물기를 잔뜩 머금은 녀석이 오두막 꼭대기에 앉아서 깍깍거리며 노래를 불렀다.

잭은 우리가 숲에 있을 때는 내가 어디 있는지 확인해야 한다고 생각하는지, 떨어져 있을 때마다 나를 불러대었다. 하지만 몇 시간이고 내가 어디 있는지 모르고 지낼 때도 있는데 전혀 개의치 않은 것처럼 보인다. 이럴 때 내가 녀석을 부르면 금방 와서는 시끄럽게 먹을 것을 달라며 내 팔에 앉은 채 귀에 대고 소리를 지른다. 하지만 숲에서 함께 산책을 할 때 잭은 절대로 보채지 않는다. 녀석은 여기저기 다니며 탐색하느라 바빠서 먹을 것에는 관심도 없다.

지난 주 힐스폰드의 큰까마귀 가족 네 마리가 공터로 날아왔다. 어린 새 두 마리는 배가 고픈지 끊임없이 소리를 지르며 부모의 뒤를 바싹 쫓아다녔다. (잭도 배가 고플 때에는 나를 잠시도 가만히 두지 않기 때문에 난 항상 잭의 배가 곯지 않게 해야만 한다.) 큰까마귀 엄마와 아빠는 바쁘게 움직였는데 아기 새 두 마리가 그 뒤를 꼭 붙어 다녔다. 어제 큰까마귀들이 또 왔는데 (아마도 내가 연구용으로 새장에 둔 먹이 때문에 그런 것 같다), 부모 새 중 한 마리가 안 보였다. 이제 거의 독립할 때가 된 어린 새들로부터 '해방'된 걸까?

독립하기 위해서 큰까마귀들은 무엇을 먹을지뿐만 아니라 어디서 먹이를 찾는지도 알아야 한다. 또한 다른 포식동물들이 어떻게 움직이고 어떤 능력을 가지고 있는지도 알아야 한다. 보통은 죽이거나 상처를 입히고 방어를 하게 되지만 결국에는 겨울 동안 일용할 양식이 되어줄 동물들이다. 이는 놀이를 통해 깨달을 수도 있다.

7월 2일, 잭은 내 친구의 68킬로그램에 달하는 늙고 힘없는 흰색의 허스키와 놀 기회가 있었다. 잭은 5월 28일에 이 개를 한 번 본 적이 있었다. 처음에 개를 보자 잭은 위협적으로 보이지 않으려고 몸을 움츠러뜨렸었다. 그런데 늙은 개를 한번 쳐다보더니 녀석은 전략을 바꾸었다. '귀'를 쫑긋 올리고 날개를 쫙 펴고 똑바로 서며 깃털을 세워서 몸을 크게 보이게 만드는 것이다! 그러고는 겁도 없이 당당하게 죽음의 사자 앞으로 걸어갔다. 개가 꼬리를 돌리며 걸어가 버리자 큰까마귀는 더 대담해졌다. 마침내 개는 집안으로 피해버렸다.

이번에는 잭의 행동이 조금 달라졌다. 잭은 개의 꼬리를 잡아당겨 보더니 이런 심한 행동에도 별 탈이 없다는 것을 알게 되었다. 그러더니 점점 앞쪽으로, 이빨이 있는 방향으로 향했다. 우선, 개가 보고 있지 않을 때 앞발을 쪼았다. 개의 반격에서 쉽게 벗어날 수 있다는 것을 깨닫자 녀석은 다음에는 코를 공략했다. 이건 성공하지 못했지만, 녀석은 개와 같은 동물이 죽은 사슴 등의 먹이를 지킬 때 얼마만큼 과감하게 다가설 수 있는지 배웠다. 잭이 이 걸로 모든 걸 알았다고 생각하지 말았으

잭이
개과동물에 대해
살펴보다.
잭이 이걸로 모든 걸
알았다고 생각하지
말았으면 좋겠다.

면 좋겠다.

7월 5일 오후 6시에 잭을 불렀는데 뜰 위를 한 바퀴 크게 돌고 나서는 어깨 위로 내려와 앉았다. 녀석은 편안한 듯 조용히 울었다. 배가 고프지 않은 것이다. 잭은 갑자기 동작을 멈추더니 꼿꼿하고 날렵하게 섰다. 그러더니 빠르게 날아올라서 눈덧신토끼의 뒤를 정신없이 쫓았다. 토끼는 빽빽한 조팝나무 덤불로 몸을 피해 달아났다.

잭의 횃대는 쓸 데가 있기에 아직도 내 트럭에 있다. 나는 잭과 함께

버몬트 주로부터 여기로 왔던 한밤의 평온한 여행길을 떠올리며, 메인 주 해안가에 사는 누이 마리앤을 방문할 때 녀석을 데려 가고 싶다고 생각했다. 결국 우리는 해안가로 가는 2차선 도로가 굽이치는 긴 여행길에 올랐다. 목적지에 이르려면 미늘벽 판잣집이 길가에 빽빽하게 늘어서 있고 외곽의 거대한 쇼핑몰 때문에 장사가 되지 않는, 다 허물어져 가는 기게들이 있는 제이와 리버모어 폴스의 제지공장 마을을 지나게 된다. 그러다 갑자기 오거스타 외곽의 상업지대가 나오는데, 널따란 4차선 도로는 다양한 종류의 자동차 판매점과 이 세상 패스트푸드점이 다 모인 것 같은 지역을 번갈아 지나간다.

해가 점점 뜨거워져서 풀 위의 아침 이슬을 말려버리기 시작하자 잭이 날아올랐고 나는 트럭을 세워둔 개울가로 뛰어서 내려갔다. 난 얼른 잭을 태우고 길을 나서고 싶었다. 하지만 잭이 안으로 들어가는 걸 달가워하지 않아서 내가 도와줘야만 했다. 안으로 들어가자 잭은 깡충거리며 다녔는데 어딘가 불안해 보였다.

그러다 잭이 횃대에서 날아올라 옆과 뒤의 창문, 그리고 전면 창 앞에서 푸드덕거리는 바람에 갓길에 차를 간신히 세웠다. 잭의 뱃속도 왕성하게 움직여서 두 시간 동안 멈출 줄을 몰랐다. 나는 그때 알게 되었다. 비닐 만으로는 당황한 큰까마귀가 차 안을 엉망진창으로 만들어놓는 것을 완벽하게 막을 수 없다는 것을. 잭은 비닐이 깔려 있지 않은 곳을 잘도 찾아내곤 했다. 힘이 넘치고 끊임없고 왕성한 소화 시스템의 위력이었다.

잭의 뱃속은 내가 어쩌지 못하지만 잭이 앉아 있는 곳은 내가 조정할 수 있었다. 가지 위에 앉아서 앞을 바라보는 것이 나았기에 내가 원하는 횃대 말고 다른 곳에 앉으면 녀석을 밀어내었다. 녀석이 다른 곳보다 그 횃대가 편한 걸 알아채길 바라면서. 잭이 편히 쉬기를 원한다면 이 방법이 먹힐 수도 있었겠지만 별 기대는 하지 않았다. 나는 잭이 앞쪽을 바라보도록 녀석의 꼬리 끝을 밀어서 몸을 돌렸다. 특정한 횃대에서 특정 방향을 향해 자꾸 앉게 되면 잭이 계속 그렇게 하리라는 것을 알고 있었다. 점점 그렇게 습관이 들게 할 수 있지 않을까? 뭐, 언젠가는 그렇게 될 수도 있겠지만 알고 보니 수백 번의 시도로는 되지 않았다.

맥도널드에 차를 멈춰서 드라이브 인으로 커피를 주문할 때 옆에서 잭도 끼어들어 목소리를 내었다. "이상한 소리를 들은 것 같은데요." 나에게 커피를 건네던 여자아이가 말했다. "쟤는 무슨 올빼미예요?" 난 커피를 대시보드 홀더에 놓았다. 색이 컵을 움켜쥐는 바람에 스티로폼이 잘라졌다. 뜨거운 커피가 내 다리로 쏟아졌다.

고속도로에서는 무스가 갑자기 우리 앞으로 지나갔다. 잭은 무시했다. 한참 동안 녀석은 나도 무시했다. 잭은 한 가지 소리만 냈는데 귀에 거슬리는 단조로운 톤으로 일 초가량 푸념하는 소리를 냈다. 녀석은 수천 번도 더 그 소리를 냈는데 꼭 고장 난 메트로놈 소리 같았다. 차의 속도를 줄이면 녀석은 더 빨리 소리를 내고 제자리에서 뛰는 움직임도 더 부산해서 불편한 기색을 완연하게 드러냈다. 잭은 더 이상 가만히 앉아 있으려고 하지 않는 것이 분명했다. 녀석이 아마도 점점 독립적으로 되어가는 건지도 모르겠다.

7월 10일쯤에 야생의 어린 까마귀들이 부모로부터 독립하기(혹은 반대로 부모가 떠나거나) 시작했다. 정오 무렵 창문에서 내려다보니 두 마리의 어린 큰까마귀가 현관 근처에 있었다. 한 마리는 잭이었고 다른 한 마리는 쌍둥이처럼 그와 똑같이 생겼다. 새로 온 녀석은 음식 찌꺼기를 먹고 잭의 냄비에서 물을 마시고 목욕을 하더니 잭이 오두막에서 꺼내온 뱃밥 조각을 찢으려고 하고, 햇볕에 그을린 사슴가죽 조각에서 털을 뽑고, 알루미늄 냄비를 쪼아댔다. 한마디로 잭하고 똑같이 행동했다. 그동안 잭은 한쪽에 머무르면서 방문객을 무시했다. 녀석의 꼬리를 잡아당기기 위해서 뒤쪽으로 느릿느릿 걸어간 것만 빼면 말이다.

오후가 되자 새장 옆 숲 속에는 부모 없이 나온 어린 큰까마귀 몇 마리가 있었다. 잭을 부르자 녀석이 큰소리로 보챘었는데 어린 새 중 한 마리가 잭의 신호에 즉각 날아와서는 나한테서 9미터도 안 떨어진 사탕단풍나무 위에 내려앉았다. 아마도 그 녀석은 잭이 저렇게 보채는 소리를 내면 음식이 나온다는 것을 알았던 것 같다. 내가 먹던 건빵 씹던 것을 먹여주는 동안 잭은 계속 보챘었고 손님 큰까마귀는 쳐다보고 있었다. 다음 날 잭의 보채는 소리는 좀 떨어진 곳에 있는 다른 어린 새들의 주의까지 끌었다.

부모와의 유대관계는 이미 약해져 있었다. 어른 새 한 마리가 '잭'의 자작나무 위에 있는 어린 새 주변에 앉아 있었다. 어린 새는 약하게 울었지만 어른 새는 무시하더니 곧 계속 아래로 날아가버렸다. 이 어린 새는 그 뒤를 쫓았지만 주변에 있던 다른 몇 마리의 새들은 그냥 남아 있었다.

잭은 아직 독립하지 못했다. 녀석은 내 뒤를 여전히 따라다녔는데 가끔 제대로 된 아침 식사를 하기 위해 파밍턴 식당으로 가려고 할 때는 잭과 함께 가는 것이 달갑지 않았다. 그래서 길에서 죽은 동물을 던져주고 몰래 오두막의 다른 문으로 빠져나왔다. 하지만 트럭 옆에 도착할 때면 큰까마귀 한 마리가 머리 위에서 맴돌고 있었다. 잭인가?

"재애액!"

큰까마귀가 원을 그리면서 내려온다. 그때 론의 전화가 왔다.

"이봐, 커피 한잔 어때?"

"좋죠, 바로 갈게요. 잭도 가도 되면요."

대답이 없다. 어찌어찌해서 겨우 잭을 그들의 뒷마당 잔디에 데려다 놓았다. 커피를 마시고 있을 때 신디가 물었다.

"커피랑 같이 먹을 팬케이크 좀 드실래요?"

론이 거든다. "메이플 시럽하고 베이컨도 같이 곁들인 팬케이크?"

"거절할 수야 없죠."

그동안 잭은 근처에 있는 소나무에서 단조로운 노래를 깍깍거리며 가지와 바크를 쪼아서 벗겨내느라 바빴다.

커피를 마시며 시럽과 베이컨을 곁들인 팬케익을 두 개인가 세 개쯤 먹고 있을 때, 난 이게 실험을 할 수 있는 좋은 기회라는 생각이 문득 들었다. 론과 신디의 얼룩 고양이인 재스퍼는 이 근방의 새들에게는 공포의 대상이었는데 집안에서 잠들어 있었다.

"고양이를 데리고 와요!" 론에게 말했다.

"난 책임질 수 없네." 그가 껄껄거리며 문을 열었다.

재스퍼는 지난 몇 시간 동안 새나 토끼나 쥐를 한 마리도 잡지 않았고 아직 아침밥도 못 먹었기에, 지금부터 일어날 일을 아무것도 모른 채 어슬렁거리며 마당을 가로질러 우리 피크닉 테이블로 왔다.

잭은 소나무 위에서 하던 일을 멈추고는 몸을 꼿꼿이 세워서 키를 높였다. 그러고는 몸을 낮게 구부렸다 펴면서 더 자세히 살피기 위해서 날아올랐다. 고양이는 큰까마귀가 날아오는 것을 보고는 몸을 구부리고 노란색 눈으로 노려보았다. 잭은 깜짝 놀란 듯이 "크악" 하는 소리를 내더니 급격히 날아올라서 근처 나무로 파닥이며 날아갔다. 그곳에서 잭은 이 이상한 생명체를 더 자세히 관찰했다. 고양이도 마찬가지였다.

단 몇 분 후에 녀석이 땅으로 내려왔다. 재스퍼는 둘 사이에 놓여 있는 나무 그루터기 뒤로 숨어들었다. 아마 잭이 가까이 올지도 모른다고 생각한 모양이었다. 잭은 실제로 재스퍼에게 다가갔다. 하지만 잭은 뭐가 어디에 숨어 있는지 알고 있었다. 그저 모른 척할 뿐이었다. 잭은 안전한 거리에 멈춰 서서 고양이가 먼저 움직이게 했다. 재스퍼 녀석이 난폭하게 돌진했지만, 잭은 아무 어려움 없이 즉시 공중으로 날아오르며 뒤를 돌아보기까지 하였다.

재스퍼는 짐짓 아무렇지도 않은 척했다. 잭이 근처로 날아왔다. 조금씩 변화는 있되 같은 장면이 계속 반복되었다. 우리가 커피를 마시는 내내 이 게임은 지속되었고 우리를 놀라게 했다. 사이사이 잭은 우리 테이블로 가끔 날아와서 팬케익과 시럽을 곁들인 베이컨을 얻어먹고 힘을 내었다. 하지만 잭이 정말로 얻어낸 것은 또 다른 포식자에 대해 숙지하게 된 것이다. 잭은 고양이가 개랑 다르다는 것을 알게 되는 좋은 기회를 갖게 된 것이다.

"자, 잭." 내가 말했다. "이제 집에 가자."

3일 후인 7월 14일, 금속을 두드리는 잭의 빠른 걸음 소리와 지붕 위에서 부르는 듣기 좋은 노랫소리에 아침 5시 30분 잠에서 깨었다. 멋지군. 그러다 조용해졌다. 잭을 불렀다. 대답이 없다. 잠시 후 도로 근처에서 라이플 총소리가 들렸다. 밀렵꾼 놈들!

올해는 일찍도 시작하셨군. 화난 벌떼 소리 같은 체인톱 소리가 나기 시작했다. 나무 쓰러지는 소리가 들리고 통나무를 옮기는 삐걱거리고 딱딱거리는 소리가 들렸다. 6시 30분에 난 잭을 다시 불렀다. 목이 쉴 때까지 불렀다. 보이지 않는다. 최근 활기 넘치는 비행으로 미루어보아 멀리 가고 싶어 한다는 걸 알 수 있었으나 아침에 일어났을 때 잭이 주변에 있지 않은 건 처음이었다. 난 난로에 불을 피우고 커피를 만들고 죽을 끓여서 현관 계단에 앉아 아침을 먹었다. 잭이 보이지 않았다. 때때로 잭을 불렀다. 보이지 않는다.

아까 들었던 총소리가 떠올라 나무꾼들에게 가서 물어보려고 했다. 하지만 그들을 향해 걸어가다가 이내 다시 돌아왔다. 무슨 소용이란 말인가?

언덕 위로 도로 올라가기 시작했을 때 네잎 클로버를 발견했다. 희망찬 생각이 떠올랐지만 '바보 같은 생각 말아. 이건 미신이야. 올해 처음 보는 네잎 클로버일지 모르지만 아무 의미도 없는 거야'라고 생각했다.

돌아왔을 때는 기분이 매우 우울해졌다. 커피를 한 잔 더 만들어 마시고 그리던 그림을 마저 그렸다. 이제 오전 9시 30분이다. 갑자기 잭의 "크르? 크르르?" 하는 소리가 들렸다. 끝을 올리며 질문하는 듯한 울음이었다. 그가 돌아온 것이다! 나는 기쁨에 넘쳐서 밖으로 달려 나갔고, 잭에게 어제 저녁 달리기를 하다가 구해온 로드킬 당한 붉은눈비레오를 먹으라고 주었다. 그러고 나서 우린 산책을 나갔고 녀석은 내 어깨 위에서 날아올랐다 되돌아오기를 계속하였다.

오후에 잭은 다시 사라졌다. 하지만 이젠 걱정하지 않았다.

이후 며칠 동안 잭이 내 옆에 붙어 있는 시간이 적어졌다. 내 뒤를 쫓아오긴 했으나 갑자기 주의가 다른 곳에 쏠리는 것을 보면서 마음이 먼 곳에 가 있는 것 같은 생각이 들었다. 잭은 멀리 바라보다가 갑자기 숲을 획 가로질러 날아가곤 했는데 꼭 내가 자기를 따라오지 않아서 안달이 난 듯 보였다. 내가 죽은 새나 쥐를 주면 잭은 물고서 숲으로 날아가 혼자서 먹거나 숨겨두었다. 녀석의 머리를 긁어주어도 전처럼 오래 가만히 있지 않았다.

7월 19일, 마침내 잭은 완전히 떠났다. 나는 그가 잘 지내기를 바랐지만 머물러주기를 바라는 마음 또한 컸었다. 그러나 이제 잭은 나를 완전히 떠났다.

이 땅의 역사를 만나다

가문비나무 꼭대기에 앉아 마운트 블루가 있는 북쪽과 마운트 워싱턴과 프레지덴셜이 있는 서쪽, 나무가 가득한 계곡 사이의 희미한 실타래 같은 시골길을 바라보면, 이런 산들이 생겼다가 사라진다는 사실을 믿기 어렵다. 하지만 겨우 3억 년 전인 석탄기 시대의 거대한 석송류와 고사리류가 바로 이곳 서쪽 부분에서 광활한 습지대를 이루고 있었다. 그것들은 펜실베이니아의 탄층이 되었고, 유럽에 있는 비슷한 탄층과 함께 산업혁명의 연료가 되었다. 이 지역은 탄층이 형성되던 무렵에는 적도 부근에 있었으나 그 이후로(아직까지도) 용융암석의 바다 위로 떠다니는 지각판이 되었다. 석탄 늪지대 시기에는 이 산들은 형성조차 되지 않았으며 대서양도 없었다.

석탄기 후기 무렵에 거대한 곤드와나 대륙판이 서서히 그러나 가차 없이 남쪽에서 땅을 밀어올려 뉴잉글랜드는 고지대 지역이 되었다. 그러나 트라이아스기인 2억 2천만 년 전에 고지대는 이미 마모되어 백악기인 1억 년 전에는 뉴잉글랜드에 광활한 평지가 펼쳐지게 되었다.

2억 년 전에는 지금의 모로코가 있는 북부 아프리카 일부가 뉴잉글랜드 바로 옆에 있었고 지금 현재 위치보다 1,600킬로미터 남쪽에 있었다. 대륙지각이 계속해서 움직임에 따라 균열이 생겨 대서양이 생기게 되었다. 이 뉴잉글랜드 구릉지역의 기반암이 된 화강암은 땅속 깊은 곳에 있는 광물질 융용 풀로부터 응고된 것이다. 이 화강암은 계속 위로 들어 올려져서 마운트 블루, 블루베리 마운틴, 마운트 볼드, 기타 언덕지대가 된 것이다. 한때 커다란 산맥이었으나 지금은 매 천년마다 약 5센티미터씩 빠르게 침식되고 있다. 만약 융기가 멈춘다면 가장 높은 마운트 워싱턴조차 3천만 년 후에는 사라질 것이다. 다시 한 번 뉴잉글랜드 지역은 평야가 될 것이다.

산들은 생겼다 사라지지만, 3억 년 전 지금은 사라져버린 산들에서 흘러내려오던 강물 위를 날아다녔던 하루살이들은 지금도 올더 강에서 나와 햇빛 아래에서 춤추고 있다. 대서양이 생기기 훨씬 전부터 잠자리들은 먹이를 쫓아 여기저기 날아다녔던 것이다.

3억 년 전에는 석송류들이 키가 30미터까지 자라고 옆으로는 90센티미터가 되었다. 하지만 크기만 더 컸지 지금 애덤스 힐에 있는 조팝 관목 아래의 포자식물인 석송과 모양이 같았을 것이다. 고사리류 또한 이곳에 흔하고 무성하게 자라고 있다. 나는 경치를 내려다보며 산들이 땅에서 솟아나고, 침식되어 또 평지가 되고, 대륙이 움직여 다시 솟아나는 것을 상상해본다. 그리고 유일하게 변하지 않는 것은 생명 그 자체뿐임을 깨닫는다.

지질학적으로 그리 멀지 않은 과거에, 우리가 살고 있는 이 땅은 약 1,600미터 높이의 얼음층으로 뒤덮여 있었다. 거대한 얼음층은 지난 3백만 년 동안 늘어났다 줄어들기를 반복하고 있는데 가장 최근의 것은 10만 년 전에 형성된 것이다. 마지막 빙하는 땅에서 사라진 지 얼마 되지 않았고, 육지는 마치 얼음이 버리고 간 빈집과도 같았으며, 그곳에 세 들어 사는 사람들은 아직 집안의 가구를 재배치하지도 못했다.

빙하의 흔적은 사방에 있다. 자작나무에 곰이 할퀴고 간 흔적처럼 오두막 옆에 있는 바위 턱에 빙하가 판 홈을 볼 수 있다. 얼음 때문에 굴러다니고 밀려다니다 진흙과 자갈과 함께 아무렇게나 쌓인 채 닳고 닳은 바위들, 그것들이 마구 뒤섞인 게 바로 언덕이다. 개척자들은 황소를 이용해 돌들이 그렇게 촘촘히 쌓이지 않은 곳은 평야로 만들고, 그곳에서 꺼낸 돌은 가지런히 열을 지어 긴 담을 쌓거나 벽을 만들었다.

가파르고 구불거리는 절벽 혹은 에스커(빙하가 녹으면서 생긴 좁고 기다란 제방 모양의 흙더미나 돌더미—역주)가 남북으로 뻗어 있다. 지질학자들에 따르면, 에스커는 거대한 얼음층 아래 깊은 곳에 터널처럼 흐르는 강물로 인해 생성되었다고 한다. 강에는 점차 자갈이 들어차게 되고 빙하가 녹으면서 이런 절벽이 남게 된 것이다.

주변의 연못들을 보면 추운 지방의 습지식물들이 서식하고 있는 것을

재미에서 깊이까지

더숲 교양과학 도서목록

페이스북 · 인스타그램 @theforestbook

새 책 소식, 이벤트, 강연 안내 등의 정보를 제일 먼저 만나보실 수 있습니다.

더숲 02)3141-8301~2 | 서울시 마포구 양화로16길 18(서교동) 3층

나는 부엌에서 과학의 모든 것을 배웠다

화학부터 물리학·생리학·효소발효학까지 요리하는 과학자
이강민의 맛있는 과학수업

"매일 부엌과 연구실을 오가는,
어느 별난 과학자가 치려낸 풍성한 과학의 만찬!"
탄성과 싱싱한 식재료의 관계에서부터 열전도율을
고려한 주방기구들, 본연의 색과 향, 육질을 살리는
수비드 요리까지, 과학자의 눈과 요리사의 손으로
펼쳐 보이는 풍미 가득한 과학과 음식의 세계!

★ 한국출판문화산업진흥원 텍스트형 전자책 제작지원 선정작(2017)
★ 2017년 하반기 세종도서 교양 부문 선정작
★ 행복한아침독서신문 추천도서–청소년(2018)
★ 「2017 1318 책벌레들의 도서관 점령기」, 2017년 청소년 추천도서
　(국립어린이청소년도서관)

이강민 지음 | 192쪽 | 12,000원

부엌의 화학자

화학과 요리가 만나는 기발하고 맛있는 과학책

"흥분과 호기심으로 가득한 분자요리의 세계!"
혁신적인 물리화학자 라파엘 오몽과 분자요리의 대가
티에리 막스가 펼쳐내는 새로운 과학의 향연!
어려운 과학 개념의 맛있는 대중화를 이룬 교양과학서.

★ 미래창조과학부인증 우수과학도서
★ 한국출판문화산업진흥원 텍스트형 전자책 제작지원 선정작
★ 〈르 몽드〉〈르 피가로〉 등 프랑스 대표 언론들의 연이은 격찬!
★ 프랑스 과학분야 베스트셀러

라파엘 오몽 지음 | 김성희 옮김 | 236쪽 | 13,000원

볼 수 있다. 이런 연못들은 빙하가 물러날 때 남겨진 얼음덩이들이 모래 지대에 움푹한 곳을 만들면서 생기게 되었다. 얼음이 녹으면서 이런 '구혈(甌穴)'은 물로 채워지게 되었고 가장자리에 식물이 자라기 시작했다. 가장 마지막 빙하기는 일어난 지 얼마 되지 않았기 때문에 얼음의 무게에 눌려 있던 지각층은 아직 완전히 올라오지 못했고, 그래서 메인 주 연안은 아직도 솟아오르고 있는 중이다. 바다의 수위도 북쪽의 얼음이 녹음에 따라 계속 상승하고 있다.

빙하의 가장자리에 있던 땅의 모습은 오늘날 빙하 가장자리에서 볼 수 있는 풍경과 같을 것이다. 툰드라 식생이 있었다. 노란색과 검은색 털의 호박벌이 날아다니던 분홍바늘꽃과 곰과 순록이 있었다. 그리고 빙하가 더 북쪽으로 물러났고 나무들이 생겼다. 처음에는 전나무, 가문비나무가 생겼고 뒤이어 포플러, 스트로부스소나무, 자작나무가 생겼다. 마침내 너도밤나무, 단풍나무, 물푸레나무, 참피나무 등의 활엽수도 생겼다. 이 나무들은 메인 주 지역 일부에서는 지금도 자라고 있다.

순록은 그리 멀지 않은 과거에 메인 주를 떠났고, 대규모의 전나무와 가문비나무 숲은 메인 주의 북쪽에만 남아 있다. 온난화는 계속되고 있으며 순록이 북쪽으로 이동하는 동안 주머니쥐와 홍관조 같은 남쪽 지역의 동물들도 북쪽으로 같이 이동하고 있다. 자연의 움직임을 우리 인간이 어찌할 수는 없을 것이다. 사슴이나 무스에게 적합한 지역에 순록을 데려다 놓으려는 시도도 그다지 성공하지 못했다. 계속되는 온난화는 과거에 침엽수가 자라던 곳에서 이제 목재용 활엽수가 더 잘 자라게 만들었다. 다시 침엽수가 나게 하려면 벌목을 하거나 제초제를 써야만 한다.

빙하시대가 한창일 때는 해수의 수위가 낮아져서 아시아에서 시베리아와 알래스카까지 육지 다리가 형성되어 있었다. 털매머드, 매스토돈, 들소, 검치호와 다른 포유동물들이 아메리카로 살기 위해 건너왔다. 나중에 인간도 그들을 따라 사냥하기 좋은 이곳으로 왔다. 그러나 짧은 시기 안에 낙타, 코뿔소, 말, 큰비버, 땅나무늘보, 사향소, 매스토돈, 털매머드, 글립토돈트(고생물 조치수-역주)가 전부 멸종했다. 오늘날의 무스처럼 이 커다란 포유동물들은 인간을 무서워하지 않고 길들여져 있었을 것이다. 무스, 들소, 순록, 사슴, 큰사슴은 살아남았는데 그것은 아마 부분적으로 혹은 온전하게 숲에서 살았었기 때문일 것이다. 하지만 살아남은 이 생물 종들도 현대문명의 보존을 위한 공조 시스템이 제때 운영되지 않았다면 멸종동물들과 같은 길을 걸었을 수도 있다. 선사시대인 클로비스-폴섬기의 사냥꾼들은 먹잇감이 너무나 풍부했기에 대부분의 커다란 미국 야생동물을 다 죽였다. 멸종에 대한 걱정 같은 게 없었던 건 들소떼를 본 19세기 미국 개척민들도 마찬가지였다. 확실한 대책이 필요하다는 깨달음이 아니었다면 이 들소들도 지구상에서 사라졌을 것이다. 과거의 사냥꾼들은 사냥감이 줄어들면 다른 언덕이나 강을 넘어 이동하면 되었다. 그리고 그들이 가는 곳마다 동물들은 인간이라는 포식자를 만나 길들여지게 되었다.

마침내 툰드라는 사라지고 우거진 숲은 점점 더 커져갔는데, 그 과정에서 커다란 초식동물 중 살아남은 것은 숨어서 사는 숲 속 동물뿐이었다. 숲은 툰드라의 탁 트인 평야지대처럼 사냥하기 좋은 땅이 아니었다. 사람들은 숲의 가장자리에 살거나 숲 속에 빈터를 만들어서 살았다. 하지만 땅을 뒤바꾸기 위해서 거칠게 망가뜨리지는 않았다. 적어도 유럽인들이 이곳에 오기 전까지는 말이다. 강철 도끼와 톱 그리고 다른 철학으로 무장한 유럽인들은 동물을 죽였을 뿐만 아니라 숲 전체를 없애기도 했다. 그나마 그들을 저지했던 건 빙하가 남긴 돌투성이의 땅과 가혹한 기후 그리고 물어뜯는 파리 떼였다. 하지만 19세기 초 서부에 풍요로운 농장지대가 생겨나자 수많은 뉴잉글랜드인들은 짐을 싸서 이곳을 떠나버렸다. 눈 깜짝할 사이에 대륙의 절반 정도 되는 땅에서 숲이 사라졌고, 다른 한쪽의 평야지대는 거의 전부 옥수수밭이 되어버렸다. 유속이 빠른 뉴잉글랜드의 강들은 섬유공장과 제재소를 운영할 수 있는 동력을 제공하였다. 공장지대가 농장지대를 대신하게 되자 숲이 되돌아왔다. 그래서 지금 이 지역의 언덕을 덮고 있는 삼림은 전부 어린 나무들이다.

메인지역이 주(州)가 되었던 1820년에는 상당수의 내륙지방에 사람이 거주하지 않았다. 주정부는 넓은 지역의 땅을 팔고 이곳을 93제곱킬로미터의 '타운십townships'으로 만들어서 마을이 생겨나기를 기대했다. 하지만 숲은 빙하가 매립되어 있는 땅이라 농업이 어려웠기 때문에 보존될 수 있었다. 주의 인구는 1840년에 절정에 달했으며 1980년이 되어서야 겨우 100만 명이 넘게 되었다.

1,000만 에이커(약 122억 평) 혹은 주의 거의 절반에 달하는 땅은 사람이 살지 않는 지역이다. 오늘날 메인 주는 땅의 약 90퍼센트가 약 1,750만 에이커(약 215억 평)에 달하는 산림지대이며, 미국에서 가장 산림이 우거진 곳이다.

이 숲과 땅은 사람들에게 많은 영향을 미쳤다. 나의 아버지는 며칠씩이나 현미경으로 맵시벌을 들여다보았는데 나도 그렇게 해보기를 원하셨다. 하지만 아버지와 어머니가 머나먼 멕시코로, 아프리카로 몇 년을 떠나 계신 동안 나는 학교에 머물러 있을 수밖에 없었다. 내가 동경하던 영웅은 도끼와 라이플총을 잘 다루고 거친 손을 지닌 산사람들이었다. 그들은 아주 강한 사람들이었고 잘난 척하기 위해 글을 쓰거나 떠벌리는 사람들이 아니었다. 태평양전쟁 당시 해군이었던 플로이드 애덤스 같은 사람들은 절뚝이는 다리로 재향군인 병원을 다니곤 했다. 그들은 잘 웃고 농담도 잘했고 전쟁 이야기가 나오면 가끔은 침묵에 빠지기도 했다. 대체로 그들은 남에 대해 이러쿵저러쿵 말을 하는 사람들이 아니었다.

나 역시 아무도 나를 찾지 않는 끝없이 펼쳐진 자연 속에서 산사람이 되고 싶었다. 올더 강의 녹색빛 강물이 흘러가는 것을 내려다보면서, 35년 전 두 친구와 함께 학교에서 도망 나와 이곳에서 살려고 가다가 불어난 강물에 길이 막혔던 기억이 떠올랐다. 비록 한참을 돌아서 오긴 했으나 마침내 이곳에 와 있다는 것이 아이러니하다.

시간에 대한 집착

8월 첫째 주다. 이곳에 온 지 두 달이 넘었다. 정해진 일정이나 계획 없이 무작정 이곳으로 와서 그대로 시간이 멈춘 듯이 지내고 싶었다. 그렇게 지낸 듯도 싶다. 이곳에서 보낸 매 순간이 소중했다. 지금 이 순간에 몰두하다 보면 과거와 미래에 대한 것은 잊게 된다.

하지만 계절은 여지없이 변화하게 마련이다. 시간은 가차 없이 흘러가고 다가오는 겨울에 대한 걱정이 식물과 동물들의 삶을 자세히 들여다보고 싶은 나의 '자유' 시간을 방해했다. 눈이 내리기 전에 할 일이 상당히 많다. 한 잔의 커피와 달걀요리를 즐기면서 전화로 겨울 동안 쓸 연료를 배달해달라고 할 수는 없는 것이다.

커피 한 잔을 데우려면 매번 불을 지펴야 하는데 이때 내 소중한 시간이 소비되는 것이다. 나무를 하나 고르고 잘라낸 다음, 통나무로 쪼개고, 톱질해서 잘게 자르고, 오두막으로 끌고 오고, 더 작게 자르고, 쪼개고, 나르고, 쌓고, 난로에 한 번에 하나씩 집어넣으며, 재는 쓸어 담아서 그 속의 광물질을 숲으로 되돌려놓는 모든 작업에 시간이 걸린다. 따뜻함과 열기를 위해 수고로운 작업을 하는 것은 괜찮다. 만들어낸 불은 쓸모가 많으니까. 불은 깜박거리며 속삭이거나, 살아 있는 것처럼 으르렁거려서 만지고 싶게 만들고, 때로는 겁이 나서 물러서게 만든다. 나는 불을 친구처럼 조심스럽게 다룬다. 잭을 보살피는 것과 비슷하다. 불을 만들어내면 내 삶이 윤택해진다. 지금 이곳에서 나는 하루하루를 살아가는 것과 그리고 내가 하는 모든 행동의 결과를 감수하고 경험할 필요가 있다.

다가올 겨울을 따스하게 보내기 위해 오두막의 틈새를 메우고 기초공사를 마무리해야 눈보라가 새어 들어오지 않을 것이다. 틈새를 메우는 작업에는 통나무 사이에 뱃밥 끈 묶음을 흙 반죽해서 끼워넣고, 그것을 날카로운 연장을 이용해 단단하게 다지는 일도 들어간다. 오두막 주변에 도랑을 파서 바윗돌을 굴려 넣고 메운 다음, '진흙' 반죽을 만들기 위해 시멘트 45킬로그램을 실어오고 트렌치의 나머지 공간을 흙으로 채웠다.

이 작업이 항상 재미있는 것은 아니다. 하지만 시시포스의 바위와는 다르게 이 돌들은 제자리에 남아 있을 것이다.

그런데 내가 단순한 작업에 얼마나 많은 시간을 할애하는지 신경이 쓰이기 시작했다. 꽃의 향기를 맡고 싶었는데 일주일이라는 시간을 쓰레기 버릴 장소를 만드는 데 쓰고 말았던 것이다. 심지어 산이 보이는 탁 트인 전망을 위해서 흑파리 떼에게 몇 시간이고 시달리면서 덤불을 잘라내야 했으며, 아래쪽 개울가의 풀이 많은 제방에도 역시 노동이 필요했다. 손쉽게 수확하고 있는 블루베리는 체스터빌 습지에 있던 것을 파내어 흙이 뿌리에 묻은 채로 가져와 심고, 톱밥으로 뿌리 덮개를 해야만 했다. 하지만 눈덧신 토끼가 그것들 대부분을 뜯어먹어 버리는 바람에 몇 개 남지도 않게 되었다.

내가 하는 여러 가지 일들이 꼭 필요한 작업이고 또 할 때는 즐거웠지만, 쓸데없이 시간이 낭비되는 일도 있었다. 따라서 시간을 신중하게 분배해서 되도록 아끼려고 하였다. 일을 회피하고 싶지는 않지만 이곳에 단지 노동을 하려고 온 것은 아니기 때문이다.

도시에서 물을 사용한다는 것은 꼭지를 틀고 잠그는데 몇 초 동안의 시간을 들이는 것을 의미한다. 반면 여기서는 물을 얻으려면 오두막에서 90미터 아래에 위치한 숲 속 저지대에 있는 우물까지 가야 한다. 그곳으로 가서 나뭇잎이 떨어지는 것을 막기 위해 만들어놓은 나무 덮개를 열고, 양동이를 묶은 줄을 내려뜨려 한 번씩 길어 올려서 19리터짜리 플라스틱 병의 주둥이에 흘리지 않게 조심스레 담아야 한다. 그리고 그것을 언덕 위로 힘들게 끌고 올라와서 주철로 된 싱크대 옆에 놓는다. 물을 효율적으로 아껴가면서 쓰면 일주일에 한 번만 길어오면 된다. 싱크대에 있는 자기 냄비에 물 몇 컵만 부으면 아침에 쓸 세수물로는 충분하고, 그물은 나중에 일하고 돌아와서 손을 씻을 때 사용되며, 마지막으로는 물때가 끼기 시작한 접시를 불릴 때 쓰게 된다. 설거지는 일주일에 한 번만 한다. 대부분의 접시는 사용 후에도 그다지 더럽지 않기 때문이다. 예를 들어 커피잔은 거의 씻지 않는다. 더운물을 쓰는 것은 소중한 시간을 허비해야 함을 의미한다.

커피잔은 몇 주씩 씻지 않고 지낼 수 있지만 재활용 센터에서 산 맥주병은 이야기가 달랐다. 나는 갈색 맥주병의 그윽한 모습이 점점 더 마음에 들었고, 집에서 만든 맥주를 따라서 마시기 전에 이것을 기를 쓰고 깨끗하게 닦으려고 했다. 깨끗하고 신선한 물로 씻어서 두 번 헹군 다음 주철 오븐에 말렸다.

뒷베란다는 물과 시간을 아끼는 장소로 활용하고 있는데, 어떤 면에서는 편하고 다른 면에서는 골칫거리였다. 옥외 변소가 정말 필요했다.

결국 나는 시간에 대한 집착이 심해져서 괴이한 행동을 하기에 이르렀다. 휴가 중인 친구 몇 명이 와서 이틀 동안 즐겁게 지냈는데, 그동안 아무것도 하지 않고 오두막의 돌계단이나 개울가의 제방 위에 앉아서 수다를 떨거나 열매를 따거나 경치를 즐기고 요리를 하면서 보냈다(매번 식기를 설거지하고 그릇은 자기로 된 것을 썼다). 그러나 나는 내가 얼마나 나만의 패턴, 일과, 효율에 따라 생활하는 데 익숙해져 있는지를 깨닫게 되었다. 심하게 초조해졌다. 내가 벌써 은둔자처럼 되어버린 걸까? 친구들이 떠나갔을 무렵에는 신경이 매우 곤두서 있었다. 친구들을 차까지 배웅하여 포옹한 뒤 작별인사를 나누고 나는 24킬로미터를 달렸다. 스트레스가 좀 풀리자 론에게서 빌린 철 손수레에 45킬로그램짜리 세크리트(시멘트)를 붓고 물을 부은 뒤에 괭이로 뒤섞어주었다. 그러고는 맨손으로 오두막 기초 부분의 돌 틈에 채워 넣었다. 에너지가 넘쳐서 한 포대를 더 만들어서 - 그리고 남은 8개의 포대 전부를 다 했다 - 해가 지기 전에 다 끝마쳤다. 그날 밤 나는 암브로시아에 취한 듯 잠에 빠져들었다.

8월 4일
천천히 움직이는 생명체들의 경이로운 여정

먼저 하늘이 어두워진다. 그런 뒤에 멀리서 우르릉대는 소리가 들린다. 우르릉 소리는 점점 커지고 검어지는 하늘 사이사이에는 번갯불의 번쩍임도 보인다. 바람이 거세지다가 사그라진다. 지붕 위로 비가 몇 방울 떨어진다. 점점 더 양이 많아진다. 이제 천둥소리는 금속 지붕 위를 때리는 듯한, 수백만의 빗방울이 동시에 그리고 잠깐 끊겼다가 다시 떨어지곤 하는 소리 때문에 더 이상 들리지 않는다. 빗방울 소리는 커졌다 작아졌다 다시 커지고, 지붕을 따라 흐르는 빗물이 땅에 떨어지면서 또 다른 고요한 소리를 만들어낸다. 지붕에서 떨어지는 물줄기는 가느다랗지만 2.5에서 10센티미터 간격으로 여러 줄기가 내려온다. 지붕에서 떨어지는 물을 받기 위해 지붕 아래 적어도 60센티미터 정도 되는 구역에 서둘러 물통을 놓는다. 15초 만에 몸이 흠뻑 젖는다.

비가 네 시간 정도 쏟아지더니 이제는 후드득거리는 정도로 줄어들었

다. 흘러내리던 빗줄기가 방울방울 떨어지기 시작한다. 천둥소리가 잦아
든다. 바람이 조금 불기 시작하고 아주 가끔 멀리서 번갯불이 하늘 전체
를 밝히고 있다.

아침이 되자 먹구름이 떠다니긴 하지만 사이사이 보이는 하늘은 짙은
파란색이고 이따금 해도 보인다. 풀과 조팝나무에 맺힌 반짝이는 물방울
을 스치며 오두막 앞에 있는 들판을 거닌다. 들판을 걸으면 물에 계속 젖
게 되는데, 가죽부츠를 신으면 부츠가 금방 축축해지고 손질도 해줘야
한다. 그래서 발이 젖더라도 이럴 때를 대비해서 준비해 놓은 낡은 런닝
화를 신는다.

어떤 동물에게는 이러한 물이 황금 같은 기회이자 어디로든 움직이라
는 신호일 것이다. 그런 동물은 대개 늪, 연못, 호수에 갇혀 있다가 비기
오면 밖으로 나가 이곳저곳으로 이동한다. 요즘은 거의 매일 달리기를
하는데, 달리기를 하는 도중에 길에서 영원류(蠑螈類, 도롱뇽류) 세 마리가
전부 연못 밖에서 죽어 있는 것을 발견했다. 개구리가 여기저기 많다. 표
범개구리와 황소개구리는 일 년 내내 물속에서 사는데, 최근에는 오두막
아래 풀밭에서 어린 표범개구리 몇 마리를 보았다. 어디에서 왔는지 알
수 없지만 폴짝거리며 엄청난 거리를 지나왔을 것이다. 어른 개구리가
되면 다시 연못을 찾아갈 것이다.

《버밀리언 해: 어느 동식물학자의 바하 캘리포니아 여행Vermilion Sea: A
Naturalist's Journey in Baja California》에서 존 자노비 주니어는 인간이 가장 자유
롭게 움직이는 동물 종에 속한다고 했다.

순례는 우리 인간에게 거의 본능적이거나 적어도 뿌리 깊은 행동 양식 중 하나가 되어서, 유전적인 것인지 사회적인 것인지 구분하기가 어렵다. 이주해 다니는 동물 중에 인간은 가장 분주하게 움직이는 축에 속한다. 하지만 인간은 발달기를 보냈던 지질학적인 서식지에 대한 기억을 간직하고 있다. 그래서 우리가 어릴 때 살던 집으로 자주 되돌아가는 것 같다. 몸이 가지 못하면 정신적으로, 그리워서 가는 것이 아니라면 호기심에서 말이다. 가야 할 이유가 없어도 그냥 가고 싶어서 가게 된다. 그러한 움직임 속에서 우리는 자신에 대해 알게 된다.

산 정상의 암벽 위에 자리한 내가 사는 숲 속에서 나무숲산개구리를 자주 본다. 하지만 표범개구리라니? 개구리에 대해서 잘 아는 게 없다는 걸 느낀다. 개구리뿐만이 아니다. 거북이와 도롱뇽도 있다. 산꼭대기 가파른 부분에는 샘 옆에 자그마한 연못이 있다. 가끔 달리기를 한 후 이곳에 와서 손으로 물을 떠서 마신다. 이곳에서 늑대거북을 볼 수 있다고는 생각하지 않았는데 수면 바로 아래에 있는 것을 보았다. 숲을 돌아다니다 산을 올라와서 쉬었다 가려고 여기에서 목욕을 하는 걸까? 좀 큰 놈이었다면 짝을 찾거나 알을 낳으려고 헤매고 있는 거라고 여겼을 것이다. 하지만 이 녀석은 아직 어리고 성숙하지 않았다. 등딱지의 길이가 겨우 10센티미터 정도다.

체인톱질을 해서 장작을 쪼개고 한두 무더기의 장작을 패서 오두막 옆에 아무렇게나 쌓아놓았다. 햇볕에 말린 후 차곡차곡 정리할 생각이었다. 비가 자꾸 내리는 바람에 마를 때까지 기다리려면 오래 걸릴 것 같다. 그런데 마치 작은 숲 속의 연못이라도 되는 양, 일시적으로 숲에 머물다 가는 생물들이 이 장작 쌓아놓은 곳에 숨어 있었던 것이다. 아름답고 매끄러운 검은색 몸체에 밝은 노란색 점이 박힌 생명체, 점박이 도롱뇽이었다. 개구리와 거북이처럼 점박이 도롱뇽도 물에서 산다. 그런데 집에서 멀리 떨어져서 나무가 무성하게 자라고 커다란 바위와 협곡과 쓰러진 나무들로 가득한 숲을 지나서 내 장작더미 아래에 와 있는 것이다. 여기까지 오는 데 얼마가 걸린 걸까? 도대체 어디에서? 왜?

장작더미 아래에서 나온 점박이 도롱뇽.
살던 곳을 떠나 여기까지 오는 데 얼마나 걸린 걸까?
도대체 어디에서? 왜?

도롱뇽은 지금 거의 움직이지 않고 있는데, 원래도 빨리 움직이지는 못한다. 무엇 때문에 여기까지 이동해온 걸까? 추측컨대 남은 여름과 겨울철을 안전한 이곳에서 보내려고 온 듯한데, 여기가 안전한 곳임을 미리 알았던 것은 아닐 터이다. 도롱뇽의 꼬리는 지방으로 통통하게 부어 있는데, 살던 연못으로 다시 돌아갈지도 모를 내년 봄까지 견딜 양식을 저장하고 있는 것이다. 다른 연못으로 갈 수도 있을까?

이렇게 천천히 움직이는 생명체들의 여정을 생각하면 경이롭기만 하다. 낯선 풍경을 지나오며 괴로운 시련과 위험을 감내했을 이들의 여행은 부적응적인 일탈이 아니다. 어쩌면 자노비가 말했던 인간의 움직이는 본능은 우리 생각보다 훨씬 뿌리 깊은 것일지도 모른다. 우리는 흔히 진화는 특정 개개인을 통해서 이루어지고 인구 전체에서는 진행되지 않는다고 생각하지만, 때때로 유전은 개별적인 것에 상관없이 일어나고 있는 것인지도 모른다. 거북이와 도롱뇽을 움직이게 한 본능은 그들의 생명을 위협했을지도 모르지만 새로운 지역으로 이동한 소수의 개체들에게는 상당한 의미가 있었을 것이다. 매일매일 살아남는 것은 전반적인 미래의 유전적인 가치를 확보하기보다는 새로운 서식지에서 번식하는 것에 도움이 되었을 것이다. 내가 오두막 근처에 새로운 연못을 만들면 그 연못은 떠돌아다니던 어느 개구리 한 마리에게 발견될 것이다. 수백 마리의 떠돌이들은 떠도는 과정에서 헛되이 죽고 말겠지만, 행운의 발견자 한 마리는 몇 년 안에 수천 마리의 후계자들을 남길 것이다. 그리하여 위험한 방랑자의 유전자는 자연도태라는 어려움을 극복하고 잘 보존되는 것이다.

8월 6일
그들이 살아남기 위해 무작정하는 일들

정오 무렵에는 숲이 고요하다. 가끔 들리는 붉은눈비레오의 지저귐을 제외하면 새소리도 거의 들리지 않는다. 밤 역시 조용하다. 일 년 내내 낮에는 새소리가, 밤에는 곤충 소리가 그치지 않는 열대림과는 아주 다르다. 여치나 귀뚜라미 소리가 아직은 들리지 않는다. 하지만 오늘 처음으로 메뚜기의 산뜻한 울음소리를 들었다. 며칠 전에는 매미 소리도 들었지만 그 이후로는 듣지 못하였다.

나비는 이제 거의 보이지 않는다. 각각 서로 다른 종이 연쇄적으로 나타났었다. 푸른 신부나비는 눈이 내리기 전이나 눈이 녹을 무렵에 나온

5월, 다 찢어지고
반쯤 죽은 긴꼬리산누에나방을
길에서 봄.
지금은 이런 나방들의
알이나 번데기만 남아 있다.

다. 호랑나비가 그 다음에 나오고 흰줄나비가 그 뒤를 따라 나타난다. 표범나비와 뱀눈나비는 그 후에 나오는데 몇 마리는 아직도 보인다. 이 나비들은 눈에 잘 띄는 종류들일 뿐이다. 이 종류를 다 떠올리고는 어떤 순간에 '예전처럼 나비가 많지 않다'고 말하기 쉽다. 몇 번째 주에 나비들이 나타났는지까지는 세밀하게 기억하지 못하는 것이다.

　5월에 사과나무와 초크체리 딤불 전체에 망을 쳐놓았던 천막벌레나방 유충이 전부 번데기가 되어서 작은 갈색의 나방이 되었다. 하지만 이미 나방들은 죽었거나 죽어가는 중이다. 연녹색 날개가 누더기가 된 긴꼬리산누에나방이 반쯤 죽은 채로 누워 있다. 지금은 이런 나방들의 알이나 번데기만이 남아 있다. 초크체리 가지 위에 천막벌레나방의 반짝이는 갈색 알이 고리 모양으로 올려져 있는 것을 보았다. 달콤하고 얼지 않는 글리세린 용액 속에서 추운 겨울을 견디며 내년 5월까지 그 자리에 있을 것이다.

초크체리 가지에 있는
천막벌레나방 알주머니

달리기를 하며 힐스폰드로 향하는 굽은 도로로 가다가 길옆 조팝나무의 잎이 골격만 남은 것처럼 된 것을 보았다. 애벌레의 망으로 덮여 있었는데 회색의 작은 애벌레가 그 겉과 속에 잔뜩 있었다. 오두막 빈터에서 지난주에 이미 한 무더기를 보았었다. 애벌레들은 엉덩이를 앞뒤로 움직이며 꿈틀거리고 있었는데 일제히 함께 움직였다! 햇빛이 비치자 움직임이 더 빨라지고 그늘을 만들면 느려졌다. 알고 보니 체온에 따라 움직임이 달라지는데 변온동물(냉혈동물)에게 있을 법한 일이다. 하지만 도대체 왜 몸을 움직거리고 왜 또 다 함께 움직이는 걸까? 벌레들이 생각나서 길가에 멈춰서 지켜보았다. 여기 애벌레들은 움직거리지 않는다. 그냥 천천히 기어 다니고 있다. 위에서 박수를 쳐보았다. 아무런 변화도 없다.

궁금해하면서 막 떠나려는데 맵시벌 한 마리가 따라온다. 가느다란 검은색의 몸에, 기다란 노란색 안테나와 노란 고리 무늬의 다리를 지녔다. 아버지가 만드셨던 표본에서 본 기억이 나서 왕자루맵시벌이란 것을 알았다. 약 3밀리미터 정도의 굵기를 하고 있으며 가느다란 허리에서 배까지가 아주 납작한 모양인데 2밀리미터 길이의 산란관이 끝에 달려 있다.

벌이 근처에 날아다니자 애벌레들이 몸을 갑자기 양옆으로 마구 흔들기 시작한다. 벌은 무서운 양 날아올랐다가 바로 되돌아왔다. 그러자 애벌레들이 또다시 한꺼번에 같이 몸을 흔들었다. 벌을 볼 수가 없는(만약 애벌레들이 눈이 보인다면) 조금 떨어진 거리에 있는 놈들도 몸을 움직거렸다. 마치 무슨 경보기라도 켜진 것 같다.

더 자세히 관찰하기 위하여 몸을 숙였을 때, 차가 한 대 쌩 하고 지나가는 바람에 가지 사이로 한 줄기 바람이 불어 벌이 1~2미터 정도 되는 곳으로 떨어졌다. 하지만 금방 되돌아왔다.

벌은 이제 애벌레들의 집에 내려앉아서 사냥감을 향해서 다가갔다. 아랫배를 앞쪽으로 하며 애벌레 한 마리에게 다가가는데, 마치 개가 앞으로 가는데 꼬리가 먼저 가는 모양이었다. 그러더니 앞으로 쑥 찔렀다. 재빠르게 찌르는 동작으로 아마 산란관을 통해 알을 먹잇감에게 주입하였을 것이다. 너무나 빠른 움직임이어서 아직도 앞뒤로 꿈틀거리는 애벌레를 정말 벌이 찌르기 했는지 잘 모를 정도였다. 그러나 애벌레가 저렇게 꿈틀거리는 것 역시 이런 기생 활동에 희생되는 것을 피하려는 진화의 선택적인 행동으로 볼 수 있다. 알이 주입되었다면 말벌의 유충이 깨어나서 애벌레의 몸 안에서 살게 된다. 애벌레가 꿈틀거리는 것에 맞서 말벌은 이렇게 빠른 주입이라는 진화를 선택하게 된 것이다. 애벌레들마다 반응 속도가 다양할 터이므로, 아주 빠른 애벌레는 공격을 당할 수는 있으나 더 느린 벌레들보다는 그 확률이 떨어질 것이다. 진화는 확률적으로 일어나는 것이지 반드시 예상하는 대로 일어나는 것은 아니다.

애벌레들은 아랫배를 앞뒤로 흔들어서 방어를 할 뿐 아니라 경보도 울린다. 왜 동시에 움직이는지에 대한 답이 여기에 있을지도 모른다. 만약 한 마리가 다른 한 마리의 움직임과 정반대로 움직이면 아마 서로가 상대방의 진동을 상쇄해버리게 될지도 모른다. 하지만 이미 갖고 있는 진동의 리듬에 맞춰 모두 한 번에 움직이면 진동은 더 증폭된다. 진동을 더 증폭시킬수록 더 많은 동료들(같은 유전자를 가지고 있는)에게 경고할 수 있는 것이다.

우리는 말벌과 애벌레가 왜 이러한 행동을 하는지 예상해볼 수 있지만, 아마도 벌레 자신은 무엇을 하는지 모르고 있을 것이다. 말벌은 자신이 장차 또 다른 말벌들을 만들 알을 낳았다는 것을 모른다. 왜 자기 아랫배를 이용해서 빠르게 찔러대는지, 도대체 왜 찌르는지 모른다. 애벌레들은 자신들이 왜 몸을 꿈틀대는지, 어째서 다 함께 그러는지 알지 못한다. 어떤 알들이 자신들에게 주입되어 몸속에서 하얀 유충으로 자라나고, 그 유충이 몸 안에서부터 자신을 갉아먹어 껍질만 남게 될까봐 그러는 것이라는 것을 알지 못한다.

우리 인간은 곤충들이 알지 못하는 것을 알고 있다고 자부한다. 하지만 우리 또한 의미도 모른 채 살아남기 위해서 무작정 하고 있는 일들이 많지 않을까?

8월 9~13일
8월의 열매들

오늘은 비가 추적추적 와서 근처 윌튼 블루베리 페스티벌에 놀러가서 기분을 전환하려고 한다. 활기 넘치게 신나게 춤추는 소녀들은 아쉽게도 보이지 않는다. 사실 길에는 개미 한 마리도 보이지 않는다. 텅 빈 의자가 있는 텐트만 있을 뿐이다. 그러나 블루베리는 동네 슈퍼마켓에서 1리터당 2.79달러에 살 수 있다. 신나는 페스티벌!

8킬로미터만 더 가면 체스터빌 습지가 나온다. 그래서 거기에 간다. 90센티미터에서 1.8미터 높이의 블루베리 관목에 다가가려면 젖은 사초를 헤치고 가야 한다. 안개비 때문에 차갑고 반짝이는 물방울이 막처럼 잎과 열매를 덮고 있지만 충실한 채집자를 방해할 정도는 아니다. 적어도 한 시간가량은 그랬다. 그동안 3리터 약간 모자라는 양의 열매를 땄다. 이미 다른 사람들이 먼저 와서 제일 좋은 나무들은 다 쓸어간 것을 알 수 있었다. 2개 품종의 블루베리가 있다. 첫 번째 품종인 고관목 블루베리의 푸른 열매는 하얀 과분으로 덮여 있고 약간 신맛이 돈다. 또 다른 품종인 고관목 허클베리는 과분이 없는 거의 검은색의 열매인데 더 달지만 씨가 좀 많다.

늪지대 안으로 조금 더 들어가면 푸른 물이끼가 있는 픽커렐 호수가 나오는데 이맘때면 크랜베리를 수확할 수 있다. 첫 번째 품종은 작은 크랜베리(혹은 크램베리, 크로베리, 모스밀리언즈, 소베리, 사우어베리, 펜베리, 마시워트, 보그베리, 스웜프레드베리라고 불리는데 정확히는 박시늄 옥시코쿠스Vaccinium oxycoccus다)로, 작은 비늘 같은 잎이 붙어 있는 섬세하고 가느다란 기는 줄기가 녹색의 실 같은 모양으로 물이끼 위에 달려 있다. 두 번째 품종은 큰 크랜베리(박시늄 매크로카르폰으로, 첫 번째 품종과 같은 여러 가지 이름으로 불리고 있다)로 물가에서 자라고 짧고 꼿꼿한 줄기를 지녔다. 이맘때쯤이면 두 크랜베리 모두 생으로 먹을 수는 없지만, 추수감사절 상차림에서 볼 수 있듯이 설탕을 넣고 졸이면 먹을 만하다. 하지만 이 열매들은 보통 겨울을 지나 이듬해 6월이 될 때까지 줄기에 붙어 있는데 그때는 바로 따서 먹으면 아주 맛있다. 먹기에 좋은 단맛을 지닌 블루베리의 남은 열매는 8월 말이 되기 전에 새들이 다 먹어치운다.

어렸을 때 내게 8월의 베리란, 점심 도시락이 든 배낭과 열매를 넣을 양동이를 들고 애덤스 가의 사람들과 함께 마운트 텀블다운으로 온 가족이 하루 나들이를 가는 것을 의미했다. 곰이 열매를 따러 올지도 모르니

"어렸을 때 내게 8월의 베리란, 점심 도시락이 든 배낭과
열매를 넣을 양동이를 들고 애덤스 가의 사람들과 함께
마운트 텀블다운으로 온 가족이 하루 나들이를 가는 것을 의미했다."

크로베리

산크랜베리

신호랑가시나무

낮은 키 블루베리

주의하라는 어른들의 말도 들었다. 입 안 가득 열매를 넣고 먹으면서 먹
고 남은 것들은 물푸레나무 가지로 만든 커다란 바구니에 넣었는데, 나
들이가 끝나면 플로이드와 아빠가 들고 내려왔다. 저녁에는 부엌 테이블
에 열매를 늘어놓고 잎이랑 익지 않은 파란 열매들을 골라내었다. 그러
면 리오나와 어머니가 파이를 굽고 나머지는 겨울 동안 쓰기 위해 병에
밀봉해서 두곤 했다.

늪지대에 있는 열매 외에 다른 열매도 따기 위해 나는 마운트 텀블다
운으로 다시 올라갔다. 아주 두터운 사탕단풍나무와 노란 자작나무가 있

는 활엽수림을 지나갔다. 그러자 갑자기 붉은가문비나무 지대가 나타났다. 하지만 10분 후에는 그곳을 통과해서 빙하로 헐벗은 절벽에 다다랐다. 이 화강암 절벽에는 초목이 정맥처럼 덮여 있고 조그마한 평지에는 물기가 있다. 이곳의 식물들은 수백 년 동안 가장자리에서부터 점점 얕은 호수 안으로 들어가는, 이탄지에 있는 식물들과 비슷하다. 어떤 경우, 이런 식물들이 호수 전체를 없애버리기도 한다.

블루베리가 익었다. 새콤한 푸른색의 늪지 빌베리가 두터운 가지가 엉겨 붙은 모양으로 자라고 있다. 하지만 가장 흔한 것은 로부쉬 블루베리로 바위틈에서 자란다. 이 열매는 연한 푸른색으로 과분이 뒤덮여서 거의 흰색처럼 보이는데, 문지르면 지워져서 만진 부분이 진한 파란색으로 드러난다. 낮은 키 블랙 블루베리도 있는데, 키가 땅딸막해서 로부쉬 블루베리같이 생겼다. 열매에 과분은 없지만 모양은 비슷하게 생겼다. 나는 로부쉬 열매를 한 줌 수확했는데 그 정도면 충분했다. 개똥지빠귀 스무 마리 정도와 큰까마귀 한 마리도 열매를 먹고 있다.

바위틈에서 산크랜베리의 짤막한 덩굴에 밝은 빨간색의 열매가 잔뜩 달린 것을 보았는데 어떤 것은 덜 익었다. 서리가 내리기 전에는 그냥 따먹을 수가 없다. 뒤엉켜서 자라고 있는 것 중에는 블랙 크로우베리, 키닉키닉, 히스베리 같은 이름으로도 불리고 좀 더 정확히 엠퍼트룸 니그룸이라고 불리는 것이 있다. 검은색 열매로 북극권 지역에서는 새들이 가장 좋아하는 열매로 알려져 있으나 내 입맛에는 맞지 않았다. 바위 아래쪽 좀 더 큰 습지식물이 자라는 곳에는 산호랑가시나무가 있는데 길고 가느다란 줄기에는 짙은 붉은색의 열매가 달려 있다. 이 열매는 맛이 없고 안에는 하얀색의 큰 씨가 몇 개씩 들어 있다. 이 절벽과 아래쪽 습지

대에서 자라는 또 다른 낙엽 호랑가시나무는 윈터베리인데 아직 열매
가 익지 않았다. 하지만 화려한 붉은색 열매는 늦게 나타나는 철새들 혹
은 뇌조의 먹이가 되고 씨앗은 널리 퍼지게 될 것이다. 모든 열매는 먹게
끔 되어 있고 제각각 다른 동물에게 맞는 맛을 지니고 있거나, 혹은 같은
동물이 먹지만 그 시기가 다르게 나타난다. 지금 노루발풀이나 티베리는
작년에 생긴 반짝이는 붉은색의 열매가 잘 익어 있고, 올해 나온 하얀색
꽃은 늦게 나오는 꿀벌들을 유혹하고 있다.

윈터베리 꽃

위

분홍빛이
도는 흰색

아래

　먼 도시에서 친구가 왔다. 그녀는 잼을 만들었다. 주철 부엌 난로가
이미 블루베리를 끓이느라 뜨거운 상태여서 코블러^{cobbler}(위에 밀가루 반죽
을 덮은 파이 - 역주)를 오븐에 넣고 구웠다. 몇 겹으로 블루베리와 래즈베
리를 얹고 각 층은 통밀가루와 오트밀, 설탕, 버터를 섞은 반죽으로 구
분 지었다.
　오븐 안에 여유 공간이 남아서 미지근한 물에 이스트와 밀가루를 섞어
부풀린 후 그걸 구워 빵도 만들었다. 빵이 구워지고 아직 너무 뜨거워서

잘 만지지도 못할 때 잘랐는데 이스트의 향기가 났다. 두껍게 잘라서 버터를 바르고 마음껏 먹었다.

달이 크고 밝게 떠오른다. 음악이 필요한 순간이다. 분위기는 이미 좋았으니 분위기를 잡으려는 것이 아니라, 리듬이 필요했기 때문이다. 드문 일이지만 이럴 때 나는 4륜구동 픽업트럭을 운전해서 가파른 돌 비탈을 올라와 진흙을 뚫고 빈터에 가져다 놓곤 했다. 우리는 캐시 매티아의 테이프를 카세트에 넣고 큰 소리로 틀어놓은 뒤 이슬 머금은 풀 위로 나가서는, 달빛 아래 분홍바늘꽃 옆에서 웃으면서 텍사스 투 스텝(컨트리 음악에 맞춰 추는 댄스-역주)을 췄다. 멋진 메인 주 블루베리 축제가 된 셈이다.

8월 14일
여름은 가고

들판이 귀뚜라미와 메뚜기 때문에 매일 더 활기를 띠는 것 같다. 가을이 다가왔다는 신호다. 하지만 일어났을 때 새소리가 하나도 들리지 않는 것은 이상하다. 가끔 운이 좋으면 작고 조심스러운 붉은눈비레오의 노래가 들리지만 실수라도 한 것처럼 항상 금방 멈춘다. 휘파람새는 작은 무리를 지어서 움직이는데 가까이 가면 작게 찍찍거리는 소리와 "쉿" 하고 속삭이는 소리를 들을 수 있다. 이런 소리 외에는 멀리서 매미 소리 같은 체인톱 소리와 붉은다람쥐의 시계 알람 같은 소리만 들릴 뿐 조용하다.

숲의 색이 많이 변하지는 않았다. 아직도 대체로 녹색이다. 하지만 여기저기서 붉은색이 보이기 시작하는데, 몇 군데 자라고 있는 미국꽃단풍나무다.

애벌레들이 많다. 일 년 중 이 시기에는 주로 매끄러운 흙길에 떨어진 배설물이나 잎을 갉아먹은 것을 보고 애벌레를 찾곤 했다. 나중에 새들도 역시 갉아먹은 잎을 보고 애벌레 사냥을 한다는 것을 알게 되었다. 그래서 많은 애벌레들은 증거를 없애서 상처 난 잎이 보이지 않도록 진화했다. 잎을 갉아먹은 후에는 잎꼭지를 잘라버리고 숨어서 먹은 잎을 소화시키는 것이다. 뒤쪽 길에서 달리기를 할 때 한부분이 먹혀버린 막 떨어진 잎을 보곤 하는데, 어떤 애벌레가 이렇게 해놓고 어디에 숨어 있는지 궁금하다.

버섯이 나왔다. 갈색의 썩어가는 잎과 가지들로 덮여 있는 땅에 화려한 색의 열매를 맺은 버섯이 점점이 박혀 있다. 화사한 붉은색, 노란색, 오렌지색, 초록색, 자주색, 분홍색, 하얀색의 버섯들이다. 사방에 갓들이 보이고 가끔은 통나무에서 솟아나온 불타는 듯한 오렌지색의 돌기도 보인다.

오두막 앞에 있는 분홍바늘꽃은 꽃이 거의 졌다. 꽃차례의 꼭대기에만 몇 송이가 피어 있다. 아래쪽은 이미 씨앗을 뿌리고 있다. 바람이 불 때마다 자그마한 하얀색의 솜뭉치들이 멀리 날아다니고, 수백만 개의 씨앗들이 떨어진다. 이 녀석들은 사라지지 않을 것이다. 하루 종일 작고 하얀색의 뭉치들이 공중에 떠다니는데 공터 저편의 어두컴컴한 숲을 배경으로 햇빛이 비칠 때만 보인다. 나무 위로 떠올라서 하늘로 올라가면 더 이상 보이지 않는다. 눈에 보이지도 않는 씨앗들이 드넓은 지역으로 퍼져 간다.

오늘 아침에 세수를 한 뒤, 식당으로 가서 아침 식사를 하고 식앤드 신 럼버에서 솔송나무 판자와 5×10센티미터 목재 한 짐을 샀다. 그리고 나서 호수 주변을 35킬로미터 달렸다. 나는 하루 종일 처지는 기분이었지만 지치진 않았다. 아마도 쌀쌀한 흐린 날씨 때문이었던 것 같다. 사위가 죽은 듯한 느낌이다. 새소리 한 번 나지 않았고 오늘 날씨가 추워져서 그런지 귀뚜라미 소리도 들리지 않는다. 가는 길에 블랙베리를 처음으로 수확했다. 초크체리는 익었지만 블랙체리는 아직도 녹색이다. 두 열매 모두 곧 북쪽에서 내려오는 철새의 먹이가 될 것이다.

집으로 돌아와서 바로 불을 지펴 따뜻하게 하고 커피를 만들어서 갓 구운 빵과 함께 만끽했다. 그리고 장작을 패고 어두워지기 전에 스케치를 했다. 램프는 필요 없다. 나는 대체로 해가 질 무렵에는 지쳐서 잠자리에 들기 때문이다.

조카 찰리와 아들 스튜어트가 방문해서 우리는 피즈 폰드로 여행을 떠나기 위해 새벽에 일찍 일어났다.

이곳에서 나는 처음으로 고리낚시로 물고기를 잡았다. 개복치였는데 아름다운 황금빛과 녹색빛을 한 이 물고기는 아가미 양쪽 끝에 밝은 붉은색의 점이 있었다. 아비새 한 쌍이 아주 작고 어린 새와 함께 거울 같은 수면 위를 돌아다니고 있다. 우리는 쥐똥같이 지저분하게 생긴 검은 딱정벌레의 작은 유충이 잔뜩 뒤덮여 있는 연잎 사이로 노를 저어서 하구로 향했다. 그리고 나서는 하구 인근에 있는 늪지대를 걸어서 갔는

블랙 초크체리

데 아직도 크랜베리 열매가 녹색이었다. 밝은 분홍색의 습지 장미가 아직도 연안에 피어 있고 작은 블랙 초크체리 열매는 익었지만 맛은 별로 없었다. 버튼부쉬, 파란 물옥잠화, 흰 수련, 흰 화살잎은 아직도 꽃이 피어 있다. 하지만 늪에 있는 미국꽃단풍나무는 붉은 기가 돈다. 늪지대에 있는 단풍나무는 항상 제일 먼저 단풍이 든다.

우리는 추억을 떠올리며 두터운 솔송나무가 아직도 자라고 있는 절벽 근처로 카누를 가지고 갔다. 개복치 떼가 여전히 그곳에서 돌아다니고 있어 스튜어트는 그중 한 마리를 잡아서 단단한 막대기에 바로 꿰었다. 스튜어트는 내가 그 나이였을 때처럼 재미있어 하지는 않는 것 같다. 집에서 〈스타트랙〉을 너무 많이 봐서 무감각해진 게 아닌지 걱정이다. 하지만 더 이상 〈닌자 터틀〉은 보지 않는다. 성인이 되고 나면 인공적인 가상의 세계가 그에게 얼마만큼의 의미가 있을까? 그때나 지금이나 내게는 물고기가 흥미롭다. 오래전 이곳에서 보냈던 오후는 내게 현실 세계의 아름다움을 가르쳐주었고, 그 믿음은 아직도 굳건하게 남아 있다.

찰리가 플라이 낚싯대를 이용해 물고기들과 장난을 친다. 우리는 습지대 가장자리를 따라서 수영을 한다. 녹색 크랜베리는 찾기가 어렵지만 벌레잡이풀은 사방에 있다. 이상하게 생긴 이국적인 식물이 떠다니는데 아마도 빙하시대의 습지식물이 이렇게 생겼을지도 모르겠다.

"보세요! 이 속에 물이 잔뜩 들어 있어요. 작은 컵처럼 말예요." 스튜어트가 말한다. 거의 들어서 마시려다가 대부분은 곤충, 이를테면 파리, 딱정벌레 혹은 부분적으로 녹아버린 절지동물이 바닥에 들어 있는 것을 발견한다. "어떻게 저런 걸 먹지?"

"음, 잎 전체가 위장과 같은 거야. 가장자리가 미끄러운 컵 모양의 이 잎은 잎 안에 갇힌 벌레를 소화하기 위해서 액을 분비하고 식물은 그걸 빨아들인단다."

안개를 뚫고 해가 붉게 변하고 수면은 잔잔해진다. 우리가 40년 전 밤에 커다란 메기를 잡았던 저쪽 연못의 수면은 검은색이다. 어두워지면 빌리, 플로이드, 로버트(역시 농장에서 일했던 십대 소년)와 나는 연못 한가운데에서 보트를 타고 화이트 퍼치를 잡으려고 낚시질을 하곤 하였다. 하지만 오늘 우린 그냥 노를 저어 가로질러 가 카누를 다시 차에 싣고 오두막으로 돌아간다.

나의 딸인 에리카와 에리카의 친구 로빈도 하루를 보내려고 와 있었다. 우리가 돌아왔을 때 에리카와 로빈은 오두막 밖에 아무렇게나 놓여 있는 돌멩이로 아궁이를 만들어서 불을 지펴놓고 있었다. 우리는 석탄을 더 집어넣고는 감자를 삶으려 올려놓고, 그릴 위에 돼지고기 다섯 덩어리를 턱 얹어놓았다. 온도가 다시 26℃ 정도 되었고 습도 때문에 언덕이 안개가 낀 것처럼 보인다. 푸른색 연무가 똑바로 위로 솟으며 안개와 섞인다. 주전자에서 김이 나고 돼지고기가 지글대는 소리를 낸다. 그리고 뚝뚝 떨어지는 기름에 불이 붙어 불길이 솟는다. 어두워지는 하늘 위로 긴 뿔의 커다란 딱정벌레가 느릿느릿 날아가는 것이 보이는데, 지금은 우리가 막 잘라서 쌓아놓은 장작의 냄새에 끌려서 요란스럽게 윙윙거리고 있다. 여치가 고음으로 찍찍거리는 소리를 내기 시작하더니 날이 어두워진다. 우린 오두막으로 들어가서 촛불 아래 식사를 하고는 다시 밖으로 나와 불가에 앉아서 이야기를 나눈다.

긴뿔딱정벌레 두 마리를 잡아서 멋진 모습을 감상한다. 한 녀석은 몸전체 길이보다 더 긴 더듬이를 가지고 있고, 다른 비슷한 크기의 딱정벌레는 훨씬 작은 크기의 더듬이를 가졌다. 더듬이의 길이는 암놈의 경우에는 나무를 살피기 위해, 수놈의 경우는 나무와 암놈을 파악하기 위해 필요한 최소한의 감각기관 수와 연관이 있는 것으로 추측한다. 그러므로 더 긴 더듬이를 가진 놈이 수놈일 것이다. 얼마 전에 긴 더듬이를 가진 다른 딱정벌레 두 마리를 발견했다. 하나는 검정과 흰색의 더듬이를 가졌는데 등의 꼭대기가 붉은색이고 그 밑은 검은색이다. 다른 것은 말벌

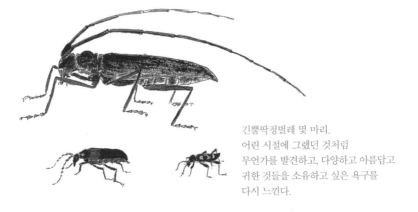

긴뿔딱정벌레 몇 마리.
어린 시절에 그랬던 것처럼
무언가를 발견하고, 다양하고 아름답고
귀한 것들을 소유하고 싶은 욕구를
다시 느낀다.

크기의 작은 놈이었다. 말벌처럼 등에 검정과 노란색 무늬가 있었다. 이
놈들을 전부 표본으로 만들었는데, 6월에 오두막 옆 산물푸레나무 꽃에
앉아 있던 흥미롭게 생긴 또 다른 긴 더듬이 딱정벌레가 생각난다.

아무래도 열병에 걸린 양 곤충 채집에 집착하는 것 같다. 어린 시절에
그랬던 것처럼 무언가를 발견하고, 다양하고 아름답고 귀한 것들을 소유
하고 싶은 욕구를 다시 느낀다. 긴뿔딱정벌레는 그런 채집 취미를 시작
하기에 적당한 종류다. 관리하기 어려울 정도로 종류가 많지도 않으면서
약간의 지식만 있으면 채집할 수 있다. 아름답고 다양해서 늘 하나라도
더 모으고 싶어진다. 이게 어떻게 될지 누가 안단 말인가? 비록 소수만
이 알고 있는 지식이라도 알게 되는 것은 그 자체로 즐겁다. 딱정벌레를
모으기로 결심하자마자 느리게 움직이는 파란색의 블리스터 딱정벌레가
죽은 척하고 있는 것을 발견했다. 내가 만지자 다리 연결 부분에서 유독
한 노란색의 분비물을 뿜어낸다. 이 딱정벌레의 유충은 꽃 속에서 기다
렸다가 벌의 집으로 옮겨져서 벌의 양식을 먹으면서 성장을 마친다.

우리는 숙면을 취했다. 밤에 소음이 들렸지만 노란색 배를 한 뻐꾸기
의 노래가 짧게 들렸을 뿐이다. 이 노래 잘하는 새가 밤에만 우는 것이
이상하다. 옛 농장 옆 오리나무 버드나무 덤불이 연상된다. 30년 동안 들
어본 적이 없는 소리를 지금 겨우 2초 동안 들은 것이다. 그러고는 소리

은은한 진한 파란색의 블리스터 딱정벌레

가 나지 않았다.

즐거운 여름 — 새들의 노랫소리, 화려한 나비들, 신나게 강에서 수영하기 — 이 지나가고 있다. 여름이 온 것이 엊그제 같은데 벌써 지나가버렸다.

나는 지금 정말 분명하게 이해하게 되었다. 지나가버린 것, 그것이 인생이라고… 그러나 나는 그것을 살아냈기에 만족할 따름이다. 만일 내가 죽지 않고 계속 살 수 있다면 내 삶이 얼마나 더 행복할지 궁금하다. 정부는 늑대, 마운틴 라이언, 독수리 들을 멸종 위기에 처할 때까지 없애버렸다. 그리고 이젠 이 동물들을 다시 복원하려고 한다. 왜냐하면 앞으로 어쩌면 그것들을 다시 보지 못할 수도 있기 때문에.

8월 30일
숲이 우리에게 들려주고 싶은 이야기

블랙베리가 오래된 벌목 터에서 빽빽하여 뚫고 지나갈 수 없을 정도의 두께로 자란다. 무스와 곰이 여기를 다니며 길을 만들어놓았는데, 스튜어트에게는 겁먹을까봐 이 길이 어떻게 생기게 되었는지 말하지 않았다. 우리는 한 시간 동안 열매를 수확하여 적어도 3리터에 달하는 양을 모았다. 이 일은 시작한 지 10분 만에 지루해지는 작업이었다. 그래도 좋았던

것은 코요테가 블랙베리 씨앗이 잔뜩 들어간 배설물을 싸놓은 흔적을 맞
닥뜨렸을 때였다.

"여기에서는 이제 블랙베리가 왕성하게 자랄 거예요."

스튜어트가 말했다. 상호공생의 원리를 깨달은 것이다. 코요테는 열매
를 맛있게 먹고 결과적으로는 이 식물이 살아남는 데 도움을 준다.

돌아와서 나는 열매들을 잼으로 만들었다. 그러고 나서 우리는 기념수
를 심었다.

우리는 오두막에서 약 8미터 떨어진 곳에 1.5미터 너비의 구덩이를 파
놓은 후, 길을 내려가서 내가 오랫동안 눈독을 들였던 루브라참나무 주
변 땅을 파고 옆에 있는 나무뿌리를 제거하였다. 나무는 약 5미터 높이에
둘레가 11.5센티미터이고 분형근이 컸으며 무게는 약 79킬로미터였다.
손수레에 실어놓고 수분 손실을 막기 위해 잎을 절반 정도 제거했다. 언
덕 위 오두막 근처로 그 나무를 가지고 올라와서 구덩이에 심고 주변 흙
을 정리하고 톱밥을 한 양동이 부었다. 나무조각들 위에 잔가지들을 얹
고 한 걸음 물러서서 바라보았다.

"스튜어트, 언젠가 이 나무가 정말 커졌을 때 '우리 아빠와 내가 이걸
심었지!'라고 말할 수 있을게다."

"아빠, 아빠가 돌아가시면 내가 이 오두막 가져도 되나요?"

"그럼. 하지만 이 관목부터 정리하자."

우리는 들판에 있는 관목들을 잘라서 쌓아두었다. 그러고는 밖에서 불
을 피워 감자를 삶고 붉은 콩을 데워서 저녁을 준비했다.

날이 어두워지자 스튜어트는 무서운 이야기를 듣기보다는 나랑 숲을
산책하고 싶어 했다. '큰까마귀 잭하고 똑같군' 하고 생각했다. 비가 왔

었지만 구름이 물러가고 지금은 나무에서 물방울만 떨어지는 정도였다.

우리는 소나무 숲으로 걸어가서 바위에 앉았다. 소나무 사이에 있는 단풍나무에서 물이 떨어지는 소리를 들었는데, 그렇게 생각을 해서 그런지 꼭 동물 발자국 소리처럼 들렸다.

"저 소리 들었어요?" 스튜어트는 계속 그렇게 물었다. 점차 바람이 잦아들면서 고요해졌다. 저 멀리에서 줄무늬올빼미가 울었다. "우–후." 스튜어트가 소리 내었다. 올빼미는 대답하지 않았다.

우리는 소리를 들으며 좀 더 앉아 있었는데 어두워지자 스튜어트가 내 무릎에 파고들어 앉아서는 몸을 꼭 붙였다. 그러다 이상하게 높은 음조의 비명 소리를 들었다.

"저게 무슨 소리예요?"

"모르겠구나. 아마 코요테일지도."

우리는 한 시간 넘게 경청의 시간을 가졌다. 그렇게 앉아 이상한 소리, 아니 숲이 우리에게 들려주고 싶은 이야기들에 귀를 기울였다.

9월 초순
아들과 새끼돼지 잡기 경기에 참가하다

이 시기는 레몬빛 노랑나비와 눈처럼 하얀 흰나비가 마침내 전원지역으로 이주하는 때다. 지금까지는 어디에 있었던 것일까? 검은색 신부나비가 다시 나타난다. 지난 이른 봄에 눈이 녹을 무렵 보았던 나비다. 버드나무에 반짝이는 검은색 애벌레가 잔뜩 모여 있는 것을 본 것도 그때였다. 이제 2세대가 성충으로 성장해서 겨울을 나려고 나타난 것이다. 한 마리가 벌써 오두막에 있는 통나무 틈을 살펴보며 동면할 곳을 찾고 있다.

요즘 달리기를 하다가 만나는 로드킬 당한 동물군은 긴꼬리산누에나방의 애벌레다. 죽어서 납작해져 있다. 몸이 통통하고 투명한 녹색의 이 생명체는 나무에서 떨어져서 잠시 방황하다가 번데기가 동면할 고치를 만든다. 아직도 물푸레나무에서는 프로메테우스누에나방의 연한 푸른 녹색과 빨간색 무늬가 있는 애벌레가 보인다. 몸이 다 클 때까지 땅에 떨어지지 않는다. 대신에 나뭇잎으로 몸을 감싸고 고치를 만들어서 가지에 붙여 단단한 실크 띠를 만든다.

블루베리와 래즈베리는 벌써 없어졌지만 초크체리와 블랙베리는 이주해 다니는 개똥지빠귀의 먹이가 되고 있는데, 이 녀석들이 씨앗을 널리 퍼뜨릴 것이다. 사탕단풍나무는 지금 수백만 개의 씨앗을 바람결에 뿌리고 있는데 붉은다람쥐와 노랑콩새들이 신나게 주워 먹는다. 특이하게 윈터베리는 지금 꽃을 피운다. 이른 봄에 꽃을 피우는 블루베리와 철쭉과 같은 진달래과의 식물이다.

빈터에 있는 늙은 사과나무에는 오래전에 사라져버린 품종인, 신맛이 도는 맛있는 노란색 사과가 열린다. 지금은 왜 팔지 않는지 알 수 있었는데, 맛은 좋았지만 만지기만 해도 쉽게 무르기 때문에 오늘날의 유통구조에는 맞지 않는 것이었다.

어제 아침에는 기운이 없더니 나른해지고 힘이 없어졌다. 그래서 힘을 내기 위해 항상 하던 일을 했다. 억지로 달리기를 시작했던 것이다. 그러고 나니 한결 몸이 가벼워졌다. 반죽을 해서 빵을 굽고 사과를 수확하고 애플 크리스프를 만들었다. 스튜어트를 위해 속이 빈 단풍나무에 구멍을 내서 나무 요새를 만들어준 후, 우리는 기름 바른 돼지 잡기를 하러 윈저 품평회로 갔다.

품평회장까지는 한 시간 반을 운전해서 가야 했는데, 가는 동안 기대감에 부풀었다. 그러나 도착했을 때 우리는 돼지에 기름칠을 하지 않을 것이고, 대회가 모두에게 개방되지 않는다는 것을 알게 되었다. 대신에 열 명을 추첨해 열두 마리의 깨끗한 새끼돼지 잡기를 할 예정이라고 했다. 돼지 잡기 대회는 위생적으로 깨끗해졌을 뿐 아니라 운이 따라야만 참여할 수 있게 축소되었는데, 아마 돼지를 잡는 능력의 개인차를 없애기 위해서였을 것이다.

하지만 평등화는 인간에게만 적용되는 것이다. 동물과 채소들은 아주 까다로운 기준으로 제각각 심사를 받는다. 말과 황소는 건장함을 뽐냈고, 마차용 말들의 우아하고 빠른 모습도 볼 수 있었다. 평범한 생김새의 토마토와 오이는 - 근처 가게에서 파는 것과 똑같이 생겼다 - 정밀하게 심사를 받은 후에 심사 결과를 알려주는 파란색 혹은 빨강색 리본을 달고 전시되고 있었다.

우리는 기다리던 돼지 잡기가 벌어질 대회장에서 기다렸는데 황소 끌기가 아직도 진행 중이었다. 목재를 잘 끌 만한 소들이 2마리씩 함께 멍에를 지고는, 시멘트 벽돌이 가득 실린 썰매를 출발선에 가져다 놓는 커다란 트랙터 뒤를 따라서 입장했다. 드디어 소 떼를 모는 사람의 신호에 소들은 땅으로 머리를 낮게 조아리고 흰자가 보일 정도로 커다란 눈알을 굴렸다. 그리고는 그들의 목청 높은 고함과 재촉에 씩씩거리며 소들은 썰매를 끌어당기기 시작했다. 몇 미터마다 소들은 몇 초간 멈추어 휴식을 취하고 다시 나아가곤 했다. 정확하게 2분이 지나자 경기가 끝나고, 테이프로 얼마나 나갔는지 길이를 재었다. 트랙터는 또다시 다음 선수들을 위해서 짐을 출발선에 가져다 놓았다.

잇따라 말들의 끌기 대회가 진행되었는데, 말은 커다란 근육질의 플랑드르 말과 페르슈롱 짐말이었다. 우리가 지켜보던 체급은 한 쌍당 1,451킬로그램이었는데 5분 동안 이들이 끌어야 할 무게는 36톤이었다.

각 팀의 말들은 머리를 높이 치켜들고 걸었다. 전부 갈기를 짧게 잘랐으나 꼬리는 길게 잘 다듬어져 있었다. 이 말들은 막대기로 몰 필요가 없었다. 오히려 재갈을 세게 당겼을 때 튕겨나가려고 하는 말들을 조련사들이 제지해야 할 정도였다. 마치 말들이 자동 점화라도 된 듯했다. 자의식도 없고 전략도 없고 단지 문을 열면 달려 나간다는 듯.

말들은 한 번에 몇 초씩만 짐을 당길 수 있었다. 만약 계속해서 당기거나 서로 잘 맞추어 당기지 않는다면 그 엄청난 짐을 둘이서 결코 움직일수 없고 힘이 다 빠져버릴 것이다. 짐이 움직이는 동안은 계속 가다가 속도가 줄어들면 딱 멈춰야 했다. 그래서 한 걸음씩 짐을 끌었는데, 이 광경을 보면서 재미있을 거라고는 여기지 않던 나도 이상하게 매료되었다. 말들은 상대 팀이 얼마나 더 갔는지 덜 갔는지 알지 못했고 상관도 하지않았다. 나는 속으로 이 말들을 응원했다. 말들이 발굽으로 땅을 칠 때마다 흙덩어리가 뒤에서 높이 솟아 등으로 떨어졌다. 말들은 너무나 열심히 움직이고 있었다. 멋진 근육들이 튀어나오고 옆구리는 숨을 쉬느라들썩였으며 온몸에서 땀을 뻘뻘 흘렸다. 이 모든 것들이 순전히 즐겁기 때문에 하는 행동이었다. 당기기가 끝날 때마다 조련사는 잘했다고 그들의 엉덩이를 다정하게 두들겨주었다.

돼지 잡기 경기가 시작되기를 기다리면서 우리는 부스와 놀이기구를 돌아다녔다. 나는 커피 한 잔을 마시고 스튜어트는 설탕과 시나몬을 뿌린 도넛을 먹었다.

드디어 시간이 되었다. 경기장 안에 열두 개의 마대자루와 줄이 놓여 있다. 곧이어 열두 마리의 돼지를 실은 트럭이 도착했고 배가 벨트 위로 30센티미터나 튀어나와 무릎을 향해 처져 있는 남자가 돼지를 풀어주려고 기다리고 있었다. 사람들이 결승선이 있는 곳으로 모여들었다.

경기에 나가는 사람들의 이름이 한 명씩 호명되었고 거기에 스튜어트의 이름도 포함되었다. 어제까지 난 스튜어트에게 기름칠된 돼지의 어떤 부위를 붙잡을지 코치해주었고, 며칠 동안 스튜어트는 속으로 돼지 잡는 전략을 세우고 있었다. 오늘 아침만 해도 도망가는 돼지를 어떻게 붙잡을지 그림을 그려가면서 설명해주었다. 스튜어트는 심지어 숲에서 통나무를 끌며 '잡는 연습'도 했다.

새끼돼지들이 풀려나서 사회자가 "출발!"을 외치자 아이들이 뒤에서 쫓아 나왔다. 아이들이 몰려오자 새끼돼지들 몇 마리는 무서워서 함께 모여 있었으나, 5초 후에 스튜어트와 다른 아이들 몇 명이 뛰어들어 꽥꽥대는 살찐 새끼돼지들을 제각각 몰아서 포대에 담았다. 경기는 그렇게 금방 끝나버렸다. 대부분의 아이들은 자루에 담은 돼지를 가지고 가장자리로 되돌아와서 기다렸으나 세 명의 어린 여자아이들은 아직까지도 도망 다니는 약삭빠른 돼지 한 마리를 뒤쫓고 있었다. 소녀들이 돼지의 뒤를 뒤뚱거리며 쫓았고 돼지는 아이들이 가까이 올 때까지는 서두르는 기색도 없었다. 잘난 척하면서 기다렸다가 또다시 세 명이 다가오자 솜씨 좋게 옆으로 피한다. 새끼돼지는 작은 소리로 짤막하게 꿀꿀거리며 구석에서 급커브를 돌았다. 얼마 안 가서 이번 경기에서 누가 승자인지가 너무도 명백해졌다. 소녀들은 금방 지쳐버렸고, 돼지는 멀쩡했다. 하지만 이곳에서는 야생과는 달리 실패란 있을 수 없었다. 사회자는 소녀들을 불러서 각가 5달러씩을 주었다.

"이 돼지로 뭘 할래, 스튜어트? 엄마가 키우라고 하지는 않으실 거란 거 잘 알잖아." 우리는 현실적인 문제를 미처 생각하지 못했었다. 그렇지만 포대 속에서 꽥꽥대며 꿈틀거리는 돼지를 보자 이를 생각해봐야만 했다. "있잖니, 이 돼지 아마 팔 수 있을 걸! 10달러는 받을 거야." 그것보다 더 받을 수 있지만 거래가 순조롭게 성사된다고 느낄 수 있게 하고 싶었다.

"저기 아까 돼지를 가져온 사람이 얼마나 줄지 가볼까? 그냥 물어보는 거니까 말이야."

"그러죠 뭐."

그래서 우리는 돼지를 가져온 남자에게 가서 물어보았다. "20달러 줄게." 남자가 대답하면서 지갑을 꺼냈다. 스튜어트는 환한 얼굴로 포대 속의 돼지를 건네었다.

가축 파트에서는 염소 우리 옆에서 커다란 덩치의 남자가 토끼를 팔고 있었다. 스튜어트는 작은 검은색 토끼를 발견했다. 작은 토끼 정도는 괜찮을 것 같았다. 귀엽고 물지도 않고 먹이를 주고 보살피기 쉬웠다. 기분을 맞춰달라고 애정을 요구하지도 않는다. 어린 사내아이가 다른 생명을 보살피는 책임감을 배우기에는 토끼가 적당할지도 모른다.

"아빠, 나 저거 한 마리 갖고 싶어요. 하나만 사주실래요?"

"하지만 네가 돌봐줘야 하는데?"

"네, 제가 다 할게요. 제가 큰 우리도 지어줄게요. 매일 당근도 먹여줄게요."

"오케이."

남자가 종이상자에 토끼를 담아서 주었다.

"섀도 블랙." 스튜어트가 이렇게 이름 붙여준 토끼는 오두막의 우리에 들어가게 되었다. 스튜어트는 토끼에게 매일 당근을 먹여주었다. 녀석을 꺼내 들고는 클로버를 먹는 모습을 지켜보기도 했다. '섀도 블랙'이라고 이름을 써서 우리에 테이프로 붙여놓고, 당근을 주는 별도의 구멍도 만들어놓았다. 나중에 우리는 토끼를 오두막 근처에 놓아주었다. 섀도는 오두막 옆에 장작을 쌓아놓은 곳 뒤에 굴을 파놓았으나 숲 근처에서 일주일밖에 버티지 못했다. 어느 날 밤 비명 소리와 함께 무거운 날갯짓 소리가 났다.

9월 13일
천천히 걷다 보면 더 많이 보인다

긴 시골길을 여행하는 데는 걷기가 운전보다 좋은데, 천천히 걷다 보면 더 많이 보이기 때문이다. 특히 애벌레들. 이 계절에는 나방 애벌레가 많은데 빨강색과 노란색 줄무늬가 있는 매끄러운 갈색의 불나방 애벌레, 크고 뚱뚱한 박각시나방 애벌레, 통통한 녹색의 누에나방 애벌레들이 있다. 하지만 고속도로에는 수적 우세로 메뚜기와 귀뚜라미의 사체가 압도적으로 많았다.

센터 힐 부근에서 800미터 정도 무스의 흔적을 따라갔고, 벌써 빨갛게 물든 단풍나무 잎을 가까이 관찰했으며, 귀뚜라미가 쉬지도 않고 내는 소리를 들었다. 중간에 블랙베리 관목에 멈춰 서서 먹고 싶은 만큼 따 먹었다. 큰어치도 있었고 쉰 듯한 깊은 울음소리로 영역을 알리는 큰까마귀 한 마리도 있었다. 집회라도 하는 듯 열세 마리 정도 되는 큰어치가 날아오르며 온갖 이상한 소리로 지저귄다.

내 바로 위에서 큰까마귀가 높은 음조로 우는 소리를 듣고 올려다보았는데 여덟 마리쯤 되는 무리가 약 600미터 높이에서 놀고 있었다. 큰까마귀들은 노래하면서 소리치고, 다이빙을 하면서 몸을 회전하며 다시 솟아오르며 점점 북쪽을 향해 날아갔다. 그중 두 마리는 무리에서 떨어져 나와 남쪽 방향으로 갔다.

길가에 난 자줏빛이 도는 파란색의 뉴잉글랜드 참취 위에 말벌처럼 생긴 파리, 호박벌, 벌, 심지어 꿀벌 그리고 다른 종류의 파리 들이 앉아 있는 것을 보았다. 또 맵시벌 암컷이 하얀색의 더듬이를 떨면서 풀줄기를 기어 내려가는 것을 보았다. 노란색 소순판, 붉은 기가 도는 갈색 다리, 노란색 줄이 있는 아랫배를 지니고 있었다. 다른 부분은 검은색이다. 이런 맵시벌은 본 적이 없다.

땀을 식히기 위해 앉아서 쉬자 배도 고프고 목도 말랐지만, 편안하고 정말로 긴장이 풀어지는 기분이 들었다. 점심 전에 32킬로미터를 달리고 나면 나머지 일과는 쉽게 느껴지는 법이다.

9월 18일
하루의 끝에 최고의 즐거움이란

　매일 하는 달리기를 하면서 이제 떠들썩한 벌레 소리도 잦아들었다는 것을 느꼈다. 그저 내가 뛰는 발소리와 귓가를 스치는 바람 소리만이 들릴 뿐이다. 하지만 가끔 오랜 친구가 나를 만나기 위해 길을 따라 내려오는 것을 본다. 새의 흔들림 없는 날갯짓 소리가 들린다. 새는 나를 향해 아주 약간 머리를 갸웃거린다. 힐스폰드 근처에 있는 큰까마귀들 중 한 마리다. 난 1984년부터 이들을 알고 지냈다. 보통 길에서 6~9미터 높이로 날면서 작은 새와 생쥐, 로드킬 당한 다른 동물 들을 찾는다. 나는 로드킬 당한 동물은 그대로 두고 맥주 캔만 줍는다. 우리 둘이서 이 고속도로를 깨끗하게 유지하고 있는 것이다.

　사람들이 나에게 "그럴 에너지가 있으면 다른 곳에 쓰지 그래?"라고 하지만 나는 에너지를 쓸 데 쓰고 있는 것이다. 이곳에 온 지도 몇 달이 지났다. 매일 하는 잡일들은 전부 시간을 너무 잡아먹고 나는 제자리걸음만 하는 것 같다. 나는 무엇인가로부터 강하게 끌려 어디론가 가서 실체를 보고 싶다.

　뜨겁고 후덥지근한 하루다. 아침에는 언덕에 연무가 낀 것 같았다. 오후가 되자 대기는 반투명한 푸른색으로 보인다. 탁한 경관이다. 그러더니 해 질 무렵에 눈보라가 완전히 먼 경치를 뒤덮는다. 살짝 움직여도 땀에 흠뻑 젖는다. 달리기를 하러 가기도 전에 몸이 더워졌지만 달리기를 하자 이상하게도 몸이 시원해졌다. 아마 마침내 내 몸 주변에서 공기가 움직였고 약간의 땀이 몸을 식히는 역할을 했기 때문일 것이다.

무는 벌레는 이런 눅눅한 날씨를 좋아한다. 이 미세한 무는 파리들은 햇볕 아래에서는 몇 분 안에 말라서 쪼그라들 것이다. 이제 녀석들은 숨어 있는 곳에서 나와 숲 속을 탐색하며 공터로 나아간다. 이놈들은 피부가 마치 불에 덴 듯이 근질거리게 만든다. 지금은 녀석들보다 앞서갈 수 있는데, 이것이 달리기하면서 얻는 유일한 상이다.

이제 막 물들기 시작한 밝은 자주색, 라벤더 색, 주(朱)색의 단풍나무 잎들이 길을 수놓기 시작했다. 나는 달리던 걸음을 멈추고 서서 단풍잎 몇 개를 주워들었다. 나무에서 이렇게 경이로운 것들이 떨어지는 모습을 지켜보면서 이것들을 오래 보관하고 싶어졌다. 그렇지만 이 풍요로운 색채를 그대로 간직할 수 있는 방법은 아무것도 없기 때문에 바로 지금 이 순간의 아름다움을 감상해야 한다는 것을 깨닫는다. 잎이 마르는 대로 색은 칙칙해지고 수액이 풍부했던 빛나는 모습은 사라진다. 매일 이렇게 신선한 모습을 감상하는 수밖에 없다.

오늘 48킬로미터를 힘들게 달렸는데 하루의 끝 무렵에는 최고의 즐거움을 만끽하였다. 최고의 즐거움이란 책상에 앉아 그 앞의 창문을 통해 마운트 볼드를 바라보며, 뜨거운 커피 한 잔을 옆에 두고, 아무것도 하지 않는 채 혹은 노트에 펜으로 끼적거리며 생각에 잠기는 것이다.

9월 20일
인간이 만들어낸 '가치'의 의미

오늘 아침에 풀밭에는 확연하게 하얀 서리가 내렸다. 하지만 나는 믿기지가 않아서 손으로 만져보았다.

날씨는 화창했지만 선선해서 숲에서 걷고 싶은 충동이 일었다. 나는 친구랑 전화로 이야기를 나누거나 식당으로 가서 커피를 마시거나 신문을 읽는 행동처럼, 산책을 통해서도 평정심을 얻는다.

사탕단풍나무 숲을 통과해서 북쪽으로 향했는데 지난여름 동안 많이 자란 모습에 감탄했다. 단풍나무의 잎은 햇빛 아래 반투명의 빈짝이는 녹색이었다. 고사리들이 이미 그곳에서 자라고 있었고 화사한 미국꽃단풍나무 잎 몇 장이 오래된 죽어가는 잎 사이에 간간이 섞여 있었다. 수정란풀의 하얀색 꽃이 위를 향해 피어 있으며 수정된 암술의 씨앗이 여물고 있다. 이 꽃은 짙은 그늘에서만 자란다.

수정란풀

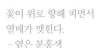

색이 없는
줄기와 꽃

꽃이 위로 향해 피면서
열매가 맺힌다.
－엷은 분홍색

1년 된 마른 씨앗주머니
－갈색

맵시벌 몇 마리가 햇볕으로 얼룩덜룩한 고사리 주위를 날아다니고 있었다. 맵시벌은 매우 아름다워서 눈에 잘 띄었다. 하지만 녀석들을 손 위에 올려놓고 관찰해야만 그 여러 가지 색 – 붉은색, 파란색, 노란색, 검은색, 하얀색 – 들을 알아볼 수 있다. 내가 스튜어트 나이였을 때 아버지는 이 말벌들의 참 아름다움을 보는 법을 가르쳐주셨다. 그런 눈을 가질 수 있었던 것은 행운이었다.

대부분의 말벌들은 애벌레를 찾아다니는 암놈인데 햇빛이 필요해 광반(光斑)을 즐길 때만 잠시 고사리에 앉아 쉰다. 올해만 해도 벌써 거의 열두 마리 정도의 파란색 날개와 밝은 빨강색 배를 가진 말벌들을 보았다. 이들은 스핑크스 나방의 유충(오직 이 특정 종류에만)에 알을 낳는데 드물게도 숙주보다 훨씬 몸체가 크다. 몇 년 동안 이 말벌을 통 볼 수 없었다. 아버지는 35년 동안 매년 화창한 여름날이면 몇 시간이고 이들을 찾아다녔다(대부분 나도 도와드렸다). 여러 종류의 벌들이 아버지의 수집품들 속에 있었는데 각 종류마다 표본이 3개 미만이었다. 많은 맵시벌들이 매우 희귀했기 때문에 내 눈에는 더욱 아름다워 보이는지도 모르겠다.

큰어치 떼가 남쪽을 향해 날아가지만 상당수의 큰어치들은 겨울을 이곳에서 난다. 꽁지 부분이 갈색인 숲 속의 요정 같은 굴뚝새 한 마리도 아직 여기 머물러 있는데 이 녀석이 잠시 동안 내게 흥미를 보였다. 내가 꼼짝하지 않고 서 있으면 1미터쯤 다가와서 날카로운 "틱" 하는 소리를 낸다. 정신없이 위아래로 무릎을 깊게 굽히며 홱 움직이다가 다시 땅 위에서 먹이를 찾아다니는 모습이 꼭 공수훈련을 받은 쥐 같다. 날아가기 직전에 벌이 몸을 떠는 것처럼 잠시 몸을 부풀린 다음 흔들었다. 굴뚝새들은 이 숲에서만 보인다는 것을 알게 되었는데, 바람 탓에 큰 나무 몇 그루가 쓰러졌기 때문이다. 나무줄기의 빽빽한 가지 덕분에 몸을 숨길 수 있고 위로 드러난 뿌리는 5개월 전에 이들의 둥지가 되었다.

보통은 그냥 발길 닿는 대로 가지만 오늘 소풍의 대략적인 목적은 내가 제일 좋아하는 절벽에 오르는 것이다. 그곳은 3년 전만 해도 매우 보기 드문 처녀림 – 거대한 사탕단풍나무, 물푸레나무, 참피나무, 너도밤나무, 루브라참나무가 있는 – 이었다. 수령이 200년이 되는 많은 나무들이 노쇠하여 쓰러지곤 했다. 대신 어린 나무들이 차례차례 새로 생겨났다. 숲은 이제 이 상태로 안정을 유지한다. 오래된 커다란 나무는 더 이상 자랄 수 없고 커질 수도 없지만 똑같은 종류의 어린 나무가 생겨나는 것이다.

어떤 방해만 없으면 이러한 성장 패턴과 종의 혼합은 수백 년 동안 지속될 수 있다. 금세기에 들어서기 전까지는 이 숲에 접근할 수 있게 만들어주는 불도저와 목재를 싣는 트랙터가 없었기 때문에 숲이 보존되었었다. 그러나 3년 전에 기계들이 숲을 뚫고 들어왔고 작업을 끝내자 남아 있는 게 아무것도 없었다. 나무 한 그루도 서 있지 못했다. 떠나간 자리에는 베어놓은 나무가 엄청나게 뒤엉켜 있어서 사람이 지나갈 수도 없다.

신성한 땅 – 나에게는 – 인 이곳에 도착해보니 이미 상당히 달라진 모습이었다. 세 번의 겨울 동안 내렸던 눈 때문에 나무들은 주저앉았고 여름에는 부식이 일어났다. 숲 속의 이 거대한 지역을 내다 보니 온통 녹색빛이었다. 베어지고 남은 것들은 비료가 되어 새로 나온 생명체들이 왕성하게 자랄 수 있도록 해주었다. 얼마 전에 무스와 사슴이 이곳을 왔다간 흔적을 볼 수 있었는데 추정컨대 이들은 아래쪽 숲에서 온 것 같았다.

자른 뒤에 바로 올라오는 래즈베리와 블랙베리 밭에는 아직도 열매가 좀 남아 있는 덤불이 있다. 나는 잘 익은 달콤한 블랙베리 열매를 실컷 먹었다. 하지만 이곳의 대부분은 내 키만 하거나 더 큰 나무들로 덮여 있어서, 수직으로 다양하게 뻗은 나무들을 타고 넘는 데 애를 먹었다.

카메라와 줄자를 가지고 와서 내가 보기에 무작위인(혹은 적어도 표본이 될 수 있을 정도) 지역에서 면적이 9제곱미터쯤 되는 터 5개를 측량해서 그 속의 나무를 세었다. 하지만 각 터에 있는 나무들의 구성에는 여전히 상당한 차이가 있었다.

나무들의 구성

구역	야생 벚나무	너도밤나무	줄무늬단풍나무	루브라참나무	적갈나무	사탕단풍나무	미국꽃단풍나무	사시나무	서어나무	붉은가문비나무
1.	29	16	5	0	0	3	1	0	0	0
2.	4	10	4	3	2	0	13	0	0	0
3.	26	6	15	0	1	0	5	0	0	0
4.	34	5	2	0	1	14	0	1	1	0
5.	13	4	3	0	6	0	0	0	3	1
	106	41	29	3	10	17	19	1	4	1

이곳을 보다 보면 야생 벚나무가 다 덮고 있는 것처럼 보인다. 대부분의 구역에서 측정한 샘플도 그러했다. 나는 벌목이 행해지기 전에 여기에 수백 번을 왔지만 한 번도 벚나무를 본 적이 없다. 그러면 어디서 어떻게 해서 이러한 야생 벚나무들이 갑자기 나타난 것일까? 새들이 씨앗을 퍼뜨렸다면 초크체리나 블랙체리는 왜 없는 것일까? 이 둘 다 야생

벚나무보다 이 근방에서 훨씬 흔하게 볼 수 있는데 말이다. 물론 야생 벚나무가 맨땅에 침입해 천이를 시작하는 선구(先驅)식물로 이름이 높기는 하다.

야생 벚나무는 20년 안에 사라져버릴 것이다. 뒤에 생기는 나무 중 어떤 것들이 경제적으로 더 '가치'가 있을지 예측하기는 매우 어렵다. 지금 인기가 좋은 품종이 40년 후에도 가치가 높을지는 모르는 일이다. 왜냐하면 선호도, 기술, 시장의 변화가 나무의 성장보다 빨리 일어나기 때문이다. 다양한 품종을 기르는 것이 자연 고유의 불확실성에 대한 생물학적인 보험이 될 수 있다.

나는 계속해서 개벌지역을 넘어서 침엽수가 주로 나는 혼합림으로 들어갔다. 그곳의 땅은 황무지처럼 보였는데, 낙엽활엽수림 지대는 파릇파릇하지 않은 고사리와 시든 잡초 들로 덮여 있었다. 그나마 이곳저곳에서 쓰러진 나무 덕분에 햇살이 부분적으로 들어왔다. 이 지역의 땅을 덮고 있는 식물은 자그마한 나무들로 대부분 키가 2.5센티미터 정도를 넘지 않았다.

그늘이 짙은 땅에는 극도로 작은 나무들이 카펫처럼 깔려 있었는데 너무 작아서 엎드려야 볼 수 있을 정도였다. 세어보니 약 0.1제곱미터 안에 발삼전나무 묘목이 14개, 미국꽃단풍나무가 3개로, 약 0.1제곱미터 안에 평균 17개의 나무가 있는 셈이었다.

지난 몇 년 동안 이 정도의 나무들만이 살아남았는데, 더 큰 나무들을 잘라내었다면 지금 눈에 보이는 묘목보다 훨씬 더 많은 경쟁자들이 힘겹게 겨루어야 했을 것이다. 한 종류 이상의 새로운 씨앗들이 거의 매년 쏟아져 내린다.

어떤 곳에서는 바람에 전나무 몇 그루가 쓰러져서 지금은 작은 공간 안에 베어낸 나무가 가득 찬 것처럼 보인다. 꽉 막힌 듯이 빽빽하게 난 어린 묘목들은 거의 이끼로 된 카펫처럼 보인다. 대부분은 발삼전나무지만, 자작나무·너도밤나무·물푸레나무·단풍나무·소나무도 있다. 어린 소나무 몇 개에서는 작년 한 해 동안 30센티미터가 넘게 자란 가지노 보인다. 전나무가 자라는 속도는 소나무의 절반 정도밖에는 되지 않는데 단단한 목재의 나무들은 더 늦게 자라서 일 년에 2.5센티미터도 못 자란다. 햇빛을 받아서 빨리 성장하는 소나무 때문에 이 밭에 있는 수천 그루의 견목재 나무들이 사라질 게 뻔하다. 소나무가 없었더라도 대신에 전나무가 견목재의 어린 묘목들을 이기고 자라났을 것이다.

개벌지에서는 견목재용 나무들이 싹이 나며 돋아나는데 그 어떤 묘목보다도 빨리 자란다. 막 생긴 그루터기에서 싹이 나오는 것은 단단한 목재의 나무뿐이기 때문에 개벌지에서는 종종 활엽수(예를 들어 단단한 목재) 숲이 침엽수보다 빨리 형성된다. 주로 제지공장에서 필요로 하는 침엽수의 경우, 성장을 촉진하기 위해서는 제초제를 사용하여 벌목을 해야만 한다. 이 때문에 정부는 제지회사의 세금을 감면해주었다.

나는 이 숲을 좋아한다. 이곳에서 통나무를 잘라낼지언정 여기가 좋다. 통나무를 베는 방법에는 여러 가지가 있다. 메인 숲에는 거대한 괴물 같은 기계가 성숙한 나무를 통째로 싹둑 잘라내어 가지를 전부 제거하고 몇 조각으로 잘라내서 끌어내는 곳이 있다. 플렉시 유리로 된 둥근 덮개 안에 있는 사람이 레버를 당겨서 모든 것을 제멋대로 조정한다. 괴물같이 큰 기계가 프랑스 짐말과 체인톱과 도끼를 가진 거친 사내들의 무리를 마구간에서 떠나게 만들었다. 그 사내들은 머리에서 발끝까지 덮는 광고판을 뒤집어썼는데, 광고판은 검은색으로 칠해서 말린 것으로 셔츠와 바지에 딱딱하게 껍질처럼 들러붙었다. 땀을 뻘뻘 흘리며 욕을 하며 노래를 불렀고 하루를 잘 마쳤다는 보람을 느끼며 저녁이면 캠프로 돌아가곤 했다. 괴물 같은 기계가 그들의 직업을 빼앗았는데, 기계가 할 일거리를 주기 위해서 제지회사들은 넓은 면적의 오래되고 다양한 숲을 개벌했다. 그리고 대신에 단종의 침엽수를 심었고 에이전트 오렌지(미국이 베트남전에서 사용한 고엽제 - 역주) 같은 제초제를 헬리콥터에서 뿌려대면서 숲을 '관리'한다고 말한다.

가을

이 땅의 아름다움을 다른 사람들도 즐기는 모습을 보면서 생생한 꿈을 꾸어본다.
난 내 아들이 이 땅이 주는 굳건하고 안정적이고 친숙한 느낌을 느끼며 이곳에서 자라고,
이곳을 고향으로 여기길 바란다. 또한 내가 아름다운 대자연의 어머니 같은 여인을
나의 이브로 삼아 이곳에서 사는 모습을 그려 보기도 한다.
땀에 젖을 때까지 일하고 나서 녹초가 되고, 숲을 치우고, 양과 꿀벌을 기르고,
메이플 시럽을 만들고, 숭어가 사는 연못과 딸기 밭을 관리하고…
우리는 그렇게 농사를 지으며 살아갈 것이다.

9월 23~26일
고요하고 아름다운 가을의 정원

6월 8일에 버터컵 호박과 함께 심었던 붉은강낭콩 다섯 무더기에서 싹이 나오긴 했지만, 대부분 시들어버렸다. 콩 한 줄기가 막대를 타고 76센티미터 정도로 크더니 주황색 꽃을 몇 송이 피웠다. 녹색의 콩 꼬투리가 이어서 생겼는데 겨우 2개만 달렸다. '서리 내리기 전까지 꽃이 핌', '기다랗고 작은 반점이 있는 꼬투리가 열림'이라고 씨앗 봉투에 쓰여 있다. 버터컵 호박씨의 봉투에는 '90일이면 수확할 수 있음'이라고 쓰여 있는데 이미 100일이 지났다. 덩굴이 한 개만 자라서 호박이 하나 열렸는데 직경이 8센티미터 정도밖에 되지 않는다. 꽃이 한 10개 정도 피어 있다. 어젯밤에 그 꽃을 따서 계란 노른자와 밀가루 반죽을 입혀 튀겼다. 꿀벌이 사라졌기 때문에 심지어 미역취 꽃조차 더 이상 피지 않기 때문이었다. 올해 농사는 이제 끝난 것 같다.

지난 며칠 동안 나무를 더 끌어다 놓았다. 3년 전에 의자와 도마를 만들려고 베어서 넘어뜨린 커다란 블랙체리나무도 가져왔다. 나무가 있던 자리에는 사방 6미터와 4.5미터 정도 되는 빈터가 생겼는데, 그곳에는 지금 내 키만 한 어린 나무들이 무성하게 자라고 있다. 그곳에서 사탕단 풍나무 삼십 그루, 물푸레나무 세 그루, 미국꽃단풍나무 한 그루가 이미 체리나무가 있던 자리를 차지하려고 경쟁하고 있다. 나는 원래 나무를 베어낸 곳에서 여름 동안 자란 어린순 2개에서 10개 정도를 잘라내기 위해 그곳에 한 번 더 갔다 왔다. 그러고 나서 파밍턴에 볼일을 보러 가서 식당에 들렀다가 800미터 정도 떨어진 장에 다녀왔다.

저녁에 조용한 언덕을 올라 돌아와서는 오랫동안 산을 바라다보았는데, 외로움을 느꼈다. 이런 고요하고 아름다운 광경을 나누고 싶다는 소망이었을까? 식사 준비가 귀찮아서 맥주 한 잔과 콘플레이크 한 그릇으로 저녁을 때웠다.

다음날 아침에 일어나 보니 서리가 심하게 내렸다. 앞뜰의 풀이 차갑고 하얗게 변해 있었다. 해가 떠오르자 서리가 반짝거려서 마치 수백만 개의 다이아몬드가 박혀 있는 듯이 보였다. 호박 덩굴의 잎들이 시들었는데 정오쯤 되자 시커멓게 축 늘어져서 마침내 죽어버렸다.

9월 27일
장거리 달리기를 하는 이유

지난밤에는 별이 아주 선명하게 반짝거려서 소리가 날 것만 같았다.

하지만 오늘 아침에는 안개가 포근하게 끼어서 초지와 숲이 꿈에 나오는 풍경처럼 보였다. 단풍나무의 오렌지색과 노란색이 하늘의 짙은 회색빛과 대조되어 더 선명하게 도드라져 보였다. 안개 때문에 모든 풍경이 살짝 부옇고 흐릿하게 보여서 그냥 색상 정도만 구별되었다. 엷은 안개에서 떨어진 물기로 이끼가 녹색으로 반짝이고, 풀들이 부식되면서 나는 나무 열매 같은 향기가 난다.

멋진 가을 풍경이 펼쳐진 언덕을 따라 34킬로미터를 달리고 왔다. 오늘은 어쩐 일인지 달리기를 하고 나자 지치고 힘이 없었다. 그렇지만 지금은 천천히 몸을 충전할 음료를 즐기고 있다. 글을 쓰는 이 순간에는 신선한 우유와 꿀을 넣은 뜨거운 커피를 마시고 있다.

돌아오자마자 주스를 몇 캔 마시고 불을 지펴 물을 끓여서 뜨듯하게 샤워를 했다. 겨우 2리터 정도 되는 물만 사용했는데 땀 난 머리와 어깨, 옆구리를 타고 내려온 물이 풀밭으로 스며들었다. 아주 상쾌한 기분을 2분 동안 만끽할 수 있었다.

지금은 달리기를 한 후 으레 느끼는 더할 나위 없는 느긋한 기분을 맛보고 있다. 장거리 달리기를 시작하기 전에는 한 번도 이런 느낌을 가진 적이 없었다. 평안하고 느긋해진 덕분에 정신이 훨씬 또렷해진다. 에너지가 부족하거나 급하게 처리할 일이 없어 게으르게 퍼져서 아무것도 하지 않고 있을 때와는 다른 느낌이다. 오히려 편안하면서도 무엇인가를 하고 싶은 기분이 들어서 길에서 보낸 2시간 반 동안 하지 못한 일들을 해야겠다는 생각이 든다.

즐거운 주말을 마무리할 겸 사색에 잠기기 위해 장거리 달리기가 필요했다. 딸 에리카가 금요일 밤에 스튜어트와 함께 왔다. 내 친구이자 학생이었던 글렌 부모도 왔다. 오면서 배스 맥주와 스테이크도 가지고 왔다. 우리는 밖에 있는 취사장에 불을 크게 지펴서 스테이크를 굽고 맥주를 마시면서 이야기꽃을 피웠다. 토요일 아침에 글렌은 낚시를 하러 갔지만 그전에 물을 길어오고, 숲에서 장작 나무를 끌어오는 것을 도와주고, 쓰레기도 버려주었다. 그날 밤에는 물고기 한 마리 잡지 못한 채 돌아왔지만 대신에 멋진 스파게티를 만들 수 있는 재료를 낚아왔다.

스튜어트는 토끼를 완전히 까먹은 것 같다. 그 이야기는 꺼내지도 않았다. 대신에 우리는 단풍 설탕을 만드는 통을 한 시간 반 동안 만들었는데, 내가 판자를 들고 있으면 스튜어트가 못을 박았다. 통은 아주 잘 만들어졌다. 그래서인지 그날 저녁 나는 기분이 아주 좋았다. 에리카와 글렌이 등유 램프의 부드러운 불빛 아래 주철 오븐에서 스파게티를 만드는 동안, 편히 앉아 스튜어트와 레슬링하고 장난치며 놀았다.

10월 1일
단풍의 강렬함에 다시 취하다

캐나다기러기들이 거의 매일 밤낮으로 날아간다. 수백 마리가 기다랗고 질서정연하게 V자 모양의 편대를 지어서 남쪽을 향해 날아간다. 기러기들은 끊임없이 구슬프고 높은 소리로 울어대서 저 멀리 있을 때부터 하늘을 쳐다보게 된다. 열네 마리의 큰까마귀가 떼를 지어 남쪽으로 날아가는 것도 보았다. 큰까마귀들은 혼자 혹은 짝을 지어서, 아니면 작은 그룹을 형성해서 논다. 한 마리 혹은 몇 마리의 동료들과 함께 원을 그리며 높이 날고, 날개를 접고 아래로 떨어지거나 위로 솟았다가 아래로 내려오곤 한다. 서로 뒤를 쫓고 장난을 치고 멈추었다가 공중제비를 넘는다. 깍깍거리거나 높은 소리로 울고 성가신 소리를 낸다. 절대로 편대를 지어서 날지는 않는다. 그 모습을 보고 있자면, 길을 따라 돌을 차며 걸어다니는 외로운 아이들이 떠오른다. 기러기들은 일정하게 울어대며 마치 병사들이 행군하듯이 훈련받은 듯한 리듬으로 날갯짓을 한다.

물 양동이에 얼음이 2.5센티미터가량 얼어 있고, 커다란 검회색 구름이 북쪽에서부터 몰려오고 있다. 그러더니 눈발이 불길하게 내리기 시작했다. 하지만 괜찮았다. 3개 반 코드 정도 되는 장작을 패놓았기 때문이다. 그것을 톱질하고 쪼개어 오두막 뒤쪽 면에 거의 지붕까지 쌓아놓았고 양쪽 창 밑과 집 안 방에도 천장까지 네 줄로 쌓아놓았다. 눈아, 내려라.

추위에 잘 견디는 몇 종류 빼고는 철새들이 떠났다. 파랑새 다섯 마리, 피비 한 마리, 개똥지빠귀 한 마리를 보았다. 울새 한 마리가 지금껏 남아 있는 블랙체리 몇 개를 먹고 있다. 초크체리는 벌써 다 먹어치웠다. 흰목참새 몇 마리가 아직도 조팝나무 관목 사이에서 깡충거리고 있다. 아주 가끔 머뭇거리며 노래도 부른다. 기온이 조금 올라갔을 때 귀뚜라미 소리는 아직 들렸지만, 여치는 벌써 죽었다. 적갈색의 뻣뻣한 털이 수북하고 넓적한 검은색 줄이 있는 애벌레인 불나방 유충은 동면할 장소를 찾아서 길을 가로지르곤 하는데, 요즘 길바닥에 죽어 있는 모습이 많이 보인다. 옛부터 전해지는 말에 따르면, 애벌레의 검은색 띠가 얼마나 넓은지에 따라 다가올 겨울의 날씨를 예측할 수 있다고 하지만, 해마다 겨울 날씨가 제각각인 데 비해 검은 띠의 넓이는 항상 같다.

물푸레나무의 잎은 봄에 가장 늦게 나오는데 떨어지기는 제일 먼저 떨어진다. 벌써 절반 이상의 잎이 떨어졌다. 그래서 오두막 옆에 있는 어린 물푸레나무 잎 위에서 스핑크스나방 애벌레 세 마리를 발견하고 놀랐다. 애벌레 중 한 마리는 황록색 몸통에 좀 더 옅은 색의 대각선 줄무늬를 지녔고, 다른 녀석들은 노란빛이 도는 녹색에 갈색기가 도는 자주색 점이 있다. 지금 단풍이 들어 여러 가지 색을 띤 물푸레나무 잎에 잘 숨어 있다. 또 다른 종류의 스핑크스나방 애벌레는 아직도 잎이 남아 있는 초크체리 관목 속에서 역시 몸을 숨기고 있다.

나무 위에 있던 일찍 성숙한 스핑크스 유충과 달리, 이 녀석들은 반쯤 먹은 잎을 아래로 떨어뜨리지 않는다. 아마도 이제는 잎이 자꾸 사라져 버리는 시기라서 먹이가 충분치 않아 그럴 것이고, 잎을 먹은 흔적을 보고 오는 천적도 많이 없기 때문일 것이다. 하지만 새들의 습격은 피할 수 있을지라도 새로운 위험에 맞닥뜨려야 한다. 동면을 할 수 없기 때문에 먹이와 쉼터가 되는 잎이 남아 있을 때 성장을 마쳐야 한다. 잎이 금방이라도 떨어져 버릴 수 있기 때문이다.

오두막 근처에 있는 유일한 녹색의 잎은 디지털리스(폭스글로브foxglove) 잎이다. 진화생물학자인 언스트 마이어가 몇 해 전에 준 검은색 씨앗에서 자라났다. 그는 이 씨앗들을 수년 전에 작고한, 노벨상을 받은 생태학자인 니코 틴버겐으로부터 얻었다. 애벌레들을 좋아했을 틴버겐은 메인주의 오지 숲에서 이름도 없는 자신의 팬이 당신 정원에서 가져온 꽃을 기르는 줄은 몰랐을 것이다. 디지털리스는 2년생 꽃인데, 내년에는 꽃을 피울 것이다. 꿀벌이 이 꽃을 찾아올지 궁금하다. 꿀벌에게는 이상한 꽃일 터이다. (꿀벌은 찾아왔다.)

지금 내 주의를 끄는 것은 가을 단풍이다. 나는 마치 이런 광경을 처음 보는 것처럼 입을 벌리고 여기저기 다닌다. 아마 정말 처음 보았을지도 모르겠다. 확실하게 말하기가 어렵다. 매년 보는 광경인데도 질리지 않는다. 기러기가 날아가는 것을 보는 것이나 봄에 새들이 우는 소리를 듣는 것처럼 말이다. 기억하는 데는 한계가 있는 것 같다. 멋진 장관의 생생한 모습, 그 강렬함을 기억하지 못한다.

불과 며칠 전에는 진한 녹색이었던 마운트 볼드의 숲이 이제는 오렌지색, 리벤더색, 금색, 자주색, 레몬색, 주홍색, 카드뮴 레드, 진홍색, 보라색, 복숭아색으로 된 퀼트 천 같다. 나무는 색을 드러내기보다는 뿜어내는 듯하다. 이렇게 다양한 색조가 섞여 있어서 흐릿하게 보일 거라 여기겠지만 몇 킬로미터 떨어진 먼 거리에서 언덕을 바라볼 때만 해도 오렌지색과 빨간색 빛이 뒤섞여 있는 것처럼 보였다. 심지어 그렇게 뒤섞인 색들조차 거의 검은색이 도는 녹색의 배경과 대조되어 잘 보인다. 빈터근처의 나무들은 제각각의 색을 지니고 있다. 선명한 자주색을 띤 나무옆에 선명한 황금색이나 빨간색, 혹은 갈색을 띤 나무가 있다.

단풍이 절정에 달하려면 아직 며칠 더 있어야 하지만 오히려 멋진 경관은 지금이 한창이다. 이미 색이 아름답게 변한 나무들을 더욱 돋보이게 하는 녹색 잎들이 아직 남아 있기 때문이다. 이렇게 생생하게 풍성한 색상들은 상상으로는 떠올리기 어렵고 그 어떤 묘사도 충분치 않다.

숲을 바라보거나 길을 따라서 몇 킬로미터고 쉬지 않고 달리기를 하면 색이 계속해서 이어지는 것 같지만, 사실 보는 곳마다 종류가 다른 나무들이 섞여 있다. 어떤 나무들 때문에 이렇게 색이 이어지는 느낌이 드는 것일까? 적어도 100그루는 되는 나무를 가장 흔한 종류마다 조사해보았는데, 놀랍게도 한 나무 때문에 그렇다는 것을 알게 되었다. 바로 미국꽃단풍나무다. 이 나무를 빼버리면 훨씬 톤이 차분한 녹색, 갈색, 노란색과 약간의 오렌지색이 뒤섞여 있는 풍경으로 보인다.

이곳에 있는 거의 모든 활엽수(17개 종류)의 잎이 녹색에서 노란색으로 바뀌는데, 어떤 종류는(사탕단풍나무) 황금색이나 오렌지색으로, 어떤 종류는(너도밤나무) 갈색빛으로, 또 어떤 종류는(루브라참나무, 흰 물푸레나무) 자줏빛을 띤다. 소위 상록수라 불리는 침엽수조차도 오래된 잎들을 떨어뜨리는데(낙엽송 같은 경우에는 잎이 다 떨어진다), 이 잎들도 노란색이다. 그러나 노란색이기는 해도 크게 두드러지지 않는다.

볼거리가 되는 것은 주로 단풍나무인데, 특히 숲을 덮고 있는 두 종류의 단풍나무인 사탕단풍나무와 미국꽃단풍나무가 그러하다. 내가 조사한 100개 종류의 사탕단풍나무 중에 4개는 오렌지색, 4개는 갈색빛이고 나머지는 전부 황금빛을 띠는 노란색이었다. 사탕단풍나무의 오렌지색이 도는 황금색 수관은 놀랍도록 아름다운 빛깔을 보여준다. 하지만 미국꽃단풍나무에 비하면 아무것도 아니다. 미국꽃단풍나무는 연한 레몬빛의 노란색부터 주황빛의 붉은색과 진한 자주색에 이르는 모든 조합의 다양한 색을 띠고 있다. 빈터에 있는 128개 종류의 미국꽃단풍나무 중에 33개를 '자주', 21개를 '진한 분홍', 52개를 '붉은색에서 오렌지색', 22개를 '선명한 노란색'으로 분류하였다. 이런 색이 나오는 데는 어떤 규칙이나 원인이 있는 것 같지는 않았다. 아주 작은 묘목에서 나온 2장의 잎조차 커다란 나무와 마찬가지로 화려하게 물이 들었다. 수령이나 위치에 따라 색이 결정되는 것은 아닌 것 같다. 적어도 미국꽃단풍나무는 그렇다. 자주색 잎을 가진 나무 바로 옆에는 노란색 잎이 달린 나무가 있는 것이다. 반면에 해가 잘 드는 곳에서 자라는 산단풍나무 몇 그루의 경우에는 황금색 잎이 오렌지색으로 변하는 경향이 있었다. 그리고 자주색혹은 구릿빛 톤으로 잎이 변한 물푸레나무도 좀 더 직사광선이 비치는곳에 있을 경우에 그렇다.

먼 거리에서 미국꽃단풍나무를 보면 분명히 색이 균일한 듯 보이지만가까이에서 살펴보면 그렇지 않다. 나무의 위쪽과 가지 끝에 달린 잎의색이 먼저 변한다. 만일 시간을 빨리 돌리면서 나무를 보게 되면, 점차적인 색의 변화가 나무의 바깥쪽에서 안쪽으로 일어나는 것을 알 수 있을것이다.

미국꽃단풍나무 잎을 자세히 살펴보면 더욱 다양한 모습을 관찰할 수있다. 어떤 나무의 경우에는 개개의 나뭇잎들 전체가 같은 색조를 띠고있다. 하지만 어떤 경우에는 정신 나간 화가가 장난을 친 것처럼 보인다. 노란색 잎에 뚜렷한 빨간색 점이 나 있거나 빨간색 혹은 분홍색의 아주작은 점들이 보이기도 한다.

미국꽃단풍나무의 잎은 색이 절정에 달할 때 떨어지고 그동안에 숨은화려한 색으로 물들게 된다. 나무의 꼭대기에서부터 덤불까지 단풍이 들어 있고, 그 아래쪽은 시든 고사리와 작년에 떨어져 부식되고 있는 갈색의 잎들로 뒤덮여서 불타는 듯한 모습이다. 잎마다 다 개성이 있고 아름다워서 모든 잎을 줍고 싶어진다. 단풍잎의 색은 수명이 짧기 때문에 더예쁘게 느껴진다. 며칠이 지나면 전부 갈색으로 변할 것이다.

단풍의 아름다운 색이 사라지는 속도만큼이나 내 기억도 빨리 사라질 것이다. 그래서 이 아름다움을 간직하기 위해, 고속도로까지 달리기를 하다가 올라오는 길을 지나며 마음에 드는 잎을 골라서 모았다. 잠깐 걸었는데도 놀라울 정도로 다양한 색깔의 잎들을 주웠다. 마치 단풍 구경을 하듯이 고루 살펴볼 수 있도록 무작위로 아래와 같이 모았다.

작은 자주색 점이 있는 노란색 잎
가장자리가 반짝이며 붉은색을 띠고
 가운데는 녹색인 잎
밝은 레몬빛의 노란색
노란색 잎 위에 점 같은 붉은색 무늬
밝은 주홍빛의 빨간색이 균일한 잎
전체적으로 분홍색인 잎
빨간색과 오렌지색이 칠해진 노란색 잎
녹색빛의 노란색 잎에 한쪽 구석이
 밝은 빨간색인 잎
오렌지색 위에 커다란 빨간색 점이 있는 잎
전체적으로 화사하게 반짝이는 빨간색 잎
연한 노란색 위에 녹색의 잎맥이 있는 잎
빨간색 점이 있는 녹색 잎
엽맥을 따라서 빨간색 칠과 얼룩이
 있는 노란색 잎

녹색빛이 도는 노란색 위에 붉은색
 칠을 한 것 같은 잎
자주색의 엽맥을 가진 빨간색 잎
가장자리가 자주색인 노란색 잎
빨간색 점이 고루 나 있는 황금색 잎
녹색 얼룩이 있는 노란색 잎
노란색 엽맥이 있는 빨간색 잎
(거의 흰색에 가까운) 연한 노란색 잎
밝은 빨간색 점이 세 개 있는 황금색 잎
녹색의 얼룩이 있는 자주색 잎
노란색 엽맥이 있는 밝은 주홍빛의 빨간색
전체적으로 복숭아색이 도는 잎
전체적으로 오렌지색인 잎
복숭아빛이 점점 분홍색과 노란색으로
 변해가는 잎
핏방울 같은 점이 난 노란색 잎

잎마다 색이 다양한 것이 이상하게 여겨진다. 유전적으로 같은 세포로 형성된 같은 나무에 난 잎 두 장이 어째서 전혀 다른 색을 띠는 것일까? 내가 색이 점점 변하는 도중에 있는 잎을 본 것일까? 말하자면 잎이 녹색에서 노란색이 되었다가, 무늬가 생겼다가, 고르게 붉은색이 되었다가, 자주색으로 변하는 과정을 보는 것일까?

 사실을 알아보기 위해 나는 20개의 서로 다른 잎에 치실로 꼬리표를 붙여놓고 색이 완전히 변해서 떨어지기 시작할 무렵에 다시 확인했다.

노란색으로 변하기 시작한 잎은 완전히 노란색이 될 때까지 변하다가 떨어진다는 것을 알게 되었다. 빨간색과 자주색 잎도 같은 과정을 거쳤다. 초반에 생겼던 점들은 커지거나, 줄어들거나 새로 생겨나거나 사라지지 않았다. 마치 점이 생기는 녹색의 잎은 전부 특정한 패턴의 점이 생긴다고 미리 정해져 있는 것 같았다.

반면에 전반적인 패턴이나 바탕색은 잎이 처음 생겨난 이후로 변하지 않는 건 아니다. 가지가 일부 부러지거나 상한 경우에 부러진 가지에 있는 잎들은 다른 잎들과는 다른 색으로 변한다. 가지가 부러지는 시기가 늦을수록 색상이 달라지는 정도가 작았다. 같은 이유로 일찍 따서 말린 잎은 색상 변화가 제한적이었다. 녹색, 황록색, 적록색 혹은 떼어졌을 때의 그 색상 그대로이다.

작년에 사탕단풍나무 숲에서 미국꽃단풍나무를 솎아내었을 때, 그해 가을에 다시 자라난 새싹 가지에서 나온 다양한 단풍잎 색에 감탄했었다. 각각 구분 지은 나무마다 내년(올해)에 나올 색을 비교하려고 사진을 찍어두었었다. 열다섯 그루의 나무에 다시 가보았더니 모두 작년과 비슷한 색을 하고 있었다. 전에 자주색이었던 나무는 다시 자주색을, 노란색이었던 나무는 다시 노란색을 띠는 식이었다. 결국 단풍이 물드는 데는 어떤 일정한 유사성이 있다.

10월 3일
이 땅의 아름다움을 함께 즐기다

몇 년 전에 나는 단풍이 절정일 때 놀러오라며 아는 사람들을 전부 내가 사는 언덕으로 초대했었다. 우리는 즐거운 시간을 보냈다. 이런 시간을 다시 가져보는 것도 좋은 생각이라고 여겨 그 이듬해에 다시 모였고, 그 다음해에도 모였다. 그리고 이제는 10월 첫 번째 주말에 모이는 게 우리만의 전통이 되었다.

빌 애덤스와 모호크족 머리를 한 그의 아들 커터가 구이를 할 30킬로그램짜리 양고기를 가지고 오전 10시에 도착했다. 나는 양고기를 어깨에 얹고서 한 번도 내려놓지 않고 언덕 위로 가지고 올라왔다. 예전에 자동차 사고로 다친 등이 완전히 나았다는 사실을 스스로 인식하고 싶었던 것이다. 우리는 미국꽃단풍나무의 기다란 가지에 고기를 꿰었고 모닥불을 피웠다. 그러고는 바로 뜨겁게 달구어진 석탄 위로 양고기를 구웠다.

하루 종일 사람들이 언덕으로 올라왔고, 해가 진 지 한참 후까지도 모닥불과 맥주 주변에 모여 있었다. 메인대학교에서 나의 달리기 파트너였던 브루스가 로드아일랜드에서 왔다. 그는 아직도 마라톤을 하고픈 꿈을 가지고 있다. 울피와 그의 아내 드니스는 보스턴에서부터 왔다. 울피는 내가 껴안은 유일한 남자일 것이다. 그는 여기 처음 모일 때부터 왔었던 친구로, 덩치가 꽤 크다. 뉴저지에서 온 앨리스가 알려주기를, 울피가 누군가의 장례식에 간다면 내 장례식일 거라고 말했단다. 왜 그렇게 말했는지 안다. 내가 전에 장례식에서 무엇을 할지 일러주었기 때문이다. 내재를 단풍나무 주변에 뿌리고 내 통장에서 필요한 만큼 돈을 꺼내어 맥주 한 통을 사서 신나게 놀라고 했던 것이다. 캠프파이어 주변에서 발가벗고 춤추면 더 좋겠다는 이야기도 했었다. 델리아가 저번에 함께 큰까마귀를 잡아 우리에서 키울 때 했던 파티를 떠올리며 잭 다니엘 위스키를 가지고 왔다.

난 이 친구들을 정말 좋아한다. 이 땅의 아름다움을 다른 사람들도 즐기는 모습을 보면서 생생한 꿈을 꾸어본다. 난 내 아들 스튜어트가 이 땅이 주는 굳건하고 안정적이고 친숙한 느낌을 느끼며 이곳에서 자라고, 이곳을 고향으로 여기길 바란다. 또한 내가 아름다운 대자연의 어머니 같은 여인을 나의 이브로 삼아 이곳에서 사는 모습을 그려 보기도 한다. 땀에 젖을 때까지 일하고 나서 녹초가 되고, 숲을 치우고, 양과 꿀벌을 기르고, 메이플 시럽을 만들고, 숭어가 사는 연못과 딸기 밭을 관리하고… 우리는 농사를 지으며 살아갈 것이다.

캠프파이어 주변에 모여 앉은 우리 사이에 공통되는 에너지가 퍼져나가는 것을 나는 느낄 수 있다. 우리는 전부 '큰까마귀의 형제자매'들이다. 이런 이야기들이 현실과 너무 동떨어진 목가적인 느낌을 주어 듣자마자 거부감이 들게 하는 것이 안타깝다. 하지만 이런 것들이 정말로 가능하다면 어떻게 될까?

스튜어트는 하루 종일 흥분해 있었다. 하지만 밤이 되자 나랑 조용한 시간을 보내고 싶어 했다. 숲 속에 누워서 조용히 귀를 기울이는 것 말이다. 우리는 누른도요새 한 마리가 꼭 야행성 벌새라도 되는 양 날갯짓을 빠르게 하면서 날아가는 것을 보았다. 줄무늬올빼미 소리를 들었는데 스튜어트가 마주 울어주자 새도 대답을 했다.

10월 6일
벌목과 개벌

이제 나뭇잎들이 많이 떨어지기 시작한다. 아침에 해가 뜨면 우수수 잎들이 떨어져서 서리가 하얗게 내린 땅으로 내려앉는다. 서늘한 아침 공기에 연못 위로 안개가 김이 서린 듯 끼었다. 해가 나와 안개는 사라지고 거울 같은 수면 위를 아비새가 고요하게 미끄러지듯 날아오른다.

차를 몰고 힐스폰드를 지나서 벌목도로를 따라 체리 힐로 갔다. 20년 전에는 이 길에 오리나무가 제멋대로 자라 있어서 겨우 지나갈 수 있었다. 그때는 800미터쯤만 가면 카시지의 작은 마을로 가는 길이 연결되어 있었는데 우리는 그러는 대신에 급하게 왼쪽으로 길을 꺾어서 가파른 길을 올라갔다. 그곳에는 풀밭이 있는 작은 고원지대가 있었고 빈터의 가장자리에는 사시나무가 있었다. 나는 그곳을 아주 좋아했다. 이 세상에서 가장 아름다운 장소라고 여겼다. 거기에서는 주위의 산들이 다 보였다. 지붕에 창이 2개 나 있고 지하저장고가 있는 버려진 낡은 목조 주택과, 회색빛 판자로 된 다 무너져가는 헛간 사이에 서서 오른쪽을 보면, 활엽수가 덮여 있고 꼭대기에는 붉은가문비나무가 있는 마운트 볼드의 산비탈이 바로 보였다. 무스, 사슴, 곰 들이 나타나곤 하는 산자락 끝에 있는 적막한 이곳에서 아이들을 키우는 것을 상상하고는 했었다. 북쪽으로는 마운트 블루가 보였다. 서쪽으로는 커다란 웹 호수가 있고 마운트 텀블다운과 마운트 잭슨이 그 너머에 있다.

이제 농장의 흔적이라고는 돌로 둘러싸인 지하저장고 구멍과 쪼갠 화강암으로 되어 있는 헛간 터가 있을 뿐이다. 지난번에 왔던 이후로 이 들판에 나무들이 많이 자라났다. 더 이상 경치를 감상할 수 없다.

한때 말들이 끄는 사륜차와 썰매가 가로지르던 길은 나중에는 주로 가을에 사냥꾼들이 이용했다. 하지만 사슴이 즐겨 먹었던 오래된 사과나무가 자라던 과수원은 다른 오래된 사과 농장들이 그러하듯이 물푸레나무, 미국꽃단풍나무, 사탕단풍나무, 자작나무, 사시나무로 뒤덮였다.

지금 이 길에는 픽업트럭, 벌목트럭, 스키더(바퀴가 큰 전천후 차량)가 다닌다. 이 숲에서는 최근 몇 해 동안 심하게 벌목이 진행되었고 지금까지도 행해지고 있다. 1~6킬로미터쯤 들어가자 막 끌어낸 많은 통나무와 스키더가 있는 벌목 터가 나왔다. 언덕으로 올라가는 길에서 작년에 잘라낸 나무 그루터기도 볼 수 있었다. 그곳은 아주 심하게 벌목되어 있었다. 하지만 단풍나무 지역에 전나무를 심는 식으로 다른 나무를 식재하기 위해, 제초제(나무니까 제목제라고 할까?)를 뿌리기 위해, 일부러 나무를 솎으려고 전부 잘라내는 '개벌(皆伐)'이 아니었다. 벌목꾼들이 들어와서 그냥 제일 큰 나무를 잘라내고 나머지는 남겨놓은 것이다. 이렇게 나무를 선별적으로 잘라서 생긴 틈으로 들어오는 햇빛을, 그동안 그늘에 가려져 있던 어린 나무들이 받아들이기 시작했다. 그리하여 단지 10년이 지났을 뿐인데 숲에는 원래 서 있던 나무들만큼 큰 나무는 없어도 수없이 많은 나무들이 생겨났다.

코요테와 곰의 똥 혹은 배설물들이 거친 돌길 위에 그대로 있다. 생긴 지 얼마 안 된 사슴과 무스의 흔적도 보인다. 길가에 서 있는 단풍나무와 오리나무에 단풍이 예쁘게 들었다. 탁 트인 지역이라 들꿩, 누른도요새, 작은 산새들에게는 살기 알맞은 곳처럼 보인다. 내버려둔 나무들은 죽었거나 죽어가는 상태에서 썩고 있고, 잘린 나뭇가지들도 땅 위에서 부패하고 있었다. 한 50년이 지나면 전문가라도 이곳이 벌목되었던 곳인지 알아채기 어려울 것이다. 꼭 나무를 잘라내야 한다면 '관리'하지 않고 그냥 지저분하게 엉망진창으로 잘라내는 이런 방식이 그렇게 나쁜 것 같지 않다. 적어도 메인 주에서는 그렇다.

10월 7일
흑파리 떼가 나타났다!

겨울이 다가오자 오두막 안으로 여러 생물체들이 들어오기 시작한다. 지난 몇 주 동안 생쥐들 때문에 골치가 아팠다. 전부 흰발생쥐인데 커다란 검은색 눈을 한 작고 귀여운 녀석들이다. 벨벳처럼 부드러운 털이 나 있는데, 등은 회색이나 갈색이고 배는 하얀색이다. 아래층에 나타났다면 녀석들과 기꺼이 내 양식을 나눠 먹을 터였으나 위층에서 소란을 피우는 게 문제였다. 내 침대 바로 위의 천장에서 떼를 지어 밤마다 찍찍거리며 뛰어다녀서 녀석들이 점점 귀찮아졌다. 2주 간격으로 한 번에 열두 마리씩 되는 새끼들을 낳는다는 것을 알기 때문에 한 마리라도 귀찮아지는 것이다.

결국 매일 밤마다 6개의 쥐덫을 놓아서 한 마리씩 잡았다. 밤마다 계속되던 난리법석이 점차 줄어들었다. 어젯밤에는 조용했다. 아마도 마지막 녀석까지 다 잡았나 보다.

낮에는 또 다른 문젯거리가 있다. 내가 오두막 틈새를 꽉 메웠음에도 (내 생각에는) 최근에 흑파리(집파리보다 약간 크고 추운 겨울에 지붕 밑 같은 곳에서 겨울을 남-역주) 떼가 나타났다. 흑파리는 회색빛의 털이 많은 곤충으로, 집파리보다 약 다섯 배는 크다. 야생에서 살기 때문에 별 해는 끼치지 않는다. 유일하게 나쁜 점이라면 지렁이에 알을 낳는다는 것이다. 살아 있는 지렁이에 알을 낳으면 그 유충이 지렁이의 몸속에서 자란다. 흑파리들은 겨울에 집 안에 있는 틈과 구멍에 빽빽하게 모여 있다. 이 정도는 괜찮다. 그런데 기온이 영상으로 1도 내지 2도만 올라도 봄이 온 줄 안다. 잠에서 깨어난 흑파리 떼는 가까운 창으로 몰려가서 시끄럽게 윙윙거리며 밖으로 나가려 한다. 밖의 기온이 영하 34℃일지라도 그런 사실을 알지 못한다. 예전에는 내가 창문을 열고 "나가라!" 하면 검은색 구름처럼 몰려나갔다가 몇 초 후에 멈칫하다가 얼어붙어서 차가운 눈 위로 떨어지곤 했었다. 그러면 식욕이 왕성한 뾰족뒤쥐와 박새가 녀석들을 먹어치운다. 나는 얼굴에 만족한 웃음을 띤 채로 창문을 닫으며 또 몰려올 다음 부대를 기다린다.

아직은 크게 춥지 않다. 하지만 파리들은 겨울을 예상하고 이미 안락한 오두막 틈새에 자리를 잡았다. 가끔 창가에서 몇 마리가 날아다니는 것을 보면 추위를 막기 위해 꼼꼼하게 메워두었던 틈을 어떻게 뚫고 들어왔는지 궁금해진다.

오늘은 날이 따뜻하다. 커피와 오트밀을 만들기 위해서 불을 피우자 오두막이 아주 따뜻해졌다. 위층 창가의 파리 녀석들이 모인 곳에서 윙윙거리는 소리가 난다. 어림잡아 천 마리 정도는 되는 것 같다. 이 녀석들이 전부 창유리에 대고 격렬하게 몸을 부딪쳐서 통통 소리가 난다. 윙윙거리다 부딪혀서 쓰러지면 잠시 후에 다시 정신을 차리고 네 개의 뒷다리를 이용해서 등에 있는 날개를 비벼댄다. 그러다가 마치 귀찮은 거미줄을 떼버리려는 듯이 앞다리와 뒷다리를 함께 비빈다. 그러고는 앞다리로 툭 튀어나온 커다란 눈을 비비고 나서는 꼼짝하지 않는 유리창을 향해 한 번 더 돌진한다.

10월 8일
무스를 먹고 무스를 만나다

'무스'는 소로가 죽을 때 마지막으로 뱉은 단어인데 메인에서는 요즘 모든 이가 즐겨 떠올리는 단어가 무스다. 수영장에서 물을 마시고 있는 커다란 수컷 무스의 사진이 신문에 실렸다. 거의 매일 '스포츠'란에는 죽은 무스 위에 라이플총을 들고 웃으며 서 있는 사람의 사진이 올라온다.

6일 동안의 무스 사냥이 이틀 후면 끝난다. 메인 주에 거주하는 900명과 비거주자 100명이 추첨을 통해 사냥을 할 수 있는 자격을 얻게 된다.

무스를 겨냥해서 성공적으로 맞출 확률은 보통 90퍼센트 이상인데 대부분의 사냥꾼들은 수놈을 원한다. 수놈 무스 세 마리는 암소 한 마리와 맞먹는다고 생각한다. 무스 떼는 그 수가 계속 증가하고 있는데, 그 이유는 메인 주의 엄청난 벌목으로 인해 생긴 목초지 때문이다. 내년에는 추첨자가 더 많아질지도 모른다. 나는 무스 사냥에 참가하지 않았다. 우선 수백 킬로그램의 고기가 필요하지 않다. 둘째로 나는 사슴 사냥꾼이다. 비록 '스포츠' 삼아 사냥을 하지는 않지만 커다랗고 얌전하며 위엄 있지만 멍청한 동물을 - 무스처럼 - 총으로 쏘는 것은 내 취향이 아니다. 꼭 장보러 가서 선반에서 고기를 꺼내는 것과 같은 느낌으로, 장보기보다 약간의 노력이 더 필요한 정도의 일인 것 같다. 그런데 이상하게도 스테이크 너머 위에서 쇼핑카트를 옆에 끼고 웃으면서 서 있는 사람의 사진은 본 적이 없다.

그렇지만 무스 고기를 맛본 적은 있다. 까마귀에게 줄 고기 조각을 얻느라 리버모어 폴스에 있는 가축도살장에 가서 몸통에서 떨어져 나온 갓 잡은 무스의 머리를 골랐었다. 수놈 무스의 머리 같았는데, 뿔을 떼어내기 위해 머리통 위가 톱질돼 있었고 턱에는 기다랗게 처진 살이 붙어 있었기 때문이다. 뇌가 드러나 있었다. 거의 반 톤가량의 무게가 나가는 동물의 명령 및 제어 장치 치고는 무스의 뇌는 그다지 크지 않았다. 내 주먹 하나보다 크지 않았다.

무엇보다도 혀가 그대로 붙어 있어서 놀랐다. 옛날에 소로가 메인 주 숲에서 하이킹을 하고 카누를 타던 시절에는 혀를 가장 좋은 부위로 취급했었다. 무스(그리고 들소)는 혀 때문에 죽임을 당했고 나머지 부분은 그냥 버려졌었다. 하지만 지금은 나머지 부분을 취하고 혀는 내버려둔다.

난 어떤 부위든 크게 개의치 않았기에 혀를 삶아서 저녁으로 한 번 아니
두 번, 아니면 세 번인가 먹었다. 매끄럽고 부드러운 질감으로 맛은 괜찮
았다. 나는 머리의 나머지 부분은 언덕 꼭대기에 있는 바위 턱에 까마귀
먹이로 놔두었다. 어느 날 새벽에 가서 보니 큰까마귀들이 사방에서 모
여와서 '떠들어대고' 있었다. 처음에는 모여서 수다만 떨었다. 언제나 말
부터 먼저 하고 그 다음에 먹이를 먹는다. 처음에는 머뭇거리던 까마귀
들도 맛이 괜찮았던 것 같았다.

살아 있는 무스를 보았으면 하는 마음에서 나는 맥주 캔이 즐비한 포
장된 길로 다니지 않고 지금은 쓰이지 않는 벌목용 도로를 따라서 달리
기를 하였다. 내가 제일 좋아하는 코스는 흙으로 된 도로를 따라 뛰는 것
이다. 흙길은 힐스폰드 근처 고속도로에서 출발해서 800미터 정도 가면
올더 강에 있는 다리로 이어지는데 그곳에는 2개의 여름 캠프장이 있다.
그 길 너머로는 아무도 살지 않는다. 도로는 포플러 통나무를 함께 엮어
서 만든 가교 위로 이어져 있다. 7년 전에 통나무를 운반하던 도로였던
길이 계속된다. 최근에 불도저가 쓸고 지나갔던 표토층에는 이미 녹색의
털북숭이 이끼가 덮여 있다. 내 발이 닿는 곳마다 지금은 마른 줄기만 남
은 캐나다 덩굴광대수염, 양미역취와 납작머리미역취, 다양한 종류의 사
초, 참취, 개망초가 있다. 통나무를 나르던 트럭이 다니던 오래된 길에는
야생 딸기가 있는데 그 사이에는 자작나무 묘목들이 자라고 있다. 여름
에는 여기에서 햇볕을 받으며 따뜻한 흙 속에 집을 짓고 사는 단생 벌들
의 굴도 있다.

다리 바로 너머로 커다란 검은색 바위와 자갈이 가득한 시냇물을 따라
서 길이 이어진다. 오르막길이다. 포플러나무가 섞여 있는 가문비나무와

발삼전나무 숲인데 길 가장자리에 빽빽하게 나 있어서 안쪽으로는 숲의 모습이 3에서 4미터 정도밖에는 보이지 않는다. 하지만 1킬로미터 못 가서 오래된 벌목지에 달하게 되는데 이 길은 또다시 몇 킬로미터 더 이어져서 거의 마운트 블루까지 간다.

여기의 벌목은 기술적으로는 개벌에 해당한다. 7년 전에는 이곳이 아마도 엉망진창이었을 것이다. 불도저가 갈아엎어서 길을 내고, 목재를 나르는 트랙터 길이 사방으로 나 있고, 대대적인 파괴로 부러진 가지들이 쌓여 있고 오래되거나 망가진 나무들만 남아 있었을 것이다.

자연이 이곳에서 다시 권위를 회복하였다. 예전에 어떤 모습이었는가에 연연하지 않고 객관적으로 평가하자면, 아주 멋진 인상을 주지는 못한다 하더라도 꽤 좋은 경관을 갖추게 되었다. 이제 언덕과 저 멀리 있는 마운트 블루의 장엄한 광경을 볼 수 있게 되어 좋았다. 거대하고 인상적인 경관이 지금은 잘 보이기 때문에 왼쪽과 오른쪽으로 여러 산등성이가 물결 모양으로 그 위에 뻗어 있는 것을 볼 수 있었다. 이전 세대의 커다란 나무들이 수십 년 동안 독차지해왔던 햇빛을 차지하기 위해 이제는 거칠고 치열하게 경쟁하며 빠르게 성장하고 있는 새로운 나무들이 자라는 장소다.

지금은 예상대로 야생 벚나무와 줄무늬단풍나무가 경쟁에서 앞서가고 있다. 이 나무들로 이루어진 잡목 숲이 있는데 어떤 곳의 나무들은 벌써 4미터가 넘는다. 창 모양의 체리 잎은 짙은 진홍색인데 빛나는 레몬빛의 노란색인 넓은 줄무늬단풍나무 잎과 대비된다. 강렬한 색상으로 된 퀼트 작품 같은 모습은 눈이 닿는 끝까지 펼쳐져 있다. 흰자작나무, 너도밤나무, 미국꽃단풍나무와 사탕단풍나무 역시 빛을 차지하려는 경쟁에서 뒤지지 않는다. 이 지역은 이제 무스가 사는 곳이다.

　새로운 숲에서 난 잎들이 거의 산처럼 쌓여가는 곳 아래에는 오래전에 부러진 나뭇가지들이 썩어가고 있다. 겨울마다 내린 눈은 나뭇가지들 위로 쌓여 무게로 누르게 된다. 여름마다 고사리들이 자라나서 가지 위로 솟아난다. 매년 가을이 되면 밑으로 눌린 가지와 시든 고사리 위로 낙엽이 떨어져서 내년에 눈이 내릴 장소를 제공하는 것이다. 그 아래는 지금 뾰족뒤쥐, 붉은등들쥐, (어떤 곳에서는) 눈덧신토끼의 천국이다. 곤충 떼와 더불어 설치류들은 몇 배로 늘어난다. 곧 이들을 잡아먹는 천적 - 족제비, 여우, 담비 - 이 나타날 것이다. 부패하는 관목 습지는 거름의 역할도 한다. 직사광선으로부터 흙이 마르는 것을 방지하여 식물의 성장을 돕기도 하며, 혹독한 겨울 추위를 막아 부분적으로 단열 효과를 내기도 한다. 관목 습지는 거름처럼 보이기에 아름답지는 않지만 풍부하고 유용한 영양분이 된다.

　7년이 지난 지금은 벌목꾼들이 건드리지 않고 남긴 나무들 덕에 이 지역에 야생의 정취가 물씬 풍기게 되었다. 바람에 의해 나무 몇 그루가 쓰러졌고 어떤 것들은 죽어버렸다. 몇몇 나무는 새로 자라기도 했다. 오래된 발삼전나무의 회색빛 가지가 죽어서 부러져 있다. 떨어지고 벗겨진 바크에다 둥지를 짓고 사는 갈색나무발발이의 집터가 된다. 파수꾼처럼 서 있는 짙은 녹색의 가문비나무는 검은목녹색솔새와 흰목미국솔새가 살기에 적당하다. 들쭉날쭉 부러진 사탕단풍나무가 죽거나 되살아나고 있었는데 동고비와 큰솜털딱따구리가 집을 짓기도 한다. 끊임없이 변하는 야생은 7년 전과 지금이 많이 달라진 것처럼 앞으로 7년 후에는 또 다른 모습일 것이다.

내가 달리기를 하는 흙길 옆에 있는 통나무 운반용 길(통나무를 당기거나 끌어낼 때 쓰이는)은 블랙베리와 래즈베리 덩굴이 뚫고 나갈 수 없을 만큼 뒤엉켜 있었던 곳인데, 지금은 자작나무와 단풍나무 묘목들이 그 자리를 대신하고 있다. 요즘은 트럭 대신에 무스, 곰, 코요테, 사슴 들이 이 길을 다닌다. 무스가 가장 뚜렷한 흔적을 남기고 있다. 커다란 발굽 자국이 땅 위에 깊게 나 있고 여기저기 어린 나무들은 바크가 벗겨진 채 잔가지들이 꺾여서 대롱거리는 모습으로 짓이겨지고 망가져 있다. 무스들이 왜 나무와 덤불을 공격하는지 알 수 없지만 몸무게가 반 톤 정도 나가는 수놈 무스라면 별다른 이유 없이 하고 싶은 대로 할 따름인 듯하다.

길을 따라 들어갈수록 무스의 흔적이 더 많아진다. 옆에 난 길이 푹 들어가서 물이 차 있는데 물웅덩이에는 발굽 자국이 나 있고 그 자국 밑바닥에 진흙물이 소용돌이 치고 있는 걸 볼 수 있었다. 금방이라도 무스가 나타날 것 같았다. 그리고 실제로 그랬다.

녀석은 나를 향해서 길을 내려오고 있었는데 나는 녀석을 향해서 달리기를 하여 올라가던 중이었다. 녀석이 멈추었다. 우린 한 90미터 정도 떨어져서 서로를 쳐다보았다. 나는 천천히 녀석을 향해 걸어갔다. 녀석도 가끔 조그맣게 투덜대는 듯한 소리를 내며 나를 향해 다가왔다. 거리가 20미터 정도로 좁혀지자, 반 톤은 나가는 이 짐승이 나 같은 미물 때문에 방향을 틀 것 같지는 않다는 생각이 들었다. 나는 속도를 내서 그에게 다가갔지만 마음을 바꿔 그냥 중간쯤에서 길가에 서 있는 작은 단풍나무 위로 서둘러 올라갔다. 지체하지 않고 나무를 타고 올랐다. 녀석이 멈춰서 지켜보았다.

충분히 올라간 후에야 나도 무스를 쳐다보았다. 무스는 여유만만하게 나를 향해 걸어오면서 으르렁거렸다. 녀석이 다가오자 숨소리도 들을 수 있었고 분홍색 혀로 입술을 핥는 것도 보였다. 나를 올려다보는 놈의 검은 눈동자와 흰자도 보였는데 핏줄이 서 있었다.

내 옆으로 다가온 녀석은 다시 멈춰 서서는 파란색 티셔츠와 조깅 팬츠를 입고서 어린 사탕단풍나무 위에 올라가 있는 요상한 생명체를 잠산 동안 응시했다. 녀석의 멋진 뿔에는 가지가 왼쪽에는 13개, 오른쪽에는 12개 나 있었다. 뿔 한 개는 최근에 부러진 것 같았는데 아마 다른 수놈이나 나무에 부딪혀서 그렇게 되었을 것이다. 나는 나뭇가지 하나를 부러뜨려서 밑으로 던졌다. 가지는 녀석의 뿔에 맞고 땅으로 떨어졌다. 무스는 느긋하게 떨어진 가지를 내려다보더니 다시 나를 올려다보았다. 녀석은 키가 2미터에서 2.5미터 정도 되었고 등에 검은색 털이 나 있었는데, 나를 쳐다볼 때 가장자리에서부터 털이 서기 시작했다. 녀석은 한 번 더 눈알을 굴리고 나서는 하얀색 양말을 신은 것처럼 보이는 다리를 한 발씩 움직이며 천천히 걸어갔다. 꼭 플라이스토세(신생대 제4기의 전반의 세를 말하고 홍적세라고도 한다-역주)에서 빠져나온 듯한 모습이다. 무스는 나를 지나서 15미터 정도 가서는 왼편으로 돌아 무성하게 풀이 자란 벌목도로로 내려갔다.

황혼이 지기 시작한다. 하늘이 연어 살빛이다. 깍깍거리는 소리가 들려서 올려다보니 큰까마귀 여섯 마리가 둘씩 짝을 지어서 동쪽을 향해 높이 날아가고 있다.

나무에서 내려와서 셔츠에 붙은 바크와 이끼들을 털어내고 나니 어쩐지 기분이 신나고 상쾌했다. 길을 따라 계속 내려가며 집으로 가던 중에 론과 신디의 집에 잠시 들러서 무스를 만난 이야기를 들려주었다. 그러면서 맥주를 한두 잔 마시다가 모닥불에 둘러앉아서 싱싱한 옥수수를 저녁 삼아 먹었다. 론이 "부자들은 오늘 같은 밤에 무엇을 하고 있을까?" 하고 말했다.

달빛 아래에서 빨리 걸어 오두막으로 돌아왔을 때는 해가 진 지 한참 후였다.

모든 나무들이 어딘지 더 커 보였다. 머리 위에서 서로 다른 높이의 나뭇잎 사이로 달빛이 얼룩져 들어오는 것이 보였다. 땅에 떨어진 잎들이 달빛을 받아 은색으로 빛났다.

10월 10일
집안일은 되도록 하고 싶지 않다

한밤중에 엄청난 바람 소리와 지붕 위를 우레같이 퍼붓는 빗소리에 잠이 깨었다. 비바람이 심하게 몰아쳐서 오두막에 물이 샐지도 몰랐기에 일어나서 손전등을 들고 점검하러 다녔다. 하지만 아무 데도 그런 흔적이 없어서 비가 심하게 내려도 푹 잘 수 있었다.

오늘 아침에야 비가 그쳤다. 저 멀리와 인근 언덕에 안개가 끼었다. 지난밤의 비바람으로 많이 떨어진 미국꽃단풍나무 잎들이 나무 밑에 카펫처럼 여러 가지 무늬를 만들며 깔려 있다. 상상할 수 있는 모든 색상들이 저절로 어우러져서 보는 곳마다 색다른 조합을 보여주고 있다. 잎의 아랫면이 위로 향해서 떨어진 잎에는 작은 진주 같은 물방울들이 물결처럼 반짝이고, 윗면이 위로 오게 떨어진 잎들에는 고루고루 물기가 퍼져 있다.

저 멀리 붉은색과 노란색으로 물든 언덕에서 올라오는 안개가 꼭 야만스럽고 흉포한 산불이라도 난 것처럼 보인다. 하지만 화려한 잎들 사이로 서늘한 공기가 올라오는 것을 알기에 한편으로는 아주 친근하고 포근해 보인다. 경치도 산불이 난 것처럼 바뀌긴 했다. 물론 아주 천천히 말이다. 빈터의 바로 건너편에 있는 빨간색과 자주색 잎을 하고 있던 단풍나무는 이제 완전히 잎을 떨구어버렸다. 옆에 있는 사탕단풍나무의 잎은 녹색이었는데 지금은 반짝이는 황금빛 노란색 잎을 달고 있다. 뜨거운 바람결에 그을린 것처럼 바깥쪽 가지에는 오렌지색이 조금 돈다.

오늘 아침에는 오두막 안에서 하기 싫은 집안일을 하면서 보냈다. 여름 내내 나는 이러한 집안일들을 되도록 적게 했었다. 의도적인 계획이나 생각은 없었다. 자연이 진화하는 것처럼 그냥 주어진 것들 안에서 최소한의 저항을 느끼는 방향으로 흘러갔을 뿐이다.

냉장고 없이 잘 지낼 수 있었기 때문에 동시에 설거짓거리도 많이 줄일 수 있었다. 해법은 나의 커다란 빨간색 주전자에 있다. 이걸 이용해서 요리도 하고 그릇으로 쓰기도 했는데 거의 씻을 필요가 없었다. 빨간색 에나멜이 칠해진 주전자는 오븐 뒤쪽에 항상 놓여 있다. 고기나 야채가 남으면 언제나 거기다 넣어두었다. 감자가 먹고 싶은가? 좋아, 몇 개 집어넣는다. 콩? 역시 넣어준다. 오레가노, 마늘, 양파, 소금도, 그리고 버터는 가끔 넣어둔다. 나의 주전자는 냉장고와는 정반대 방식으로 쓰인다. 하루에 한두 번씩 주전자를 끓여주면 박테리아는 전부 죽어버린다. 뚜껑은 벌레들이 침범하지 못하게 꼭 닫아둔다. 내게는 추위로 박테리아를 번식하지 못하게 만드는 냉장고와는 달리 열로 그것들을 죽이는 주전자가 있는 셈이다.

그런데 아침 식사는 전혀 다른 문제다. 일어나자마자 나는 불을 붙여서 스테인리스 스틸 냄비에 뜨거운 물을 데운다. 10분이면 끓는다. 일부는 커피를 만드는 데 쓰고 나머지는 냄비에 두었다가 거기에 오트밀이나 다른 잡곡들을 넣는다. 5분이 지나면 익는데 그냥 냄비째로 먹는다. 그러고 나서 물을 조금 붓고 다시 오븐에 얹어서 부드럽게 불린다. 다음날 아침에 깨끗한 물로 한두 번 헹구면 설거지가 된다. 정말 빠르게 다음 아침 식사를 만들 준비를 끝낸다. 수저 하나는 수프를 먹을 때 쓰고 다른 하나는 커피를 젓고 시리얼을 먹을 때 쓴다.

빵은 굽기가 아주 쉽기 때문에 사서 먹을 필요가 전혀 없다. 요리책을 보면 빵을 굽는 것이 마치 부두교 의식같이 어지럽게 설명되어 있다. 저마다 '더 창의성' 있는 레시피를 가지고 다른 사람보다 나아 보이려고 경쟁하는 것 같다. 요리책을 들여다보기만 해도 머리가 아프다. 재료들이 죽 나열되어 있고, 몇 스푼이 필요한지, 몇 그램이 있어야 하는지, 재료를 어떻게 섞어야 하는지, 어떤 온도를 유지해야 하는지, 어떤 모양으로 만들어야 하는지, 무엇을 안에 넣어야 하는지, 부풀리는 데 시간은 얼마나 드는지, 오븐의 온도는 몇 도여야 하는지, 얼마나 오래 구워야 하는지 등을 설명하고 있다. 뭔가 하려면 계량컵, 저울, 온도계, 시계 그리고 지시를 제대로 따라갈 능력이 있어야 하는 것이다. 나는 이런 장비나 자질을 구비하고 있지 못하지만 그래도 그럭저럭 빵을 만들 수 있다.

방향이 너무 많이 제시되면 감각을 잃게 된다. 한 발만 잘못 디디면 완전히 망쳐버릴 수 있다는 생각에 아무것도 할 수 없게 된다. 예를 들어 반죽을 40℃가 아닌 42℃로 구우면 돌처럼 딱딱하고 맛없는 빵이 나올까? 이런 변수를 제대로 알지 못하기 때문에 요리책 속의 설명들이 혼란스럽게 느껴진다. 이스트의 양보다 팬의 모양이 더 중요한지, 알 수가 없다. 그래서 그냥 노예처럼 시키는 대로 따라한다. 사실 이스트의 양이나 팬의 모양이 큰 차이를 불러오지는 않는다. 단순히 어떻게 빵이 만들어지는지 설명만 간단히 되어 있고 그 과정만 이해할 수 있으면 다시는 빵을 사 먹지 않을 수 있다.

빵을 만드는 것은 과학적인 작업일지도 모르지만 - 결과를 염두에 두고 달인의 기술을 가지는 것 - 야생의 자연을 이해해서 조작하려는 것과는 아주 다른 작업이다. 빵을 만들 때는 오로지 한 가지의 유기체만 조절하면 된다. 숲과 같은 생태계에서는(가문비나무 농장과는 반대의 개념으로) 말 그대로 수백만 개의 유기체가 있다. 생태계 논리대로 해보려 하면 반드시 의도한 것과 정반대의 결과를 얻게 되는데, 그 시스템을 이해하기에는 자연이 너무나 복잡하기 때문이다.

다음은 내가 빵을 만드는 '레시피'다. 빵 반죽은 이스트 세포의 배양 조직이다. 광물질 때문에 소금이 약간 필요하고, 에너지원이 될 밀가루와 설탕 그리고 따뜻한 온도(뜨거우면 이스트가 죽고 차가우면 이스트가 활동하지 못하게 된다)가 필요하다. 세포가 자라면서 이산화탄소가 발생한다. 가스 방울들은 밀가루를 더하여 반죽을 부풀려서 다공성으로 만들면 그 안에 갇힌다. 이스트 세포가 더 많을수록 영양가도 높고 맛도 좋아진다. 하지만 이스트 세포는 산소가 떨어지거나 자기가 만든 이산화탄소에 잠기게 되면 성장을 멈춘다. 그래서 가끔 반죽을 두들기고 주물럭거려서 불필요한 이산화탄소가 빠져나가고 산소가 들어오도록 한다. 그런 후에 다시 부풀어 오르면 기름을 두른 팬에 넣어서 위가 갈색이 될 때까지 굽는다. 이게 빵이다. 다양한 맛을 내고 싶으면 굽기 전에 반죽에 당근, 주키니호박, 사과, 건포도 등 이것저것 다 넣는다.

지금 이 글을 쓰는 동안 오늘의 빵이 구워졌다. 빵 반죽을 섞는 데 5분도 걸리지 않았다. 오늘은 먹다 남은 오트밀, 다 쓰지 못하고 남은 연유, 통밀가루를 약간 섞었다. 치즈나, 고기, 양상추 같은 것들을 끼워 넣지 않아도 식사 거리로 부족함이 없다. 그저 버터만 약간 있으면 된다.

10월 11~13일
큰까마귀의 날갯짓, 시간이 멈춘 것 같다

지난 이틀 동안 무엇을 했는가? 아마도 평소와 같은 그냥 소소한 일들일 것이다. 오두막 옆에 있는 근류병에 걸린 흰자작나무를 베어서 잘게 잘라놓았다. 건강한 큰 나무는 남겨놓았다. 체인톱을 꺼낸 김에 통나무 몇 개를 더 잘랐다. 글을 쓰기 위해 앉아 있던 시간이 얼마나 되는지 잘 모르겠다. 글을 몇 문장 쓰지 않아도 나도 모르는 새 몇 시간이 흘러갈 수도 있다. 내려가서 에리카와 스튜어트하고 통화하고는 다시 올라와서 사과나무 두 그루를 가지치기했다. 흐릿한 해가 잠시나마 나와서 단풍나무와 가지치기한 사과나무 주변을 산책했다. 사방이 반짝이는 노란색으로 가득한 단풍나무 숲에서는 감탄을 금할 수가 없었다. 위에도 노란색, 옆에도 노란색, 발아래도 노란색이었다. 눈부신 황금빛이었다.

미국꽃단풍나무에 뒤덮여 있던 사과나무 몇 그루를 가지치기로 정리해주었더니 열매가 열려 몇 개를 따왔다. 아주 동그랗게 잘 자라고 흠도 없었으며 벌레나 병균에 상하지도 않았다. 농약을 쳤다고 생각될 정도였다. 나는 대개 가운데에 벌레가 들어 있는 사과를 좋아한다. 농약을 치지 않았다는 명백한 표시이기 때문이다. 그리고 작은 애벌레 하나가 맛을 떨어뜨리지는 않는다. 사과의 가운데 부분에 들어앉아서 과실이 조금 더 빨리 익게 만들기는 하겠지만 말이다. 난 일부러 애벌레 한두 마리의 맛을 보았다. 별로 아무런 맛도 나지 않았다.

어젯밤에 가을 경치를 마지막으로 감상하기 위해서 전망대로 쓰는 나무 위로 올라갔다. 바람도 없고 하늘은 흐릿한 회색빛이었지만 공기는 맑고 깨끗해서 언덕들과 80킬로미터 너머에 있는 산 꼭대기까지도 잘 보였다.

매끄러운 날갯짓으로 큰까마귀 한 마리가 서쪽 은빛 호수 방향에서부터 날아와서 짙은 녹색의 가문비나무 뒤쪽으로 느릿하게 원을 그리며 내려왔다. 내가 놓아둔 고기를 먹고 있는 제 짝에게로 가는 것이다. 큰까마귀가 노래하는 소리를 들으며 파스텔빛의 숲 여기저기에서 날아다니는 다른 새들을 쳐다보았다. 시간이 멈춘 것 같다.

30분일 수도 있고 한 시간 30분일 수도 있는 시간이 지나갔다. 아주 오랜만에 아이처럼 쳐다보고 느끼고 있다는 것을 깨달았는데, 아마도 이곳에 온 지 5개월이 다 되는 동안 처음이었을 것이다. 나는 과거나 미래에 대해서 생각하지 않았다. 지금 이 순간에 매료되었고 과거나 미래에 얽매이지 않았기에 주변의 멋지고 아름다운 풍경 속에 잠길 수 있었다. 과거와 현재가 아주 가까우면서도 영원한 느낌으로 포개지는 것 같았고 나 자신이 사라지는 것처럼 느껴졌고 마치 큰까마귀가 된 듯한 기분이 들었다.

가문비나무에서 내려와서 천천히 새들에게 먹이를 주러 다가갔다. 축축한 낙엽 때문에 내 발소리가 들리지 않았기에 조심조심 접근하였다. 마치 고양이가 사냥하듯이 눈과 귀를 쫑긋하며 한 시간 혹은 몇 시간을 그렇게 보냈다. 나무 사이를 날아다니는 검은색 실루엣이 보였고 먹이를 향해서 내 머리 위로 왔다 갔다 날아다니는 날갯짓 소리를 들었다. 이상하게도 내가 가만히 서 있자 새들은 가까이 날면서도 나를 그다지 신경쓰지 않는 것 같았다. 큰까마귀는 숲에서 무엇인가 흥미로운 것을 발견하면 날갯짓을 빨리하면서 좌우로 심하게 흔들며 뒤로 급하게 날아간다. 하지만 내 주위로 다가오는 새들은 그렇게 하지 않았다. 내가 보이지 않는 것일까?

마침내 전나무 가지 사이로 먹이 더미 주변에서 펄쩍 뛰면서 돌아다니는 녀석들의 검은색 형체가 눈에 들어왔다. 나는 잭이 그들 사이에 있는지 궁금했다. 몇 미터 더 나아가자 마침내 녀석들이 날개를 푸드덕거리며 날아올랐다. 하지만 멀리 날아가지 않고 내 주위의 나뭇가지에 앉았다.

날아다니는 씨앗들과 내 의식의 흐름

나무의 잎은 다 떨어졌으나 바람이 많이 불면 수백 개 혹은 수천 개의
회전하는 작은 날개가 공중에 떠다니는 것을 볼 수 있다.

사탕단풍나무 씨앗 무리가 바람결에 소용돌이치며 빙빙 돌아다녔던
것이다. 씨앗은 사방에 있었는데, 돌풍이 불 때마다 큰 사탕단풍나무가
있는 곳이면 커다란 무리의 씨앗들이 떠돌아다녔다. 미국꽃단풍나무와
은백색 단풍나무는 지난 5월 말과 6월 초에 잎이 다 크기도 전에 이미 씨
앗을 떨어뜨렸다. (내년 가을에 사탕단풍나무에는 씨앗이 하나도 열리지 않겠지만 이
상하게도 땅에는 어린 싹들이 잔뜩 나 있을 것이다).

씨앗들이 멋지게 비행하는 모습을 보고 나는 씨앗 하나를 들어 살펴보
았는데, 얼마나 멋지게 생겼는지 처음으로 알았다. 숲 속 다른 나무들의
씨앗에 비하면 단풍나무 씨앗은 꽤 무거웠다. 나무는 새싹이 잘 나올 수
있는 유용한 양분을 씨앗에 저장해놓는다. 이 양분으로 말미암아 씨앗은
생애 첫 중요한 발걸음을 뗄 수 있게 된다. 하지만 여기에는 어쩔 수 없
는 맹점이 있는데 양분을 더 많이 받은 씨앗일수록 무거워서 수직으로
떨어지게 된다는 것이다. 그래서 모체 나무 바로 밑 그늘은 씨앗이 자라
기에 적합한 환경이 될 수 없다. 그런데 단풍나무 씨앗은 절충의 완벽한
예를 보여준다. 일반적으로 씨앗에는 양분이 아주 풍부하지는 않지만 적
당하게 들어 있어서 그늘이 깊은 곳을 피해 날아간다 해도 아주 멀리 가
지는 못한다. 그러나 자연은 단풍나무 씨앗에 날개를 달아 필요한 만큼
은 날아갈 수 있게 만들어주었다.

포플러와 화이어위드는 절충 따위는 필요 없다는 듯이 멀리 날아가버린다. 이들의 배낭은 매우 작아서 부서질 듯한 파라솔 모양 날개를 달고 바람을 타고 멀리 날아간다. 그 대신에 씨앗은 주변에 경쟁자가 없고 발아를 즉시 할 수 있게 에너지를 이용할 수 있는 장소에서만 자랄 수 있다. 굉장히 드문 환경을 만나야만 살아남을 수 있는데, 해가 잘 들고 뿌리를 내려서 물을 마실 수 있는 그런 땅이어야 한다. 그렇지 않으면 말라서 바로 죽어버릴 것이다. 불탄 자리에 처음으로 이주해서 자리 잡는 식물들이다.

정반대로 도토리는 아무데서나 발아할 수 있지만 날아가지는 못한다. 큰어치와 다람쥐에 의해 옮겨지고 땅에 묻혀 번식하게 된다. 하지만 이런 이들의 수고로운 서비스에는 언제든지 잡아먹힐 수 있다는 단점이 따라온다.

단풍나무 씨앗은 진화를 거치면서 비교적 무거운 씨앗임에도 날아갈 수 있게 되었다. 이를 활용한 것이 항공기술 원리인데, 나는 이 개념이 바로 이해되지는 않았다. 모든 씨앗의 무게는 한쪽 끝에 치우쳐 있고 '날개'인 얇은 깃은 다른 쪽에 붙어 있다. 이렇게 되면, 날아가던 화살이 땅으로 떨어지듯 씨앗도 곧장 아래도 떨어질 것이라는 생각이 든다. 또 무슨 이유로 씨앗은 프로펠러처럼 빙빙 도는 것일까? 답을 모르겠다. 바람이 불지 않을 때 씨앗을 떨어뜨려 보았는데 여지없이 30센티미터 정도 똑바로 떨어지다가 바람을 만나자 돌기 시작했다. 일단 돌기 시작하면 씨앗은 바람을 타고 움직이게 된다. 이때 바람이 계속 불어줘야 하므로 나무는 틀림없이 바람이 불면 씨앗을 뿌리는 구조로 되어 있을 것이다.

이렇게 모든 사람이 관찰할 수 있는 신기한 현상이라면 그동안 수없이 많은 연구가 있었을 것이라 여길 것이다. 하지만 버몬트 메이플(단풍) 실험실에 있는 전문가들에게 알아보니 그런 것을 다룬 문헌은 거의 없었다. 공중에서 날아다니는 씨앗은 '사마라samaras'라고 불리고, 보통 나무에서 떨어질 때는 씨앗이 두 개가 붙어 있는데 이는 '열매fruit'라고 불린다. 옛 문헌에 따르면 사마라는 적어도 60미터 정도를 날아갈 수 있다고 한다. 미시간 북부에서의 한 연구에 의하면 10에이커(약 0.04제곱킬로미터) 규모의 개벌지 한중간에 에이커당 7만 개의 사마라가 떨어진 것으로 측정되었다. 하지만 도대체 어떻게 거기로 날아가서 떨어졌는지는 아무도 파악하지 못한 것 같다.

봄에 나는 파밍턴 식당 뒤에 있는 강가 곁 주차장에서 은단풍나무의 사마라를 주웠다. 사마라는 바람에 빙빙 잘 돌며 날았으나 바람이 없을 때 조심스럽게 놓으면 마치 화살처럼 뚝 떨어졌다. 반면에 미국꽃단풍나무 사마라는 바람이 없을 때도 돌면서 내려왔다. 즉 미국꽃단풍나무 사마라는 바람이 살짝만 불어도 날아다니지만 은단풍나무 사마라는 거센 바람이 필요하다. 하지만 내가 한번 날려보니 은단풍나무 사마라는 일단 돌기 시작하면 미국꽃단풍나무 사마라보다 더 멀리 날아가는 것 같다.

사마라의 옆면에 있는 깃대 같은 엽맥이 중요한 역할을 하는 것일까? 모든 단풍나무 사마라에는 엽맥이 있는 것 같다. 나는 엽맥이 없는 물푸레나무 사마라를 시험 삼아 날려보았는데 역시 바람에 잘 돌면서 날았다. 돌연변이로 날개가 세 개 붙어 있는 물푸레나무 사마라를 발견하고 날려보았더니, 역시 날기는 했지만 바람이 세게 불어야만 했다. 공기역학 기술자들은 답을 알지도 모르겠다. 하지만 그 사람들은 꿀벌이 날 수

날아다니는 씨앗, 사마라들

사탕단풍나무 사마라

은단풍나무 사마라

미국꽃단풍나무 열매
(잎이 2개 붙은 사마라)

물푸레나무 사마라

돌연변이

바람이 불면 사마라는 대롱거리며 매달려 있다가 날아간다.
바람이 불지 않을 때 은단풍나무 사마라를
떨어뜨려보았다 → 돌지 않는다.
하지만 바람이 충분히 몰아치면 미국꽃단풍나무 사마라보다
더 멀리 날아가고 돌연변이 사마라도 돌면서 난다.
나는 사마라가 왜 빙빙 도는지 같은 '쓸데없는' 것을
신기해하면서 시간을 보낸다.

없는 몸을 하고 있다고도 말했었다. 단풍나무 사마라에 대해서는 뭘 알
고는 있을까?

인간은 어떤 것에 호기심을 느끼면 그 상황이 앞으로 어떻게 될지 생

각하게 되는데, 이는 어떤 것에 적응하는 가장 자연스러운 반응일 것이다. 실제로 무엇인가가 움직이는 것을 '보게 되면' 거기에 대비하게 되고 심지어는 무슨 상황이 발생하지 못하게 막기도 한다.

인간은 누구나 호기심을 느낀다. 누구나 호기심에 따라서 행동한다. 하지만 대부분의 인간은 우리에게 직접적으로 관련이 있는 것들에 한해서만 그런 호기심을 느낄 수 있게 제한된 삶을 산다. 나는 현재 아주 호사스러운 삶을 살아가고 있는 중이다. 나는 하루에 몇 시간 동안이나 세 갈래 깃털 날개를 가진 화살촉(날개가 한 개가 아닌)을 살펴보거나 사마라가 왜 공중에서 빙빙 도는지 같은 '쓸데없는' 것을 신기해하면서 시간을 보낸다. 그동안 나 자신과 가족을 부양하기 위해 애쓰는 역할로 짓눌렸던 어깨를 잠시나마 해방시킬 수 있었다.

진화는 무엇인가를 '덤'으로 만들지 않는다(가끔 우연히 그런 결과가 나오기도 하지만). 왜냐하면 모든 것을 만들어내는 데는 대가가 따르기 때문이다. 무엇인가에 놀라워할 줄 아는 인간의 특별한 능력은 한때는 보는 능력에 의존해서 생존하고 재생산해야 했던 데서 왔을 것이다. 소위 원시사회에 대한 수많은 연구가 주장하듯이 자연 속에서 살아가는 것이 그렇게 어렵지 않다면, 인간이 무엇을 상상하는 능력은 다른 생명체의 움직임을 예측하는 것 그리고 성적인 선택과 관련이 있을 것이다. 로봇이 체스게임에서 우승할 수는 있다. 대단하긴 하다. 하지만 로봇이 구애하는 법을 알고 있을까? 잠자고 결혼하는 것을 할 수 있나?

인간의 의식 심지어는 고통조차 '덤'이라고 주장하는 사람들이 있다. 그들은 로봇을 벽에 부딪치지 않거나 뜨거운 오븐에 가까이 가지 않도록 만들 수는 있으나, 그런 행동의 의미를 의식하거나 고통을 느낄 수 있게 만들지는 못한다고 말한다. 그럼 인간은 어째서 - 특별하게 - 의식이란 것을 지니게 되었을까? 왜 우리는 고통, 배고픔, 목마름, 사랑, 미움, 질투심을 느끼는 것일까? 정답은 철학자들이 말하는 것보다 훨씬 단순한 것이라고 본다. 자연이 우리에게 가르쳐주고 있다. 아픈 사람이 통증을 느끼지 못하는 경우는 거의 없다. 자기 자신을 멍이 들고 살갗이 찢어질 때까지 두들겨 때리는 사람은 없다. 한마디로 통증이란 우리 자신에게 어떤 손상을 피하도록 해주는 경고 시스템 같은 것으로, 경험에서 나온다. 인간처럼 아주 복합적인 생명체에게 의식이란 적응할 수 있게 만들어주는 것이다. 왜냐하면 바늘이 찌르는 듯한 통증을 느낀다면 일부러 아픈지 아닌지 알아보기 위해서 못을 찔러보는 행동은 하지 않을 것이기 때문이다. 이와 유사하게 뒤꼍 계단에서 뛰어내려본 다음에는 굳이 아픈지 보기 위해서 지붕에서 뛰어내릴 필요가 없다. '의식이 없는' 새나 포유동물은 계획을 가지고 움직이는 것처럼 보이지만 원래 갖추고 있는 본능적인 반응에 따라 행동할 뿐이다.

모든 게 순조롭다가도 누군가 진짜로 계획을 가지고 움직인다면 계획을 가지지 못한 쪽이 불리해진다. 아메리칸 에어라인은 다른 항공사들이 새로운 비행기를 선보이기 시작하면 그들의 경비행기인 트윈 오터나 파이퍼 컵이 승객을 싣고 날 수 있음에도 DC-10s기나 747s기 같은 커다란 비행기를 운용해야만 했다. 나 혼자 잘하는 것은 소용이 없다. 경쟁자의 행동이 중요한 것이다. 우리가 무언가를 직접적으로 경험하기 전에 그 결과를 상상할 수 있도록 해주는 것이 의식이고, 그런 능력이 없는 사람은 살아가면서 불리한 상황에 처하게 될 것이다.

낚시 미끼로 쓰이는 지렁이는 꿈틀대면서 통증을 느낄까? 그렇지 않을 것이다. 지렁이들은 보통 살면서 그런 물리적인 상처를 입는 일이 없으며, 상처를 입은 지렁이가 그렇지 않은 지렁이에 비해 얻게 되는 이점도 없다. 하지만 지렁이는 장애물을 피해서 다녀야 하기 때문에 우리 무릎이 반사적으로 움직이는 것처럼 꿈틀대는 것이다. 바닷가재를 끓는 물에 집어넣으면 고통을 느낄까? 역시 그렇지 않을 것이다. 생명체가 진화해온 지난 1억 년 동안 경험해보지 못한 위험이 있다면 - 온도자극 같은 - 그것을 피하려는 생각도 하지 못하는 것이다. (고래는 아마도 이런 통증을 느낄 것이다. 고래의 조상은 육지동물이었는데 기온의 극적인 변화를 겪어야만 했다. 그래서 지금도 체온을 스스로 조절한다.) 바닷가재는 의식적으로나 무의식적으로 열기를 느끼지 못할 것이다. 지렁이는 낚싯바늘을 느끼기는 하지만 의식적인 것은 아니기 때문에 '통증'이라 할 수 없다.

어떤 생물체의 구조는 과도할 정도로 단순하다. 수놈 나방은 냄새를 맡으면 바람을 거슬러서 날아가는데, 그렇게 하기 위해서 할 수 있는 아주 복잡한 기술을 다 동원해야 한다. 하지만 그런 행동을 의식적으로 하는 것은 아니며, 이때 고통이나 즐거움을 느끼는 것도 아니다. 왜 이렇게 단정 지을 수 있을까? 왜냐하면 나방의 결정력은 컴퓨터처럼 이진법이기 때문이다. 나방의 더듬이에 있는 감각기는 냄새 분자를 탐지한다. 이게 경계 신호가 되거나 '켜짐' 스위치가 된다. 문제는 '움직인다'와 '움직이지 않는다' 중 어떤 스위치를 선택할지 판단하는 것이다. '움직이지 않는다'의 스위치는 날씨가 너무 춥거나 하루 중에 너무 이른 시간일 경우 켜질 것이다. '움직인다'는 곧 '몸을 떨기 시작한다'란 뜻이다. 나방은 일정 온도가 되면 저절로 날아오르는데 그때까지는 몸 떨기가 계속된다. 냄새를 맡으면 바람을 거슬러서 날아가고 그렇지 못한 경우에는 다시 냄새를 탐지할 때까지 지그재그로 날아서 암놈 나방에게 닿을 때까지 계속 간다. 비슷한 반응 형태는 계속해서 나타나며 이때 나방이 무엇을 느끼는지 아닌지는 결과적으로 별 차이를 가져오지 않는다. 따라서 진화는 그런 불필요한 부분까지 고려해가며 일어나지는 않을 것이다.

그렇다면 의식은 어째서 인간이나 개에게는 불필요한 부분이 아닌 걸까? 인간은 이진법적인 결정을 내리는 일이 거의 없다. 특별하게 체스를 두는 경우가 아니라면 말이다. 내가 '그냥' 오두막을 나갈 때는 특정한 목적이 있어서 나갈 수도 있고 그렇지 않을 수도 있다. 그러나 일단 오두막을 나가기 위해 어떤 결정을 내리면, 그것은 과거에도 없었고 미래에도 없을 유일한 결정이 되어버린다. 밖에 나가기 전에 나는 수백 개의 선택 중에 하나를 택해야 한다. 오두막 안에서 바닥에 비질이나 해야하나? 설거지를 할까? 글쓰기? 편지에 답장하기(누구 편지)? 그림을 그릴까? 독서(수백 개의 옵션이 있다)? 달리기를 지금 해야 하나? 자동응답기를 체크할까? 굴뚝새 둥지를 찾아볼까? 덤불을 자를까? 장작을 팰까?… 발걸음을 내디딜 때마다 미처 고려하지 못하는 수백 개의 선택 사항들이 생기며, 그런 선택들은 무수한 여러 결과들을 가져올 수 있음을 알고 있어야 한다. 나는 최상의 결정을 내리기 위하여 다양한 선택 사항을 가능한 한 많이 살핀다. 이렇게 살펴보는 것은 몇 초밖에는 걸리지 않지만 필요한 작업이다. 그렇게 하는 동안 나는 선택 사항을 내가 처한 제각각의 상황에 대입하고 그 결과를 가늠해본다.

선택 사항의 중요도는 지속적으로 변한다. 이를테면 설거짓거리가 점차 쌓여갈 때, 들판을 조사하면서 15년 후에는 나무로 자라날 초크체리 잎을 볼 때, 굴뚝새 소리를 들을 때 등등. 이진법적인 결정을 내리는 것은 불가능하다. 내 행동 중에 그냥 끝나버리는 것은 없기 때문이다. 나는 자유롭다. 컴퓨터가 무엇인가를 하도록 프로그래밍할 수는 있다. 하지만 '무엇인가'가 없다면 결정을 내릴 일도 없다. 그럼 죽어 있는 것이다.

만일 내가 여기에서의 일을 끝낸 후에 오두막에서 나와 어떤 여인과 만나려 한다면, 조금이라도 일을 잘 성사시키기 위해서 그녀가 지금 무엇을 하고 있는지, 요즘 나에게 어떻게 대해왔는지, 그녀의 걱정거리는 무엇인지, 어디에 있고 왜 거기에 있는지 알아야만 한다. 나는 "오리 고기 먹으러 갑시다", "카타딘 산에 등산하러 갑시다", "데이트할래요?" 또는 "어머니는 안녕하신가요?"라는 질문에 그녀가 뭐라고 할지 짐작도 할 수 없다. 내가 그녀의 입장이 되어 상상해보고 그녀의 반응을 미리 가늠해보지 않는 한 말이다. 그녀의 입장이 되어 시각화해보거나 상상을 많이 해볼수록 더 정확하게 예측하고 적절하게 대응할 수 있을 것이다. 한마디로 의식이나 시각화는 부가적인 짐이 아니며, 인간에게는 꼭 필요한 요소다. 우리가 사회적인 동물이라는 점에서도 의식이나 시각화의 중요도는 적지 않다. 지금 내가 사회적인 교류를 하고 있지 않다는 사실이 존재하고 예측해나가는, 원초적이고 진화론적인 과업으로부터 나의 의식을 벗어나게 만드는 것일까?

그렇다면 사랑은? 생텍쥐페리는 사랑이 '서로를 바라보는 것이 아니라 함께 같은 방향을 바라보는 것'이라고 했다. 실질적인 용어로 공통 관심사를 갖는 것이다. 사랑이란 꼭 필요한 것일까? 나방에게는 필요 없다. 나방은 아주 짤막한 밀회만을 가지고, 삶 자체도 짧기 때문에 단순한 성적 끌림이면 필요한 모든 걸 이루는 데 충분하다. 그보다 더한 것은 전혀 필요 없으며 따라서 진화도 일어나지 않았을 것이다. 실제로 성적인 이끌림 자체도 나방에게는 의식적으로 일어나는 일은 아닐 것이다.

여러 종류의 사랑이 있다고 해도 모든 사랑은 사회적인 교류와 연관되어 있다. 부모와 자식의 관계, 부부 관계, 연인, 동료 등 모든 경우에 사랑은 그들이 함께 관계를 형성할 수 있도록 도와준다. 관계를 형성하는 것은 진화에 있어 실질적으로 매우 중요하다. 관계를 맺지 않는 사랑은 그저 부가적인 것일 뿐, 발달하지 않을 것이다.

나방은 굳이 자기들끼리 함께 있을 이유가 없다. 반면 많은 새들과 몇몇 포유류 동물은 오랜 시간 어린 자식을 돌보고, 그 자식들이 살아남아서 그러한 부모의 헌신이 결실을 맺도록 한다. 따라서 유대관계가 요구된다. 자식은 당연히 부모가 필요하고, 생명을 유지하기 위해서는 함께 있어야 하므로 부모를 사랑하도록 진화하였다. 부부 관계에서는 자식을 위해서든지, 경제적인 이유에서든지 아니면 공통의 관심사 때문이든지 사랑이 요구된다. 독립적인 부부일수록 사랑이 더 적게 필요하고 진화론적인 관점에서 보면 번성을 덜 하게 된다. 내가 숲에서의 삶에 더 의존할수록 나는 숲을 더 사랑하게 될 것이다. 나는 지금까지 오랫동안 많은 것들을 숲에 의존해왔는데, 심지어 이제는 바람에 날리는 사마라를 보는 즐거움조차도 숲에 의존하게 되었다.

10월 14일
더 새롭고 더 중요한 것을 구분해내는 방법

잭이 둥지를 처음 벗어났을 때, 녀석은 며칠 동안 발견하는 것은 무엇이든지 주워서 찢어버렸다. 잎마다 주워서 갈기갈기 찢었다. 풀도 자르고, 이끼도 찢어버리고, 자갈, 나뭇가지, 막대기 같은 것도 주워들었다. 시간이 지나면서 잭은 대상을 고르기 시작했다. 녀석은 오두막에 난 틈새를 찢었다. 컵, 숟가락, 연필, 버드나무 꽃차례, 가문비나무 방울, 꽃잎 같은 일정한 모양을 가진 다양한 사물을 골랐다. 그러다가 녀석은 딱정벌레를 알게 되었다. 벌레들을 먹고 나니 곧 다른 장난감들은 가지고 놀지 않게 되었다. 잭은 자신을 둘러싸고 있는 환경 속에서 새롭고 중요한 것을 구분하는 법을 익히기 시작했다. 딱정벌레, 파리 혹은 애벌레 같은 먹을 만한 것들을 숲의 바닥이나 초지 같은 엄청나게 풍성하고 복잡한 배경 속에서 한눈에 알아보고 골라낼 수 있었다.

나도 똑같은 행동을 하기 시작했다. 주변의 같은 환경에 매일 오랜 시간 머무르다 보니 놀랍게도 이제 내가 갈색지빠귀 소리를 듣고도 멈춰서지 않는다는 것을 깨달았다. 아름다운 새소리는 이제 그저 배경 소리가 되었고, 나는 새로운 소리를 듣기 위해서 머릿속에서 그 소리를 지워버리게 되었다. 산책길에 한쪽에서 전에는 듣지 못했던 찍찍거리는 작은 소리라도 들리면, 소리를 의식하기도 전에 머리부터 그쪽으로 자동적으로 움직이게 된다. 무엇인가를 의식하기도 전에 반응하는 것이다. 일상적인 것들을 의식하고는 있으나 더 이상 또렷하게 사고하지 않게 되었다. 큰까마귀같이 되어버렸다.

장작을 태울 때도 기술이 필요하다

활엽수의 가지와 몸통은 헐벗었고 언덕은 이제 회색빛이다. 여기저기가 낙엽색으로 물들어 있고 멀리서 바라본 숲에는 하얀색 줄무늬가 가늘게 새겨져 있다 – 흰자작나무 몸통이 어둠 속에서 빛나는 양초처럼 보였다.

북쪽에서부터 지기 시작한 낙엽이 남쪽에서도 지고 있다. 떨어진 잎들의 색도 금세 바랬다. 겨우 며칠 만에 땅에는 노란색이나 붉은색 잎이 한 장도 남아 있지 않았다. 낙엽들은 이제 전부 제각각 황갈색, 갈색, 붉은빛이 도는 갈색을 하고 있다. 곧 전부 짙은 갈색으로 변할 것이다.

올 겨울 장작을 패면서 내가 자급생활을 하고 있는 숲의 나무들을 솎아줄 수 있었는데, 덕분에 아름다운 단풍나무, 자작나무, 물푸레나무 들은 더 큰 나무로 빨리 자랄 수 있게 되었다. 장작 패기는 따뜻하게 겨울을 지낼 연료를 마련해주는 동시에, 나름 운동도 되었다. 마침내 장작을 쓸 때가 되자 만드느라 고생했던 기억이 나서 뿌듯한 기분이 든다.

오두막 위층에 있는 작은 난로는 열기를 아주 많이 뿜어내는데 아마 연료 효율이 좋은 듯하다. 밤에도 꺼버릴 수 있고 종종 아침까지 뜨거운 빨간 장작 덩어리가 남아 있기도 하다. 하지만 아래쪽에 있는 오븐과 커다란 상판을 구비하고 있는 오래된 주철 부엌 난로는 믿어지지 않을 만큼 비효율적이다. '믿어지지 않을 만큼'이라고 표현하는 것은 난로가 그나마 약간은 열을 내기 때문이다. 오두막을 덥히기 위해 오븐을 데우고 불길 바로 위의 요리하는 곳에서 열을 내게 할 수는 있지만, 대부분의 열은 굴뚝으로 올라가버린다. 물론 여름에는 딱 좋은 구조이긴 하다. 반면 난로는 공기가 차단되지 않아서 마른 장작을 집어넣으면 모두 안전히 태울 수 있다. 배출되는 열이 별로 없어 아주 '효율적으로' 한 시간이면 다 타버린다.

효율이란 여러 가지 측면에서 봐야 하는 것이다. 우선 부엌 오븐은 나무를 태우는 데는 효율적이지만 오두막을 덥히는 데는 매우 비효율적이다. 열이 조금만 빠져나가게 하려거든 굴뚝에 있는 연통을 닫아버리면 된다. 난로의 경우, 완전히 닫아버리면 거의 100퍼센트 효율로 장작에서 나오는 열로 오두막을 덥힐 수 있다. 하지만 그러면 집안에는 열기뿐만이 아니라 연기도 가득 차게 될 것이다. 난로의 아래쪽 통풍구를 열면 산소가 더 들어가기 때문에 나무를 좀 더 잘 타게 만들 수 있고(이산화탄소와 물이 되도록) 전체적으로는 연기가 덜 나겠지만, 굴뚝에 있는 위쪽 통풍조절판을 닫으면 집 안에 연기가 더 차게 된다.

빵을 구울 때처럼 난로를 다룰 때도 그 원리를 잘 알아야 한다. 하지만 그 작업은 피넛버터 샌드위치를 소화시키는 아주 복잡한 과업(먹느냐 마느냐라는 결정을 내려야 하는)보다도 단순하기에, 나는 그리 주의하고 있지 않았다. 어느 날은 도시에서 온 친구를 하루 동안 오두막에 혼자 둔 적이 있었는데, 나중에서야 장작을 태울 때 기술이 필요하다는 것을 기억해냈다. 친구를 구하러 되돌아왔을 때 그는 기침을 하며 추위에 떨고 있었다.

온 오두막이 푸르스름한 연기로 가득 차 있었는데 오븐에는 열기가 하나도 없었다.

아버지를 떠올리게 하는 가을 숲의 향기와 소리

　지난밤에 오두막에서 100미터도 떨어지지 않은 소나무 숲에서는 한 무리의 큰까마귀가 잠을 자며 며칠 동안 거기에서 머무르고 있었다. 가끔 밤마다 이렇게 모여서는 거칠고 아주 익기양양하고 힘차게 날아올랐는데, 그럴 때면 지쳐 빠진 내 정신이 번쩍 들고는 했다. 그런데 이번에는 가끔 짧게 떠들어대는 것만 빼면 아주 조용했다. 특정한 울음소리가 아니라 소리의 톤으로 녀석들의 기분을 많이 파악할 수가 있었다. 바에서 내 옆에 앉은 사람이 술을 마시며 스웨덴어로 말을 한다고 해도 그가 복권에 당첨되었다는 사실은 알 수 있듯이 말이다. 큰까마귀들이 기뻐하는 것도 비슷하다. 배가 고픈 상태에서 무리 중 한 마리가 죽은 무스를 발견하면 그 심정을 표현하게 되는데, 다른 녀석들은 그가 복권에 당첨되었다는 것과 내일이면 나도 좀 얻어먹을 수 있다는 사실을 깨닫고는, 역시 흥분하는 것이다.

　깊은 숲 속에는 박새와 상모솔새의 무리가 섞여 있는데 녀석들은 조심스러워하면서도 끊임없이 지저귄다. 그 소리는 들으려 애쓰지 않는 이상 그냥은 들리지 않는다.

날씨가 들려주는 소리도 마찬가지다. 축축한 잎 위에 뿌려지는 차분한 빗소리가 있다. 햇빛이 밝은 날 마른 잎이 굴러가는 희미한 소리와 바람결에 흔들리는 상록수의 소리도 있다.

거의 매일 저녁 해가 지고 나면, 소리의 정체를 몰랐다면 놀랐을 줄무늬올빼미의 귀를 찌르는 듯한 으스스한 소리가 난다. 아마 자고 있던 큰 까마귀들이 공포에 떨 것이다. 며칠 전 밤에는 코요테가 느리고 낮은 울음소리로 울기 시작했다. 울음소리는 점점 커지고 높아져서 높은 트레몰로가 되었다가, 마침내 반복해서 듣기 좋은 음조를 이루어 감탄을 자아내게 하였다. 보통 이렇게 혼자서 부르는 노랫소리는 제각각 자신만의 곡조로 불러대는 다른 녀석들의 소리까지 합세하여 완벽히 어우러진 오케스트라 연주로 이어진다. 신난 코요테들의 울음소리가 점점 커지고 깽깽거리는 소리와 짖는 소리까지 나기 시작하면 한 50마리는 되는 늑대개에게 둘러싸인 기분이 들 것이다. 그런데 자세히 귀 기울여보면 저 멀리 떨어진 산등성이에서 응답하는 무리의 소리도 들을 수 있다. 그러다 갑자기 사방이 다시 고요해진다. 때로는 한 마리가 혼자서 울부짖지만 아무도 대답하지 않기도 한다.

늦가을이면 생겨나는 냄새도 있다. 갓 나온 호두와 헤이즐넛을 연상케 하는 향기가 날카로운 향과 섞여서 난다. 냄새는 희미하고 은근하지만 기분이 아주 좋아지는 향이다. 향기를 맡으면 어린 시절로 돌아가는 기분이 드는데, 흙냄새 같은 낙엽의 향을 느낄 때마다 깊이 숨을 들이마시곤 한다. 향기를 맡고 떠오르는 기억들은 특정한 것이 아니지만 가끔 달콤 쌉싸름한 예전의 기억이 너무나 선명하게 떠올라서 가슴이 저려올 정도나.

어제 저녁 해 질 녘에 잎이 다 떨어진 커다란 사탕단풍나무를 지나서 산책을 했다. 아주 약간 비가 보슬보슬 내렸는데 작은 빗방울이 떨어지는 소리를 들을 수 있었다. 단풍나무 앞을 지나갈 때 나는 가을이 지닌 그 특유의 냄새도 맡을 수 있었다. 아주 잠깐 동안 훅 끼치는 냄새였다. 나는 향을 더 맡기 위해 멈춰 섰는데, 43년 전 어느 어둑한 저녁에 아버지를 따라서 걸었던 기억이 났다. 그날은 서늘하고 축축했고 나뭇잎들은 틀림없이 지금과 같은 향기를 뿜고 있었다.

　아버지는 미국에 있는 박물관들에 팔 야생 들쥐와 뾰족뒤쥐를 잡을 쥐덫을 살피고 계셨다. 아버지와 함께 어둠 속에 이렇게 나와 있으면 또 다른 세상으로 들어가는 것만 같았다. 생쥐와 뾰족뒤쥐와 두더지와 들쥐들의 비밀스러운 세상. 아버지는 이끼가 낀 통나무 아래, 가파른 둑을 따라 커튼처럼 자란 풀 아래, 그리고 잡초 더미 속에 쥐덫을 조심스럽게 놓았다. 아버지는 각각 다른 장소에서 내가 이전까지 알지 못했던 여러 종류의 털북숭이 동물들을 잡으셨다. 그 녀석들은 이끼, 빽빽한 풀, 부엽토 아래에서 숨어서 살기 때문에 잡히지 않으면 절대로 모습을 드러내지 않는다. 그 당시에 나는 이렇게 보이지 않는 세계를 탐험하는 것이 무척이나 즐거웠다. 그리고 방금 그때의 마법과 같은 향기가 살짝 나에게 다가왔다가 사라졌다.

　처음에는 꼭 무엇을 잃어버렸는데 다시는 찾을 수 없는 듯한 기분이 들었다. 그렇게 생각하니 살짝 슬퍼졌으나 동시에 향기를 맡자 행복한 느낌도 들었다. 기억이 슬픈 감정을 불러일으켰지만 또 다른 추억이 기분을 나아지게 한 것이다.

　내 옆에 있는 단풍나무는 99퍼센트 죽었다. 살아 있는 부분이라고는 바크 바로 아래에 있는 얇은 형성층뿐이다. 매년 형성층의 세포는 분열하고 나무의 안쪽으로 형성된 세포들은 죽어서 나무를 지탱하는 목질부가 된다. 가을의 향기는 나로 하여금 내 생의 가장 깊은 성장의 테를 들여다보게 한다. 그것은 내게 새로운 경험과 성장을 할 수 있게 만들어주는 핵심과도 같은 부분이다.

에너지와 숲과 야생을 만들어내는 나무

오늘은 비가 오다말다 하더니 아주 약간의 바람만 부는 흐린 날씨가 계속되었다. 나는 장작을 쪼개어 쌓아놓고 나서 오두막 근처의 나무 아래 떨어져 있는 사과를 주웠다. 사과들은 전부 모양이 일그러져 있었으나 상당 부분을 잘라내서 애플 크리스프를 만들었다. (나머지 사과들은 요전에 매년 모임 때 하는 사과 던지기 대회에 사용했다. 이 대회에서는 기다랗고 유연한 막대기로 사과를 찍어서는 높이 혹은 멀리 획 던진다.)

하는 김에 빵도 조금 구웠는데 그걸로 힘이 나서는 도끼질을 하면서 두 시간을 더 일하였다. 물푸레나무의 묘목이 빽빽하게 웃자란 버려진 들판으로 가서 솎아주었다. 저 나무들이 자랄 때쯤이면 나는 여기서 벌써 사라져 있겠지만 이곳에 있는 동안에는 나무들이 자라는 것을 보고 싶다. 그래서 '지금 현재'를 위해서 무엇인가를 하고, 몇 주 혹은 몇 년 후를 위해서 무엇인가를, 그리고 미래를 위해서 무엇인가를 한다.

지금 나는 커피를 한 잔 마시며 지붕 위에 떨어지는 빗소리를 듣고 빵굽는 냄새를 맡고 있다. 내 오두막은 가문비나무와 전나무의 통나무로 만들어졌다. 탁자 상판은 소나무고 다리는 벚나무로 되어 있다. 오늘같이 바람이 휘몰아치는 날에 안에서 따뜻하게 있을 수 있도록 미국꽃단풍나무와 물푸레나무로 불을 피웠다. 내 앞에 파노라마로 펼쳐진 숲의 경관이 눈을 즐겁게 한다. 새, 다람쥐, 들쥐, 수백만 마리의 곤충과 그 밖에 이곳에 살고 있는 다른 동물들을 떠올리자 마음이 평온해진다. 사슴, 무스, 눈덧신토끼 들이 나무줄기에서 잎을 뜯어먹고 목도리뇌조는 봉오리들을 먹으며, 나는 이 동물들을 필요할 때 잡아먹는다. 어떤 문화에서는 나무를 신성하게 섬기는데, 이는 그다지 놀라운 일이 아니다. 우리가 의식하든지 말든지 간에 인간은 숲의 아이들이다. 소로는 소나무에서 '스윙souing' 하고 나는 소리를 들었는데 마치 바람이 불 때 동물이 내는 신음소리와 같다고 했다. 그는 메인에 있는 커다란 소나무 그루터기 위에 서서 인간의 탐욕과 악행을 생각하며 격분하였다. 마치 한 그루의 아름다운 나무만이 아니라 나무들 전부 다를 잘라내기라도 한 듯이 말이다. 소로는 그 시대를 앞서서 내다보았다. 어쩌면 우리는 아직도 더 멀리 내다봐야 하는지도 모르겠다.

우리에게는 꼭 필요한 것들이 있고 그저 약간 유용한 것들이 있다. 컴퓨터는 글을 쓸 때 유용하지만 나에게는 꼭 필요한 것이 아니다. 펜으로도 잘 쓸 수 있다. 나는 글을 충분히 빨리 쓸 수 있는데다가 그렇게 급하지도 않다. 핵발전소 역시 유용하지만 이 지역의 환경이 유지될 수 없을 정도로 인구가 늘어나지 않는 한 메인에서는 필요 없다. 핵발전소 대신에 풍차가 나을지도 모르겠지만, 풍차보다는 나무가 더 낫다. 나무는 우리에게 필요하다.

기술자들은 최근 태양에너지를 축적하는 것을 실험하고 있다. 하지만 나무는 수백만 년 동안 이미 그렇게 해오고 있었다. 엽록체라고 불리는 초소형의 빛에너지 배터리가 만들어진 것을 포함하면 수억 년 전부터다. 나무는 자신들의 모습을 최고의 형태로 조립하였다. 커다랗고 다리가 여러 개인 구조이다. 어떤 나무는 키가 30미터 이상이다. 나무는 공해도 없고 오히려 오염 물질을 줄여준다. 나무는 스스로 자신을 만들어내고 수리하며, 관리도 필요 없다.

에너지원으로서 나무가 지니는 이점은 이러한 에너지 공장들을 거의 모든 곳에 지을 수 있다는 것이다. 나무들은 도시 속에서 한데 얽혀서 자랄 수 있다. 가파른 언덕에도 나무를 심을 수 있다. 범람원에도 심을 수 있고 심지어 사막에도 심을 수 있다. 하지만 무엇보다도 나무는 에너지를 만들어내는 동시에 숲과 야생을 만들어낼 수 있다. 순수주의자들은 숲은 건드리지 말고 놔둬야 한다고 주장한다. 우리는 이성적으로 행동해야 하지만 생태적으로 행동할 필요도 있다. 숲이 가진 자원을 현명하게 쓰기를 거부하면 수력발전 댐, 송유관 등 그 외 더 파괴적인 시설들을 숲에 들이게 된다.

나는 야생협회의 회원증을 가지고 다니는 사람으로서 숲이 오염되는 것을 지지하지 않는다. 오히려 나는 숲을 더 원시적으로 만들자고 청하는 편이다. 하지만 댐으로 숲을 물속에 잠기게 하는 것보다는 에너지원으로 숲을 활용하는 것이 낫다고 여긴다.

10월 26~30일
개벌지에 가다

겨울이 오고 있다. 지난밤에 그 소리를 들었다. 북풍의 신음 소리가 마치 바다의 밀물과 썰물의 파도소리처럼 들렸다. 북쪽에서부터 천천히 몰려오는 구름 아래에 새벽빛이 비친다. 마운트 볼드의 정상 바위 턱은 갑자기 새하얀 옷을 입고, 정상 밑의 짙은 전나무들은 하얀 빛으로 둘러싸여 있다. 오늘 아침에 일어나자 시계는 평소처럼 6시 45분이 아니라 5시 45분을 가리키고 있었다. 어젯밤에 시간을 한 시간 뒤로 돌려놔야 한다고 들었기에 그냥 시키는 대로 그렇게 했다. "가을에는 뒤로 가고 봄에는 앞으로 가고…." 그러든지 말든지. 눈송이가 창문 앞에 날아다니더니 천천히 알아차리지 못하게 잎과 풀 위를 덮는다. 오두막 안이 싸늘해서 난로를 켜면서 숲에서 통나무를 더 가져와야겠다고 생각했다. 겨울이 북풍을 타고 오고 있다. 메인 숲의 겨울은 6개월이나 지속된다.

숲에서 걷기 좋은 때다. 나뭇잎들이 떨어진 숲은 꼭 커튼이 열린 것 같다. 저 멀리까지 내다볼 수 있고, 이전에는 녹색의 잎이 천장처럼 덮여 있었는데 이제는 올려다보면 언덕과 산들이 보인다. 하지만 활엽수림에 있는 큰 참나무에는 아직도 황갈색 잎들이 달려 있다. 오래된 너도밤나무에는 잎이 없지만 숲 안에 있는 어린 너도밤나무들은 아직 연한 황갈색의 마른 잎을 달고 있다. 이 나무들에는 겨울 내내 잎이 달려 있을 것이다. 사탕단풍나무 묘목도 마찬가지로 한동안은 잎이 달려 있을 테니 활엽수림이 노란색 카펫을 깐 것처럼 보일 것이다.

낙엽은 이미 오그라들어서 죽어가는데, 덕분에 그 위를 지나가는 동물의 발소리는 잘 들린다. 작게 부스럭거리는 소리가 나서 보면 줄행랑치는 쥐의 뒷모습을 볼 수 있다. 쥐가 다시 나타나지는 않지만 여러 방향에서 더 지속적으로 부스럭대는 소리를 들을 수 있다. 붉은색과 회색의 다람쥐가 먹이를 찾고 있다. 사방에 볼주머니가 터질 것 같은 줄무늬다람쥐가 있는데 최근에 떨어진 사탕단풍나무 씨앗(열매)을 모으는 중이다. 단풍나무 씨앗은 이제 떨어지기 시작한다. 하지만 물푸레나무 씨앗과 자작나무 씨앗은 아직 달려 있다. 둘 다 올 겨울에 되새류에게 주요한 먹거리가 될 것이다.

나는 여러 종류의 나무가 있는 활엽수림에서 털이 많고 보송보송한 딱따구리를 몇 마리 보았다. 하지만 갑자기 암벽 바깥쪽에서 훨씬 눈길을 끄는 커다랗고 날개 아래쪽이 하얀 검은색 새가 나타났다. 도가머리딱따구리다. 녀석은 날개를 접고 언덕 아래쪽으로 나를 지나쳐서 잽싸게 날아가다가, 급상승하는 소리를 내면서 기류를 타기 위해 날개를 편다. 그러더니 다시 날개를 접고 경사를 따라서 더 아래쪽으로 휙 날아간다. 이제는 날개를 완전히 펴서 기류를 타고는 참피나무 꼭대기에 있는 가지 위쪽으로 급하게 움직였다가 내려앉는다. 거기에 앉아서는 시끄럽게 깩깩거리는데 그 소리가 언덕 아래와 계곡을 넘어서 울려 퍼진다.

숲 속의 대장이라 불리는 녀석은 이쪽저쪽을 휙휙 움직여서 바라보더니 가느다란 줄기에 붙박인 듯이 5분 동안 앉아 있다. 그러다 위로 떠오르더니 언덕 아래쪽으로 더 내려간다. 어디에 착륙했는지 보지는 못했지만 곧 낮고 시끄러운 드럼 치는 듯한 소리를 들었다. 드럼 치는 소리는 1초나 2초만 지속된다. 이상하다는 생각이 든다. 딱따구리의 드럼 치는 소리는 봄에 짝짓기를 위해 성적인 신호를 보내고자 하는 행동에서 비롯되기 때문이다. 또 드럼 소리가 난다. 이 소리는 약간 높은 음조인데, 나무 줄기나 가지의 다른 지점에 앉아서 두들겨 대는 모양이다. 드럼 소리가 또 난다. 세 번째로 나는 소리다. 앞으로는 얼마를 그러는지 헤아려 봐야겠다.

세어 보았더니 녀석은 18번의 두들기는 소리를 내었는데 2분에서 5분 간격으로 소리가 났다. 18번째 소리를 듣고 나는 이미 계곡 아래로 내려가기 시작했으니 두들기는 소리가 계속되었을 가능성도 있다. 이런 것은 설명할 수 없다. 내가 아무리 새에 대해 잘 알고 있더라도 항상 신비스러운 부분은 있게 마련이다. 아무리 과학적인 근거를 들어서 설명하더라도 근본적으로 새들은 그저 신나서 노래하고 두들기고 춤추는 것일 수 있다. 딱따구리가 날아다니고 참피나무 꼭대기에서 한가하게 노는 모습을 살펴보니 건강하고 활기가 넘쳐 보여서 나도 덩달아 신이 나는 것 같았다. 경쟁 상대나 짝에게 보낼 신호가 이것 말고 뭐가 더 있겠는가? 나는 기분이 좋아져서는 휴튼 리지의 남쪽으로 향하는 활엽수 언덕을 가벼운 발걸음으로 내려갔다.

5년 전에 개벌을 했던 풀이 우거진 오래된 농장으로 갔다. 빨리 자라는 물푸레나무, 참나무, 사탕단풍나무, 너도밤나무, 줄무늬단풍나무와 군데군데 자라는 래즈베리, 블랙베리 사이에는 드문드문 사과나무가 있는데, 그늘이 없어지자 완전히 새로운 모습을 띠게 되었다. 나무에 사과가 주렁주렁 달려 있었던 것이다. 오두막 근처 숲에서 다듬어준 사과나무의 사과들처럼 여기에서 열린 모든 사과들이 제대로 된 모양을 갖추고 곰팡이병이나 해충의 피해를 입지 않은 것에 놀랐다. 한 100년이나 150

년 동안 자라면서 한 번도 몸에 농약 같은 것이 닿은 적이 없을 것이다.

나무가 풍성하게 자라나고 사과가 열린 것을 즐거워하는 게 나 혼자만은 아니었다. 개벌 이후에 두껍게 사방에 쌓여 있던 나무들은 이제 가라앉고 부식되어서 바스러지기 쉬운 상태가 되었다. 그러자 커다란 동물들이 덤불을 뚫고 나가서 길을 만들었다. 한 사과나무는 큰 가지가 막 부러져 있었고 주변 땅에는 사과가 쌓여 있었다. 사과가 익어서 떨어지기도 전에 곰이 와서 수확했던 것이다. 땅에는 막 생긴 사슴 발자국이 있었는데 부드러운 검은색 흙 위에는 십자형의 발굽 자국이 나 있었다. 사슴의 검은색 똥 더미가 흩뿌려져 있었고 생긴지 얼마 안 된 사과소스 같은 곰의 배설물도 여기저기에 있었다.

고요한 침묵 속에 멈춰 서서 귀를 기울였다. 뇌조 한 마리가 근처 수풀에서 작게 꼬꼬댁거리는 소리를 내더니 내 앞에서 달려가는 것을 보았다. 하지만 곰이나 사슴은 보이지도 울음소리가 들리지도 않는다. 아마도 내가 막 지나온 개벌되지 않은 숲을 얼른 지나서 밤에만 이곳에 왔을 것이다. 이곳에서 먹이를 먹고 나서는 길을 따라 내려가서 낮에는 발삼전나무와 가문비나무 늪지대에 있는 물이끼가 깔린 곳에서 지낼 것이다. 사냥철이 다가오니 사냥꾼들이 뒤를 밟는다는 것을 알고 있을지도 모르겠다.

개벌지를 지나서 더 내려가니 사슴이랑 곰의 배설물이 사방에 흩어져 있었는데, 블랙베리 덩굴에는 사과가 익기 전에 곰이 다녀간 흔적이 분명히 남아 있다. 주위에 있는 어린 나무들 꼭대기의 줄기 부분은 전부 뜯겨있다. 줄기가 뜯겨 나갈수록 내년에는 곁가지가 더 많이 나올 것이다. 따라서 한동안 줄기가 많이 뜯길수록 더 많은 먹을거리가 생겨날 것이다. 그 사이에 몇몇 가지는 살아남는다. 우선은 눈덧신토끼, 다음은 사슴, 그리고 마지막으로 곰의 공격으로부터 살아남는 것들이다. 살아남은 가지들은 경쟁할 가지들이 잘려나가고 없기 때문에 빠르게 성장할 것이다. 숲을 가꾸는 데는 인력이 필요하지 않다. 동물들이 알아서 잘하고 있으니 말이다.

잡목 숲을 지나서 사냥하는 길을 따라 걷다가 고양이만 한 동물을 갑자기 맞닥뜨렸다. 새까만 색에 짧은 다리를 하고 꽁지가 풍성했는데 내 앞에서 줄행랑을 쳤다. 족제비의 친척뻘인 아메리카담비였는데 겨울에 그 흔적을 자주 볼 수 있다. 한쪽 둑에 쌓아놓아 굴이 만들어진 지 오래된 잔가지 더미에서 나타났다. 그 굴의 바로 앞에는 어린 호저 한 마리가 죽은 채 배를 드러내놓고 있었다. 사후경직이 나타나지 않았고 내 체온과 비슷하게 따뜻했다. 목에 물린 자국에서 피가 새어 나오고 있었고 아직 잡아먹힌 흔적은 없었다. 오른쪽 어깨 앞의 안쪽 피부가 아주 약간 벗겨져 있었다. 치명적인 가시로 무장하는 호저를 제압할 수 있는 동물은 담비뿐이라고 알려져 있는데, 호저의 부드러운 아랫배를 공격한다고 들었었다. 하지만 이 호저를 보니 배에는 긁힌 자국도 없다. 대신에 얼굴 쪽을 공격당했다.

호저의 치명적인 무기는 바늘이 박혀 있는 큰 근육질의 꼬리인데 이걸로 적을 후려친다. 죽은 호저의 꼬리에는 저항을 한 흔적이 있다. 담비가 사는 굴 안쪽에 있는 통나무에 날카로운 하얀색 가시가 한 줌 박혀 있는데, 꼭 작은 낚싯바늘이 달린 것처럼 보인다. 강력한 꼬리 후려치기가 엉뚱한 상대를 맞춘 것이다.

싸움터를 떠나고 얼마 되지 않아 곧 가문비나무 늪지대가 나왔다. 땅은 부드러운 녹색의 물이끼로 덮여 있었다. 습기가 많아서 활엽수는 이곳에서 자라지 못한다. 상모솔새 패거리가 땅에 바싹 붙어서 먹이를 찾고 있었다. 내가 가만히 서 있자 그중 두 마리가 내가 있는지도 모른 채 1.5미터 안으로 다가왔다.

오두막으로 되돌아가는 길에 구름이 점점 더 짙어지더니 저녁이 되어 도착했을 때는 비가 부슬부슬 내리기 시작했다. 오븐에 불을 크게 지펴서 감자 몇 개를 구웠다.

밤에 캐나다기러기의 끼룩거리는 소리에 잠이 깼다. 침대에서 벌떡 일어나 오두막 앞에 나가 섰다. 북쪽에서 와서 오두막 바로 위로 날아갔다. 남쪽으로 날아가는 기러기들의 격렬하고 활발한 울음소리에 전율이 일었다.

찰리와 사슴 사냥을 하다

풍화되어서 회색빛이 된 오두막의 통나무에 햇살이 따스하게 비쳤다. 파리 떼 몇 마리가 따뜻한 통나무를 발견하고 그 위에 앉았다. 다른 녀석들도 뒤따라 앉았더니 곧 수백 마리가 되었다. 그러다가 공기가 차가워지자 실내로 기어 들어왔다. 오두막 안의 온기로 활기를 찾은 녀석들은 닫힌 창문 앞에서 요란스럽게 움직이고 있다. 몇 시간이 지나자 여럿이 내는 소음에 짜증이 났다. 그래서 배터리로 움직이는 청소기를 이용해 커다란 흡입 소리를 내며 녀석들을 빨아들이고는 에테르로 마취시킨 후 개체 수 조사를 했다. 마지막 작업은 불필요하다고 느낄 수도 있겠지만, 만약 내가 집 안에 파리가 아주 '많다'고 했을 때 누군가가 "정확하게 몇 마리를 이야기하고 있는 것이지?"라고 물어볼 수도 있겠다는 생각이 들었다.

신문지 위에다 마취된 파리들을 펼쳐놓고 조심스럽게 100마리를 세어서 쌓아두고는 나머지도 비슷한 규모로 쌓아서 늘어놓았다. 총 31개의 더미로 3,100마리쯤 되었다. 이 정도면 꽤 '많다'고 할 수 있겠다. 하지만 나중에 알게 된 바로는 이건 그냥 아주 조금에 불과한 숫자였다.

이 파리는 흑파리과에 속하고 겨울이 되면 집의 따뜻하고 안전한 틈새에서 큰 무리를 지어 모여 있는 데서 그 이름이 붙여졌다. 집이 덥혀질 때마다 동면하러 모여 있던 곳에서 나와서 빛이 있는 곳을 향해(창문) 탈출하려고 한다. 마치 봄이 되어 지렁이를 찾으러 나가려는 듯한 모습이다. 애벌레가 지렁이에 기생하기 때문에 파리 한 마리당 지렁이 한 마리가 희생당하는 셈이다. 우리에게 익숙한 지렁이는 유럽에서 왔는데 적어도 2개 종의 흑파리 역시 유럽에서 왔다. 유럽에서 들어온 흑파리과의 파리에는 칼리포드 혹은 쇠파리가 있다. 몸이 반짝이는 녹색이나 총신빛 파란색인 이 지방의 칼리포드 파리와는 구별된다. 흑파리과의 파리는 칙칙한 검은색으로 집파리와 비슷하지만 가슴 부분에 길고 빳빳하게 선 검은색 털 사이로 쪼글쪼글하고 희끄무레한 털이 나 있다.

내 조카 찰리가 노스캐롤라이나에서 왔다. 대학원 공부를 1주일 동안 쉬고 나랑 사슴 사냥을 하러 온 것이다. 사슴 사냥이 파리의 수를 헤아리는 것보다는 이 시기에 좀 더 적당한 활동이기는 하다.

사냥 첫날에 우리는 오두막에서 걸어서 다닐 수 있는 거리 안에서 사냥을 했다. 저녁이 되자 우리는 개벌지 가장자리에 앉아서 초지로 먹이를 먹으러 나오는 사슴을 몰래 잡을 수 있기를 바라며 기다렸다. 나뭇잎들이 말라 있어서 숲이 시끄러웠다. 이따금씩 빠르게 부스럭거리는 소리가 들리는데 통나무 옆에 있는 잎들 위로 살짝 삐져나온 붉은등들쥐가 잠깐 보인다. 나는 높은 음조로 찍찍거리는 뾰족뒤쥐 소리에 익숙해졌는데 녀석들은 무슨 갈등이라도 겪고 있는 것 같았다. 하지만 좀처럼 낙엽 위쪽으로 올라오지 않기 때문에 한 마리도 보지는 못했다. 줄무늬다람쥐가 무스가 달리는 듯한 소리를 내며 마른 잎 위를 잠깐씩 종종걸음 쳤다. 여기저기서 붉은다람쥐가 요란스럽게 뛰어내려왔다가 부드러운 녹색 이끼가 폭신하게 나 있는 통나무 위로 다시 뛰어올라오곤 했다. 황혼이 질 무렵이 되자 회색다람쥐가 귀에 거슬리는 기침 소리를 냈다. 저 멀리 있는 루브라참나무 몸통을 타고 휙 올라가는 회색빛 형체를 볼 수 있었다.

낙엽이 주변 모든 생물체들이 움직이는 소리를 증폭시켰는데, 새소리 역시 마찬가지로 크게 들렸다. 큰어치가 너도밤나무 열매와 도토리를 숨기기 위해서 이따금씩 내려오는 소리가 들린다. 어치나 줄무늬다람쥐가 깡충거리는 소리는 사슴 발소리만큼이나 커서 우리는 주위에서 들리는 소리의 패턴을 파악하려고 감각을 총동원해 집중해야 했다. 땅거미가 질 무렵 나는 마침내 꾸준하고 느릿느릿한 바스락거리는 소리가 가까워지는 것을 들을 수 있었다. 다른 소리들과는 달랐다. 개벌지 쪽에서 지면에 가깝게 땅딸막한 검은색의 형체가 느릿느릿 움직이는 것을 보았다. 바로 호저였다.

다음날 우리는 바이런 길에 있는 사과 과수원 주변을 탐색했다. 제멋대로 자란 사과나무들이 있었는데, 이제 막 생긴, 수사슴이 땅을 긁은 흔적과 발자국을 발견했다. 이곳에서 우리는 각자 오르기 좋은 소나무를 골라서 다음날 아침에 와서 앉기로 했다. 우리는 오전 4시에 일어났고 오전 5시(아직도 컴컴할 때)에는 각자 선택한 나무 위에 올라가 있었다.

회색빛 새벽이 다가오자 나는 울새들이 불안한 듯 우는 소리를 들었다. 내가 앉은 소나무 옆의 사과나무에 울새 두 마리가 앉았다. 날씨가 추웠는지 두 녀석이 다 공처럼 털을 부풀리고 있었다. 한쪽으로는 부리가 다른 쪽으로는 꼬리가 나와 있을 뿐 둥그랬다. 다리하고 발은 가슴털 속에 완전히 파묻혀 있었다. 내 밑에서 부스럭거리는 소리가 들렸다. 처음에는 너무 어두워서 작은 형체가 보이지 않았지만 잠시 후에 두 마리의 흰목참새를 알아볼 수 있었다. 녀석들은 떨어진 사과와 잎을 뒤지며 먹이를 찾고 있었는데, 앞으로 작게 깡충거리며 나가다가 다시 뒤로 차고 나오는 동작으로 낙엽을 뒤집어서 그 아래에 있는 흙을 드러나게 하였다. 두 마리의 울새들이 내 옆을 떠나서 흰목참새들에게 다가갔다. 그러고는 낙엽을 발로 차는 대신에 부리로 그 녀석들을 재빠르게 휙 던져서 내팽개쳤다.

적은 수의 콩새 무리가 날아가고, 동이 트자마자 박새와 오색방울새 소리가 들렸다. 나중에 해가 뜨고 한참이 지나서 놀라운 손님이 왔다. 솔새다. 이 솔새는 검은가문비나무 습지에서 새끼를 키운다. 여기는 녀석들이 사는 지역이 아니기에 어디로 이주해가는 중인 것이 분명했다. 이렇게 늦은 계절에 솔새를 보게 되어 놀랐다. 솔새의 누리끼리한 올리브 그린색 무늬가 있는 깃털이 매우 아름다웠다. 흥미롭게도 녀석은 상관도 없는 할미새와 피비가 그러는 것처럼 붉은 갈색의 꼬리를 위아래로 리듬

감 있게 흔들었다.

붉은다람쥐도 아침에 일찍 일어났다. 가로놓인 통나무 위를 종종걸음 치며 가다가 작은 곰팡이를 무느라 잠시 멈추었다. 앞발에 곰팡이를 묻힌 채 궁둥이를 대고 앉아 몇 입 먹고는 다시 일어나 반쯤 먹은 것을 떨어뜨리고, 계속해서 두 번째 곰팡이도 똑같이 물어뜯고, 세 번째도 그렇게 한다. 그러더니 내가 있는 곳 근처로 달려와서는 쌓인 낙엽 아래쪽을 헤집어서 축축한 가문비나무 열매를 끄집어낸다. 다시 통나무 위로 깡충 올라가서는 열매를 마치 옥수숫대처럼 들고 넓은 쪽부터 돌려가면서 씹는다. 포엽을 떼어내서 아래에 있는 씨앗을 먹는다. 몇 초 동안 다람쥐는 소나무 가지 뒤에 앉아 있었기에 내가 있는 쪽을 잘 보지 못했다. 녀석은 긴장한 듯이 서둘러 앞뒤로 움직이다가, 다시 내가 잘 보이는 쪽으로 나와서는 왼쪽 눈의 시선을 나에게 향한 채 식사를 계속하기 시작했다. 녀석의 머리 옆에 있는 눈은 사방을 볼 수 있는 위치에 자리 잡고 있으나 포엽을 떼어내서 그 안의 씨앗을 빼 먹을 정도의 기술적인 조작을 할 시력은 없다. 이런 작업은 아마도 촉감에 의존하거나 추측해서 행할 것이다. 다람쥐는 내내 나로부터 겨우 3미터도 되지 않는 거리에 있었다. 비록 경계하는 눈으로(혹은 흥미로운 눈으로) 나를 쳐다보기는 했으나 그렇게 두려워하는 것 같지는 않았다.

회색다람쥐는 도시에 사는데 사람의 손에서 먹이를 받아먹는다. 하지만 이곳 숲 속에서 회색다람쥐는 붉은다람쥐와는 다르게 겁이 많은 동물 중에 하나다. 활엽수림 산마루에서 녀석들을 볼 수는 있지만 그러려면 가만히 앉아서 참을성 있게 기다려야만 한다. 10분에서 20분 후쯤에 한 마리가 찍찍거리기 시작할 것이다. 하지만 한 발사국 내딛기만 하면

바로 나무 몸통 뒤로 숨을 것이다. 다람쥐는 사람의 움직임을 귀로 감지
하고 항상 사람의 반대편에 있는 나무 뒤에 몸을 바싹 붙여서 숨은 채로
있을 것이다. 녀석이 올라간 나무 주변을 걸어 다녀도 놈을 볼 수는 없을
것이다. 나는 하얀 꼬리 수사슴이 비슷한 행동을 하는 것을 본 적이 있는
데, 바위 뒤에 숨어 있다가 내가 다가가 걸으면 납작 엎드려서 배로 기
면서 반대쪽으로 움직였다. 바람이 불지 않는데 이상하게도 어린 나무
가 움직여서 알아차리게 되었다. 사슴은 마치 자기가 눈에 띌 수 있고 실
제로 내가 자기를 보았다는 사실을 '알고' 있다는 듯이 행동했다. 이러한
반응은 단순한 본능적인 대응이 아니라 높은 의식이 있음을 의미하는 것
일까? 사슴이나 다람쥐가 자기를 쫓는 상대방의 시각에서 자신을 바라
볼 수 있을까? 이러한 능력이 큰까마귀, 캐나다기러기를 비롯한 겁이 많
은 생명체들을 길들여서 인간의 문명에 적응하도록 할 수 있을까?

우리는 두 시간이 지난 후에 땅으로 내려와서는 호수 북쪽 끝 부근에
있는 포터 힐 등성이를 오르락내리락하며 한동안 걸어 다녔다. 서쪽으로
향해 있는 언덕 위쪽에서 오래되고 아무도 손대지 않은 듯이 보이는 숲
을 발견하고는 놀랐다. 나무들이 그렇게 크지는 않았다 – 두께가 60센티
미터 이상 되거나 키가 15미터가 넘는 나무는 없었다 – 더 큰 나무는 예
전에 잘린 후 부식돼 그루터기의 흔적은 보이지 않았다. 그곳에 서 있는
많은 오래된 나무들이 늙고 병들어 보였다. 서 있는 나무들과 비슷한 크
기의 다른 나무들은 쓰러져서 서서히 부식되어 흙으로 돌아가는 중이었
다. 그런 나무들은 녹색의 이끼로 뒤덮여 있었다. 만일 이곳에서 벌채가
이루어졌다면 지금 엎어진 채 썩어가는 나무들은 분명 40년에서 50년

전에 베어졌을 것이다. 이곳에서는 어린 나무, 오래된 나무, 썩어가는 쓰러진 나무 들의 자연스러운 진행 과정을 볼 수 있다. 참나무, 흰자작나무, 사탕단풍나무, 가문비나무가 자라고 발삼전나무, 너도밤나무, 서어나무, 미국물푸레나무가 섞인 아름다운 혼합림이었다.

포터 힐 언덕배기를 더 내려가면 벌목을 한 흔적을 볼 수 있다. 남쪽으로 향한 경사면으로 가서 아름다운 너도밤나무와 참나무 숲을 길어 지나갔다. 이곳의 나무들은 위쪽에 있는 처녀림과는 달리 전부 크고 훨씬 왕성하게 자라고 있다. 하지만 아무도 건드리지 않은 숲이라면 으레 있을 반쯤 썩거나 죽은 나무는 없었는데, 죽어서 땅 위에 쓰러진 큰 나무조차도 없었다.

언덕을 더 내려가 우리는 돌담이 있고 가운데에 오래된 사과나무가 있는 새로 생겨난 숲에 다다랐다. 이곳의 땅 위에 농장에서 난 것처럼 길이 생겨났다. 여기서 우리는 남은 세 시간의 낮 시간 동안 오래된 사과나무 꼭대기에 앉아 있었다. 이 사과농장은 이제 막 야생의 숲으로 변해가는 중이어서 아직도 사과가 열린다. 전에는 본 적이 없는 종류의 사과도 있었다. 어떤 것들은 매우 맛이 좋았다. 내가 있는 언덕에서처럼 이들 야생 사과에는 벌레가 없었다. 대부분 모양이 제대로 잡혀 있고 곰팡이나 좀 벌레로 일그러져 있지도 않았다. 나는 속으로 이른 봄에 접붙이기를 할 어린 가지를 가지러 다시 와야겠다고 생각했다.

돌담이 에워싸고 있는 과수원 전체에는 숲이 극적으로 침범해 있었다. 돌담 따위는 아랑곳하지 않는다. 물푸레나무와 사탕단풍나무는 빛을 향한 무자비한 투쟁 속에서도, 사과나무들 사이에서 솟아나와 자라고 있었다. 죽음을 무릅쓴 선투인데, 아마도 여기에서 사과나무는 패배할 것으로 보인다. 과수업자는 다른 경쟁자가 생기지 않도록 밭을 잘 솎아내며 사과나무를 애지중지 키워왔을 것이다. 사과나무는 그런 이득을 누리며 쉽게 자랄 수 있었는데, 이제는 나무의 몸통에서 가지를 사방으로 뻗어서 할 수 있는 한 많은 빛을 받으려고 애쓰고 있다.

점차로 과수업자들이 이곳을 떠나게 되어 이제 나무들은 혼자서 자라야 한다. 지금은 사과나무들의 가지가 자라서 서로 닿을 듯하다. 그렇지만 아직 햇빛을 향한 무지막지한 경쟁에 돌입하지는 않았다. 수년이 지나면 햇빛이 모자라다는 것을 알게 될 것이다. 그 사실을 깨달을 때는 이미 세월이 지난 뒤라 어쩔 수 없게 될 것이다.

과수업자들이 떠난 이후로 수천 수백만 개의 나무 씨앗들이 숲에서부터 날아왔다. 사탕단풍나무 씨앗은 작은 헬리콥터처럼 바람을 타고 날아서 가을에 나무 아래에 자리 잡게 된다. 수년 동안 물푸레나무, 단풍나무 씨앗 들이 땅에 떨어져 싹이 나왔다. 어린 묘목들은 그저 한 가지 방법으로, 즉 똑바로 위를 향해서 자란다. 묘목들은 사방에서 빽빽하게 자라는데 매년 죽는 나무들만 해도 수백만 그루가 된다. 가느다란 막대 같은 줄기가 몇몇 남아 있는데 격자 모양으로 뻗어져 위를 향해 있다. 매우 가느다란 물푸레나무와 단풍나무 줄기는 드디어 사과나무 위쪽의 빛에 닿았는데, 사과나무들이 이에 반응하기 시작하였다. 사과나무는 나무마다 가지를 위로 뻗고 있으나 수관이 넓었기 때문에 많은 가지를 만들어내며 에너지가 분산되는 반면, 물푸레나무와 단풍나무는 일찍 경쟁에서 살아남기 위해서 모든 에너지를 한 개의 위로 솟은 줄기에 모았다. 지금은 위쪽의 햇빛을 받아서 위에서 가지를 생성하기 시작하고 과거에 자신의 적이었던 밑에 있는 사과나무에게 빛을 뺏기지 않으려 하고 있다. 이제 나무 몸통은 위쪽 잎들이 자라면서 더 두꺼워질 것이다. 100년 동안 살았던 사과나무는 10년 후면 죽게 되리라. 몇 그루의 물푸레나무가 벌써 씨앗을 만들어 여물어 있는 것을 보았다. 솔콩새와 콩새 들이 올 겨울에 배불리 먹을 것이다. 뇌조 한 마리가 옆에 있는 사과나무에 내려앉았더니 땅으로 내려와서는 걸어가 버린다.

우리는 일주일 내내 사슴을 한 마리도 보지 못하였다. 사슴은 지금 밤에만 움직인다. 어린 전나무가 빽빽하게 덤불처럼 자라 있는, 최근 개벌한 곳에 있는 늪지대까지 흔적을 쫓아갔다. 틀림없이 녀석들은 낮에 여기서 잠을 자는 모양이다. 하지만 이렇게 나무가 빽빽하게 자라는 곳에서 사슴을 보려면 4.5미터 정도까지 가까이 가야 볼 수 있다. 하지만 그럴 가능성은 희박하다.

11월 3일 화요일에 찰리와 나는 평소처럼 동이 트기 전에 숲으로 향했다. 우리는 대부분의 시간을 함께 보냈는데 가끔 한 시간 정도 휴식을 취하기도 하면서 천천히 걷다가 오후 3시쯤이 되어서야 각자 나무에 올라가 해질 때까지 기다렸다.

살짝 내리는 비를 맞으며 큰 나뭇가지에 앉아 있으니 마치 다른 세계에 와 있는 것 같았다. 내 모든 감각은 외부로 향해 있었기 때문에 나는 이런저런 상상을 마음대로 자유롭게 했다. 앞쪽에 한때는 농장과 밭이었던 곳이 보였다. 지금은 지하저장고였던 구덩이만이 남아 있다. 예전에는 숲을 지나 시골길을 내려가서 학교를 다니던 아이들도 있었을 것이다. 썰매와 마차가 있었을 테고 사과를 따기도 하고 추운 겨울밤에는 뜨거운 사과주도 마셨을 것이다. 이 숲에서 어린 소녀가 자랐으리라는 것도 상상할 수 있다 - 아래쪽 묘지에 있는 묘비에 씌어 있기로는 21살에 죽었다고 한다. - 한때 이곳은 늑대가 살던 야생의 땅이었다. 그러다가 사과나무가 심어졌고 어린 소녀는 사과를 땄을 것이다. 이제는 내가 다시 숲으로 둘러싸인 사과나무 위에 올라앉아 있다. 우리가 의식을 갖게 된다는 것이 '저주스러운' 이유는 죽음이라는 것을 알게 되기 때문이다. 하지만 동시에 삶 전체를 바라볼 수도 있게 된다. 그리고 그렇게 삶의 과정을 알게 되면 각각의 죽음은 덜 외롭게 느껴진다. 왜냐하면 생명이란 항상 다른 것과 연결돼 있기 때문이다. 생명은 결코 죽지 않는다.

바깥세상에서는 오늘 대통령 선거가 치러졌다. 찰리와 나는 그 이야기는 하지 않았다. (나는 이미 부재자 투표를 마쳤다.) 아마 수십만 명의 사람들이 뉴멕시코, 뉴햄프셔 등에서 나오는 최신 성보를 파악하기 위해서 CNN을 보며 초조하게 상황을 지켜보고 있을 것이다. 어차피 곧 나올 결과를 알려고 몇 시간이고 지켜보는 까닭을 나는 이해할 수가 없다.

집으로 돌아오면서 우리는 마을 가게에 들렀다. "찰리, 저녁으로 붉은 강낭콩 캔은 어때?"

"좋아요." 트럭에서 뛰어내린 찰리는 2분 후에 콩과 함께 새로 뽑힌 대통령에 대한 소식도 가지고 돌아왔다.

"그렇군." 내가 말을 이었다. "그런데 디저트로 피넛버터 컵도 잊지 않고 사왔지?"

11월 8~9일
…잭일까?

그저께 밤에 내린 눈이 살짝 얼어붙었다. 오래된 사과나무가 자라는 개울가가 있는 동쪽을 향해 걸이 내려가다가 지난밤에 생긴 사슴의 흔적을 발견했다. 여러 마리였다. 개울을 따라 굵은 전나무와 가문비나무가 자라는 컴컴한 숲이 있는 북쪽으로 가는데, 갑자기 요란한 소리가 나서 보니 무언가 하얀 것이 휙 지나갔다. 동물 한 마리가 나를 보고 화들짝 놀란 것이다. 물론 1킬로미터도 더 떨어져 있을 때부터 내가 오는 소리를 듣고 있었을 것이다.

챈들러 힐 부근에서 방향을 바꿔서 활엽수가 가득한 개면 리지로 가보았다. 사슴이 왔던 것 같지는 않다. 하지만 벌목으로 생긴 빈터에 큰까마귀 여러 마리가 모여서 어슬렁거리며 놀고 있는 것을 보게 되었다. 녀석들은 땅에 있는 막대기를 뽑거나 썩어가는 그루터기를 쪼아대거나 그 밖의 다른 의미 없는 행동들을 하면서 빈둥거리고 있었다. 이 녀석들은 아마도 여기서 1.6킬로미터 정도 떨어진 오두막 근처에 내가 놓아둔 송아지 고기를 먹던 놈들인 것 같다…. 큰까마귀들은 날아다니니까.

휴튼 리지에서 집으로 돌아가기 위해 남쪽으로 향했다. 언덕을 오르면서 한 살배기 무스와 곰의 발자국을 지나쳤다. 이렇게 늦은 시기에 곰 발자국을 봐서 놀랐다.

날이 거의 어두워졌다. 오두막으로 와보니 큰까마귀들은 소나무에 있는 자기들 횃대로 돌아와서 시끄럽게 떠들며 잠자리에 들려고 하고 있다. 큰까마귀들은 티격태격하면서 신이 나 있었다. 나는 이런 녀석들을 곁에 두려고 그동안 먹이를 주고 있었던 것이다. 이 녀석들은 뭔가 다른 것을 발견한 걸까? 구름이 흐르며 거의 보름에 가까워지는 달을 가리고, 개면 리지 어딘가에서 깊은 목소리로 울부짖는 소리가 들린다. 멋진 바리톤의 풍부하고 울림이 있는 소리가 신비로운 밤의 분위기를 고조시킨다. 느리고 나른한 듯한 단조로운 소리 뒤로 깽깽 소리가 나더니 짖는 소리가 이어지고 곧 울부짖음이 들린다. 다른 소리들도 함께 들렸는데, 어떤 소리는 내가 있는 언덕에서 나는 것이었다. 나는 사슴들이 밤에 이런 소리를 들으면 무슨 생각을 할지 궁금했다. 한 번은 전나무 사이로 나를 훔쳐보는 개 한 마리를 본 적이 있다. 분명히 회색늑대같아 보였다. 9개월 후에 늑대 – 검은색이고 30킬로그램 나가는 암놈 - 이 메인 북부 끝쪽에서 사살되었다.

나는 또 다른 늑대, 코요테가 부르는 세레나데를 들으며 잠이 들었다. 그리고 오늘 아침에는 느릿하고 쉰 목소리로 음정에 맞춰 오르락내리락하다가 빠르게 스타카토로 낑낑대며 우는 소리에 잠이 깨었다.

다음날 오후 3시에 큰까마귀들이 횟대로 돌아오는 것을 지켜보려고 내 가문비나무 전망대로 올라갔다.

시계가 아주 좋아서 자동차로 90분 거리에 있는 서쪽의 마운트 위싱턴이 보일 정도였다. 애를 태우며 한 시간 동안이나 기다렸지만 큰까마귀는 한 마리도 보이지 않았다. 오후 4시경에 해가 기울면서 화이트 마운틴 산맥의 지평선 부근을 오렌지빛으로 물들이고, 하얗고 둥근 보름달이 검푸른 동쪽 하늘에서 떠오르고 있다. 지평선 쪽 맑은 하늘에서 검은색 형체가 나타났다! 혼자 나는 놈, 짝을 지어 나는 녀석들과 듬성듬성 몰려서 오는 녀석들 열두 마리 정도가 사방에서 오고 있다. 주위가 온통 산으로 둘러싸인 거대한 경기장 같은 하늘에서 이쪽으로 다가오는 녀석들의 모습이 마법처럼 느껴졌다. 천천히 노를 젓는 듯한 날갯짓으로 보기보다 훨씬 먼 거리를 날아간다. 차분하고 춥고 맑은 하늘은 까마귀들의 세상이다. 이들이 날아가는 모습보다 더 우아한 광경은 상상하기 어렵다.

큰까마귀들은 나무 꼭대기 높이로 다가왔는데 아주 높이 날아왔다. 하늘 높은 곳에서 날개를 쭉 펴서 급격히 기울어져 날다가 나선형을 그리며 내려왔다. 하지만 아래쪽으로 낙하하면서 어떤 녀석들은 한쪽 날개를 접고 한쪽으로 몸을 기울였다. 한 마리가 양 날개를 접고 떨어지다가 눈 깜짝할 사이에 한 바퀴를 돌더니 계속 밑으로 떨어졌다. 대부분 천천히 날았지만 높은 가지에 앉아 있는 내 옆을 바싹 스쳐간 몇몇 녀석들은 힘껏 격렬하고 빠른 날갯짓을 해서 강한 프로펠러처럼 공기를 가르고 지나갔다. 그들이 지나갈 때 주변을 경계하면서 머리를 재빨리 이리저리 상하좌우로 돌리는 것을 볼 수 있었다. 대부분의 새들은 날아갈 때 부리를 앞으로 향해 날아가는 데 반해 이 녀석들은 심지어 어깨 너머까지 살피면서 날아간다.

오늘 저녁에 되돌아온 첫 번째 무리인 세 마리의 큰까마귀는 크게 원을 그리듯 산들 사이로 16킬로미터나 되는 노선을 타고 날아서 돌아왔다. 대부분은 그보다 작은 노선으로 돈다. 몇 마리만이 횃대로 바로 내려왔다. 대부분의 큰까마귀는 착륙을 서두르지 않았다. 그렇게 새들이 계속 왔다 갔다 해서, 커다랗고 혼잡한 공항에서 많은 비행기들이 착륙 전에 대기하며 돌듯이 공중에서 교통체증이 생겼다.

서쪽 하늘은 어느새 지평선 쪽이 짙은 오렌지색으로, 그 위가 노란색으로 물들어 있었다. 블루 마운틴 산맥의 검은 윤곽이 드러나 보인다. 열다섯 마리의 큰까마귀 무리가 내 옆을 지나서 약 1.6킬로미터 떨어진 라킨 힐을 향해 서쪽으로 날아갔다. 그곳에서 녀석들은 멈춰서 원을 그리고 짝을 지어 내려가서는 적어도 20분 넘게 활기차게 날아다닌다. 녀석들은 상승기류를 타고 놀거나 산 쪽으로 쌩 하고 내려가는 것을 좋아하는 듯하다. 열다섯 마리의 무리는 차츰 흩어진다. 그들 중 작은 무리 하나가 갑자기 언덕을 떠나서 직선으로 서쪽 너머로 날아간다. 그러더니 그 녀석들이 떠나고 몇 분이 지난 후에 다른 무리가 같은 방향으로 날아가고 겨우 세 마리의 새들만이 남아서 계속 놀며 날아다닌다. 이 세 마리마저 흩어졌을 무렵에는 거의 어두워졌는데 녀석들은 곧바로 나를 향해 날아와서, 지체하지 않고 소나무 가지 횃대에 내려앉는다. 돌아오지 않은 다른 녀석들은 아마도 더 멀리 있는 다른 횃대를 찾아 나섰을 것이다. 새벽 무렵이 되자 오두막 근처에 있던 바닥난 먹이 주위에는 큰까마귀가 한 마리도 보이지 않게 되었다. 밤이 되자 남아 있던 새들마저 떠나버렸다.

비록 새들의 행동에 어떤 의미가 있는지 잘 알지는 못하지만 나와 다른 이들이 지난 8년 동안 이곳에서 관찰했던 것과 일맥상통하는 부분이 있다. 새들은 금방 또 다른 고깃덩어리들이 필요해질 것이다. 오늘은 날아다니기에 아주 좋은 날이어서 녀석들은 새로운 고기를 찾기 위해 사방으로 흩어졌을 것이다. 마치 내가 사슴 사냥을 하러 숲으로 들어가서는 여기저기 재미삼아 돌아다니는 모습과도 같다. 몇몇 작은 큰까마귀 무리들은 아마도 사슴 내장 같은 고기를 찾았을 것이다. 그러고는 저녁에 이곳 횃대가 있는 곳으로 돌아와서 기분 좋게 공중에서 놀곤 한다. 다른 녀석들도 신나게 함께 논다. 그러다 잠잘 시간이 되면 새로운 먹을거리 생각에 서쪽으로 날아가고 몇몇은 따라간다. 내가 보기에 이들의 이런 행동은 진화 과정에서 생긴 먹이를 나누는 가장 우아한 방법이다. 아무도 누군가가 먹이를 나눠주겠지 하는 불확실한 생각에 의존하지 않기 때문이다.

나는 큰까마귀들이 횃대로 되돌아오는 모습을 몇 날 밤 동안 지켜보았는데, 늘 잭이 그들과 함께 있는지 궁금했다. 그러다 마침내 올해가 끝날 무렵 어느 저녁에 녀석을 본 것 같다. 다른 때와는 다르게 큰까마귀 한 마리가 편대에서 벗어나 가문비나무 꼭대기에서 날개를 펄럭이며 내 주변을 날아다녔던 것이다. 녀석이 내 주변의 4.5미터 거리 안에 들어오자 나는 기대에 차서 손을 뻗어 "잭! 잭! 이리와!"라고 외쳤지만 녀석은 답을 하지 않았다. 그저 나를 빤히 쳐다보더니 소나무에 있는 횃대로 날아가서 다른 녀석들과 합류하였다. 몇 분 후에 녀석은 다시 횃대를 떠나서 내 주변을 날았고, 그러다 다시 동료들에게 돌아갔다.

혼자 힘으로 달을 알아가는 일의 즐거움

다른 사람들처럼 나도 어떤 때는 달이 보름이 되었다가 기울어지고,

다시 시작되어 또다시 보름이 된다는 것을 알고 있다. 어떤 때는 낮에도 달이 보이고 그렇지 않으면 늘 밤에 보인다. 요즘 달을 매일 보다 보니 나는 처음으로 달의 패턴을 알아보고 싶어졌다. 물론 과학은 이미 모든 것을 상세하게 파악하고 있다. 하지만 그럼에도 나는 잘 이해되지 않았다. 나는 우리 조상들이 그러했던 것처럼 혼자 힘으로 달에 대해 알아내고 싶었다.

나는 달이 동쪽에서 떠오른다는 사실부터 놀라웠다. 만약 달의 궤도가 지구를 도는 것이라면(이 정도가 내가 알고 있는 유일한 사실이다) 그쪽에서만 달이 뜨는 것이 이상했다. 인공위성은 사방팔방 돌아다니니 말이다.

오늘 달은 보름달인데 해가 지자 지평선 반대편에서 해를 대신하듯이 바로 떠올랐다. 달이 밤새 하늘 위를 건너서 서쪽에서 진다는 것을 알게 되었는데, 달이 지면 해가 또다시 동쪽에서 뜨는 것이다. 낮에는 하늘에서 달의 모습이 보이지 않는다. 낮에 하늘에 떠 있는 달은 항상 초승달이라는 것도 알게 되었다. 그러면 지구의 자전과 지구 주위를 도는 달의 궤도의 관계는 어떻게 되는 것인가? 둘 다 동시에 일어난다. 내가 그 둘을 어떻게 구분하나? 해가 지구 주위를 도는 것 같지만 사실은 돌고 있지 않은데?

우선 추정해보자면 달이 뜨고 지는 일정이 24시간에 가깝다는 것이 우연은 아닐 것이다. 그것은 지구가 달의 궤도 안에서 매일 한 바퀴씩 도는 동안 달도 상대적으로 고정된 위치를 매일 유지해야 한다는 뜻이다. 그러므로 만일 달이 태양과 관련하여 상대적으로 안정된 위치에 머물러 있다면, 보름달이 이곳에서 뜰 때면 지구 어디에서도 보름달이어야 한다. 나는 이런 사실을 처음으로 깨달았다.

항상 달의 같은 쪽 표면과 그 표면에 있는 '바다'의 모습을 보기 때문에 달이 자전하지 않는 것을 알 수 있다. 하지만 항상 반은 빛나고 반은 어두우려면 달이 둥글고 오로지 태양을 통해서만 빛나야 하며, 지구 주변을 도는 달의 궤도는(달의 공전 패도는) 자전하는 지구와 같은 수평면에 존재해야 한다. 간단한 그림을 그려서 보니 달의 궤도가 지구의 극 쪽에 있으면 우리는 항상 반달밖에 보지 못하는 것을 알 수 있었다. 이제 달의 궤도에 대해 대강 알게 되자 나는 갑자기 일식은 왜 달이 지구의 그림자에 완전히 가려져 있을 때만 일어나는지, 또 월식은 왜 보름일 때만 일어나는지 이해할 수 있게 되었다.

달이 도는 속도보다 지구의 자전 속도가 훨씬 빠르기 때문에 달은 태양처럼 뜨고 져야 한다. 그렇다면 달은 어떤 방향으로 돌고 있는가? 지구가 도는 것과 같은 방향으로 도는가, 아니면 반대 방향인가?

달이 지구 주위의 궤도를 따르지 않는다면 달은 매일 정확하게 24시간마다 떠오를 것이다. 만일 달이 매일 늦게 떠오르면 지구 궤도에서 벗어나고 있거나 지구의 자전 방향대로 움직이고 있는 것이어서 지구가 따라잡아야 한다. 하지만 만약 달의 궤도가 지구 궤도와 반대 방향이라면 달이 먼저 이동해버릴 것인데, 둘이 도는 속도가 더해져서 달이 더 빠르고 일찍 떠오르게 될 것이다. 얼마나 더 빨라지고 느려지는 것일까?

달이 지구 주위를 약 28일 동안 360도를 돈다면 달은 하루에 12.9도를 움직인다. 이 숫자를 시간으로 변환해보자. 지구는 매 24시간마다 360도를 도는데 이는 시간당 15도가 된다. 그래서 15도가 한 시간이라면 12.9도는 끝수(.86)를 버린 한 시간 혹은 51분이 된다. 그렇다면 난 이제 예측할 수 있다! 내 예상이 맞는지 오늘과 내일 달이 뜨는 시각을 확인해 봐야겠다. 만일 달이 51분씩 일찍 뜬다면 지구랑 반대 방향으로 도는 것이고 51분 늦게 뜬다면 지구랑 같은 방향인 것이다.

정밀한 지시와 도구 없이는 나는 달이 뜨는 시각을 정확하게 알 수 없을 것이다. 하지만 달이 산등성이에 떠오르는 모습을 며칠 동안 관찰하니 달이 매일 밤 거의 1시간씩 늦게 뜬다는 것을 알게 되었다. 그래서 지구의 자전과 달의 공전 궤도가 같은 수평면에 있을뿐더러 대략적으로 같은 방향이라는 것을 알게 되었다. 이러한 사실들을 '발견'하는 것은 그냥 책에서 배우는 것과 다르다. 발견하는 것은 진짜로 내 자신이 알게 되는 것이고 그러한 과정은 아주 즐거운 것이다. 나는 왜 초등학교를 다닐 때 우리 선생님이 반 전체를 운동장으로 데리고 나가서 달을 바라보며 이 세계가 아주 이치에 맞게 잘 돌아가고 있다는 것을 알려주지 않았을까 궁금해진다.

천문학자와 행성학자 들은 비록 달이 불활성의 거대한 바위에 불과하지만 지구의 생명체들은 달에 의존해서 살아간다고 말한다. 달은 아마도 화성 크기의 물체와 지구가 부딪혔을 때 그 충격으로 우주 공간에 떨어진 파편일 것이다. 그 충돌이 지구를 돌게 만들어서 우리에게 밤과 낮을 만들어주었다. 우리는 태양으로부터 축을 중심으로 혹은 약 23.5도 기울어져서 돈다. 이렇게 기울어져 있기 때문에 계절이 생긴다. 동시에 달은 안정되게 중력으로 지구를 끌어당겨서 지구가 갈팡질팡하며 온도가 심하게 오르내리지 않도록 한다. 천문학자들은 1도만 기울기가 변해도 빙하기가 시작될 수 있으며 달이 우리를 잡아주지 않는다면 지구의 기울기는 환경에 참혹한 피해를 초래했을 것이라고 말한다. 계절의 변화가 없는 시대와 계절이 심하게 변화하는 시대가 번갈아 오기 때문에 생태계는 큰까마귀 같은 생명체들이 진화하여 살아갈 수 있을 만큼 안정되지 못했을 것이다.

습관이 허물어지다

지금까지 나는 거의 매일 아침에 면도를 했다. 내 일상에 무엇인가 뼈대가 되어줄 일과가 필요하다고 여겼기 때문이다. 면도가 그 시작이었다. 하지만 흰꼬리사슴을 찾아 나서기 위해 동이 틀 무렵인 오전 4시에 일어나면, 일단 제일 먼저 떠오르는 생각은 한 잔의 커피였다. 탁자 위에 있는 등유 램프의 미미한 불꽃은 난로 하나 제대로 비추지 못하므로 어둠 속에서 더듬거리며 커피가루에 뜨거운 물을 붓는다. 커피필터에 제대로 겨냥했는지 확인하기 위해서 손전등으로 살펴본다. 위쪽에 있는 틈새를 따라 깜박거리는 노란색 불빛만 보일 뿐, 난로는 그저 검은색이다. 면도칼을 찾을 여유도 없을뿐더러 제대로 사용하기는 더 힘들다. 그렇다면 밤에는? 깜깜한 오두막으로 돌아온 뒤에 뭣하러 면도를 하자고 또 더듬거린단 말인가? 이삼일 동안 면도를 못하게 되면 하루 더 안 한다고 달라질 것도 없다. 나는 이미 살짝 자라서 억세진 수염에 익숙해지고 있다. 이제야 처음으로 수염에 흰털이 섞여 있다는 것을 알게 되었다.

먹는 것 또한 변하게 되었다. 아침에 먹는 시리얼 외에 나는 더 이상 요리를 하지 않게 되었다. 다른 동물들처럼 나는 배가 고플 때 먹고 형편이 되는 때에 먹는다. 난로가 뜨거워지면 감자 몇 개를 그 속에 넣고 구워 저녁으로 먹는다. 저녁에 땅콩을 안주 삼아 맥주를 마시거나 붉은강낭콩 통조림을 뜯기도 한다. 숲으로 나갈 때면 주머니에 건포도와 사과하나 혹은 크래커 몇 개를 넣고 간다.

나는 내가 가진 것을 함께 나눌 가족 말고는 원하는 것이 아무것도 없다.

11월 15일
다양하게, 이끼처럼 지의류처럼

라이플총으로 무장하고 오늘도 나무 위에서 해가 지는 것을 바라보는 의례적인 행동을 반복한다. 오늘 오후에는 온화한 바람이 분다. 근처에 있는 물푸레나무에는 마른 주황색 씨앗들이 커튼처럼 잔뜩 매달려 있는데, 바람이 불자 어울리지 않게 해변에 밀려드는 파도 소리 같은 게 들린다. 내 밑에 있는 바삭바삭한 낙엽은 순간적으로 바람이 세게 불면 둥지에서 밥 달라고 조르는 조그마한 새끼 새 소리 같은 높고 작은 삑 소리와 함께 바스락거린다. 뾰족뒤쥐 소리도 난다. 녀석들에게 익숙해진 나는 매일 도처에서 그 소리를 들을 수 있다. 왜 낙엽을 들쑤시고 다닐 때 찍찍거리는 소리를 내는 것일까? 뾰족뒤쥐의 소리를 듣기 위해서는 어떤 소리인지 알고 귀를 기울여야 한다. 하지만 붉은다람쥐의 괴상한 소리는 금방 알아챌 수 있다. 붉은다람쥐는 스타카토 음을 내듯 더듬거리며 기침을 하고, 제대로 작동되지 않아 기름칠이 필요한 자전거처럼 끼익거리는 소리로 떠들어댄다. 다람쥐는 뒷발을 위아래로 쾅쾅 치면서 입으로 리듬에 맞춰 소리를 내는데 물론 노래하려고 그러는 것이 아니라 뭔가를 강조하고 싶어서 그러는 것이다. 그러다가 갑자기 부드럽게 찍찍거리는데 미니어처 체인톱 소리로 착각할 것 같은 소리다. 이제 다람쥐가 땅으로 내려와서는 마른 잎들 사이로 깡충거리며 요란스럽게 뛰어다니는데, 직접 보지 않았다면 작은 수사슴이나 적어도 암사슴 정도가 내는 소리라 여겼을 것이다. 잎 위에서 내는 다람쥐의 소리 패턴은 다양한데 나무에서 나무로 옮겨가다가 땅에서 깡충거리고 갈 수도 있고, 단풍나무 씨앗을 먹으려고 나무마다 멈춰 설 수도 있고, 아니면 짧은 거리를 그냥 뛰어갈지도 모른다.

내가 앉아 있는 나무에서 보거나 왔다갔다 다니다 보면 회색과 흰색의 나무 몸통이 두드러지게 보이고 그 밑에 갈색 낙엽이 만화경 같은 무늬로 펼쳐져 있는 광경을 볼 수 있다. 사슴을 잡으려고 기다리다가 실제 사슴을 보게 되는 일은 아주 드물지만, 그때를 기다리면서 숲을 바라보는 것은 매우 즐거웠다. 특히 이끼와 지의류의 놀랍도록 아름다운 모습은 지금이 한창이다. 나무 위가 잎으로 덮여 있고 땅에 허브와 작은 묘목이 덮여 있을 때에는 이런 이끼들은 눈에 띄지 않았다. 지금은 이끼들이 화려하게 빛나고 있다.

이끼는 낙엽이 뒤덮고 있지 않은 곳이라면 어디에나 자라고 있다. 오래되어 썩은 그루터기와 쓰러진 채 부식되고 있는 나무 들은 초록색 이끼로 된 옷을 입고 있다. 땅에 솟아나 있는 바위들에는 텁수룩한 녹색 이끼 아니면 회색 지의류 혹은 그 두 가지 모두가 작은 쿠션이나 얇은 이불처럼 덮여 있었다. 또한 나무의 몸통은 아랫부분이 밝은 녹색으로 둘러싸여 있었다. 활엽수가 없어서 낙엽이 생장을 방해하지 않는 더 축축한 곳에서는 이 강하면서 섬세한 식물들이 땅을 뒤덮고 있다.

올더 강 근처로 내려가 마른 오렌지빛 습지대의 풀과 회색 점이 있는 오리나무를 지나고 아메리카낙엽송이 있는 곳으로 가면, 가장자리가 흐린 오렌지색 물이끼가 푹신한 쿠션처럼 덮인 곳을 지나게 된다. 이끼는 부드러운 스펀지 같지만 탄력은 없다. 무스와 사슴의 발굽 자국은 몇 주 동안 혹은 몇 달 동안이나 남아 있다. 물이끼는 또 절벽 위, 가문비나무 숲, 땅바닥에 숨어 있는 돌들이 물기를 품고 있는 곳이라면 어디든지 자란다. 침엽수림같이 땅이 약간 건조한 곳은 연한 터키석 같은 색의 이끼가 부드럽고 둥근 작은 언덕을 이루고 있다. 이런 무더기는 그 크기가 동전만 한 것부터 농구공만 한 것까지 다양하다.

보통 물이끼(특정한 종류는 오로지 전문가들만이 구분할 수 있다)와 부드럽고 둥근 이끼 언덕은 둘 다 먼 거리에서 보면 확연하게 두드러져 보인다. 하지만 돌, 그루터기, 통나무에 녹색의 때처럼 낀 이끼들은 다 그게 그것인 듯 뒤섞여서 자란다. 그러나 몸을 수그리고 이끼를 자세히 관찰하면 그곳에서 또 다른 흥미로운 모습을 지닌 세상을 만나게 된다. 이끼에는 여러 가지 모양이 있는데 제각각 고유의 아름다운 색조를 지니고 있다. 밝은 에메랄드색, 암녹색, 노란빛이 도는 녹색 등이다. 아주 보드랍고 섬세한 벨벳 같은 질감에 암녹색을 띠고 있는 껍질 같은 이끼도 있다. 또 다른 벨벳이나 털 같은 이끼에서는 섬유질을 거의 볼 수 없는데 끝 쪽이 엷은 갈색이다. 어떤 바위들은 검정빛을 띤 말린 후추열매 같은 억센 이끼

로 덮여 있다. 짧게 깎은 엷은 갈색의 곱슬머리라고 생각될 정도의 털 같
은 이끼도 보인다.

　작은 녹색의 쿠션과 껍데기 같은 것들이 나무와 바위에만 생기는 것이
아니다. 위쪽에서 떨어지는 잎으로 덮여 있지 않은 곳이라면 이끼는 땅
에 생기거나 다른 식물들과 함께 섞여서 자그마한 녹색빛 겨울 숲을 연
출한다. 그러나 이제 곧 눈으로 덮일 것이다.

　나무 위쪽에 충분한 틈이 있어서 아래쪽 땅에 최소한의 빛이 들어오면

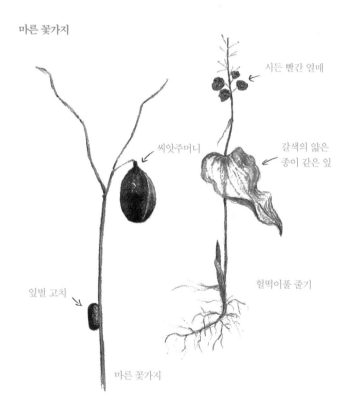

마른 꽃가지

시든 빨간 열매

씨앗주머니

갈색의 얇은
종이 같은 잎

헐떡이풀 줄기

잎벌 고치

마른 꽃가지

침엽수림 몇 군데에는 아름답고 작은 숲이 이끼와 함께 자란다. 이곳에서 이끼와 함께 자라고 있는 것은 봄에 하얀색 꽃을 피우는 식물이다. 번치베리 잎은 아직도 죽지 않고 붙어 있지만 진한 자주색으로 변했다. 빨간 열매는 오래전에 사라졌는데 아마도 뇌조, 다람쥐, 들쥐 같은 것들이 먹어치웠을 것이다. 헐떡이풀의 줄기는 말라서 쪼그라들었지만 아직도 쭈글거리는 밝은 선홍색 열매가 달려 있다. 이곳에는 또한 황련 혹은 세잎황련이라 불리는, 세 갈래로 찢어진 반짝이는 잎을 가진 식물이 있다. 노란색 뿌리로는 쌉쌀한 차를 만드는데 식욕을 돋우고 구강 궤양을 다스린다고 알려져 있다. 나는 그런 두 가지 요법이 필요했던 적이 없다. (하지만 가을이 되면 자고새는 종종 황련을 잔뜩 먹는다. 우연하게도 녀석들의 발에는 가장자리에 암종 같은 게 자라 있는데 이것이 겨울에 눈덧신 삽은 역할을 한다.)

땅이 좀 더 건조하고 균류들이 자라고 있는 곳에는 두껍고 반질거리는 잎을 가진 체커베리(티베리 혹은 윈터그린이라고도 알려져 있는)도 자란다. 열매는 지금은 붉은색이지만 파삭파삭하고 아무런 맛이 없다. 서리가 앉아서 자주색인 잎에는 윈터그린 오일이 덮여 있는데, 예전에는 이 오일을 추출해서 향을 내는 데 쓰기도 했으나 지금은 인공 향을 쓰고 있다.

이 작은 숲을 형성하는 식물에는 이끼처럼 작은 전나무와 가문비나무의 어린 묘목도 있지만 호주와 뉴기니가 고향인 거대한 삼나무를 미니어처로 만든 것 같은 석송도 있다. 곤봉같이 생긴 부분은 포자낭수 혹은 포자가 달린 줄기로 몇몇 가지 끝에 달려 있다. 칙칙하고 기다란 솔방울같이 생겼고 포엽은 잎이 변형되어 형성된 것이 뚜렷하게 보인다. 이 곤봉같이 생긴 것을 건드리면 포자가 구름처럼 퍼진다. 포자는 잎이 하나인 아주 작은 식물로 자라서 암그루와 수그루를 형성해 재생산을 하게 된

다. 그리하여 더 큰 석송이 또 생겨나게 되는 것이다. 고사리의 생명주기
와 매우 흡사하다.

석송은 북부 삼림의 몇몇 고립된 응달 지역으로 밀려나서 경쟁을 피하
고 작은 묘목과 다른 이끼들보다 웃자라는데, 마치 진화된 현대 식물의
선조 같은 모습을 하고 있다. 2억 5천만 년 전에 석송은 키가 30미터가
넘는, 뜨겁고 습한 울창한 열대림에서 우위를 점하던 식물이었다. 오늘
날 우리가 쓰고 있는 석탄은 대부분 이 식물에서 만들어졌다.

이끼는 경쟁자들을 피하고 알맞은 습도가 갖추어진 적합한 곳에서만
자라는 반면 지의류들은 습도를 크게 개의치 않는다. 그것들은 착생식물
로 바람과 비를 맞으며 양분을 섭취한다. 여름에 뜨거운 햇빛이 비치는
바위나 나무의 가지와 줄기에 붙어서 자유롭게 자란다. 여름 햇빛을 받
으면 지의류들은 딱딱하고 부서지기 쉬운 모양이 되며 가사상태가 된다.
얼어붙든, 해동되든, 건조해서 말라버리든, 뜨거운 열기 속에 있는 대개
잘 살아남지만 낙엽수의 잎이 떨어지는 곳에서는 지의류나 이끼 모두 살
아남지 못한다.

이끼처럼 지의류도 놀랄 정도로 다양한 형태를 취한다. 바위를 살펴보
면, 이끼와 라임색 지의류의 짧은 원주형 포자체가 복잡한 손가락 모양
의 돌기 형태로 되어 있는 것을 볼 수 있다. 그 옆에 있는 다른 바위를 보
면 포자체가 작은 컵 모양으로 움푹 들어간, 비슷하면서도 다른 지의류
가 외피에 형성되어 있을지도 모른다. 어떤 것은 아직도 녹색이고 줄기
가 없는, 넓고 짙은 포자체를 가지고 있을지도 모르고, 흔히 '영국 병사'
라고 불리는 컵 모양이 밝은 빨간색으로 솟아 있는 키가 큰 포자체도 있
을 것이다. 이곳 숲 속에서 바위를 뒤덮고 있는(혹은 부분적으로 덮고 있는)

대부분의 지의류들은 열편(양치식물의 쪽잎 하나-역주)을 지닌 납작한 유형인데, 칙칙한 하얀색이거나 가장자리가 연한 녹청색으로 물들어 있는 회색을 띠고 있다. 외피에 밝은 오렌지색 지의류가 있는 흔치 않은 얼룩도 있고, 어떤 절벽에는 넓고 납작하고 갈색인 석이버섯이 군집해 있는 것을 볼 수 있다. 이것들은 꼭 얇은 고무로 된 작은 넝마 조각처럼 얼룩덜룩하게 딱 들러붙어 있다.

나뭇잎이 다 떨어져서 낙엽수들은 멀리서 보면 발가벗은 것처럼 보인다. 하지만 가까이에서 보면 모든 나무에는 지의류들이 엄청 많이 모여서 살고 있다는 것을 알게 된다. 여기저기 특히 전나무와 가문비나무에서는 소나무 겨우살이 지의류를 다발로 볼 수 있다. 이것은 나뭇가지 하나에서 솟아나서 사방으로 퍼져나가며 가느다란 가지를 달고 있다. 불규칙하게 형성되는 흐린 녹색 지의류와 달리 파란빛이 더 도는 지의류는 작은 열편의 형태로 자란다. 나무 몸통과 가지 어디든지 발붙일 수 있는 곳이라면 전부 외피로 뒤덮여 있다. 매끄러운 바크를 가진 빨리 자라는 가지에는 붙지 않고 몸통이 벗겨지거나 잘게 찢어지는 나무에서도 자라지 않는다. 횃대 삼아 올라가는 나무 위에서 보니 서어나무의 세로로 벗겨지는 바크에는 지의류가 없지만 벗겨지는 바크 위쪽의 몸통과 가지는 지의류들로 덮여 있다.

표면이 매끄러운 나무에서 자라는 지의류들도 있는데 너무나 얇아서 그저 색으로 알아볼 수 있을 뿐이다. 모르고 보면 페인트가 칠해진 것처럼 보인다. 물론 매끄러운 어린 단풍나무 몸통에 동그란 하얀색 점이 뿌려져 있는 것처럼 보이는 하얀색 지의류와 같이 눈에 잘 띄는 것들도 있다. 이런 점들은 크기도 다양하고 눈에 잘 띄는 문양을 지니며 숲에 있는 거의 모든 나무에서 자란다. (하지만 흥미롭게도 내가 있는 초지에서 자라는 단풍나무에는 이런 무늬가 생기는 것을 보지 못했다.) 대부분의 점과 얼룩은 분필처럼 하얀색이었지만 황록색, 밝은 터키석 같은 파란색, 회색빛의 파란색을 띤, 좀 더 두껍게 '칠해져' 있는 동그란 얼룩들도 있다.

나무 위에서 많은 시간을 보내고 나서 땅거미가 내릴 즈음 갑자기 자고새 소리 같은 것이 들린다. 하지만 자고새보다는 느리게 운다. 소리가 멈추자 나는 또 사슴일지도 모른다고 생각한다. 소리가 나는 오리나무 덤불 쪽을 자세히 들여다본다. 아무것도 보이지 않는다. 기다린다. 고요하다. 15분이 흐르자 부드럽고 느릿한 소리가 다시 이쪽을 향해서 난다. 라이플총을 들고 다리에 힘을 준 채 긴장하며 기다린다. 발소리가 계속 이어진다. "바스락, 바스락, 바스락, 바스락…." 커다란 갈색 동물이 보인다.

암사슴이다. 코를 땅 가까이 대고 있다. 이 부근이 안전하다고 여긴 사슴은 자신 있게 내가 있는 곳으로 걸어온다. 나는 지상 3미터쯤 되는 사과나무 위에 앉아 있다. 사슴이 바로 밑에서 걷고 있어 흙냄새를 맡느라 숨을 들이마시는 소리도 들을 수 있었다. 녀석은 사과를 하나 발견하고는 요란스레 씹어 먹더니 머리를 들고 주위를 살핀다. 지금은 다시 냄새를 맡으며 사과 하나를 더 찾다가 나를 올려다본다. 우리는 서로의 눈을 바라다본다. 사슴은 경계하지 않는다. 고개를 다시 떨어뜨리고 다시 사과를 찾는다. 나는 사슴의 주의를 끌기 위해서 "쉬" 소리를 낸다. 사슴은 나를 쳐다보더니 느긋하게 다시 먹이를 먹는다. 나는 사슴이 사람을 무서워하는 줄로만 알았기에 어이가 없었다. 선략석으로 불리한 상태에 놓인 이 녀석을 죽일 마음은 일지 않았지만, 어떤 생각이 떠올랐다.

천천히 옆으로 손을 뻗어 사과를 하나 따서는 땅으로 떨어뜨렸다. 나는 사슴의 머리 꼭대기를 맞췄다. 완벽한 겨냥이었다고 자랑할 수 있다. 이런 솜씨를 자랑할 수 있는 사냥꾼이 얼마나 될지 궁금하다.

해가 넘어가고 있어서 나무에서 내려올 때가 되자 나는 가볍게 몸을 놀린다. 그런데 반응이 없다! 그래서 아래로 내려가기 시작했다. 사슴은 그냥 서서 도대체 어떤 이상한 도깨비 같은 게 나무 위에 있는 건가 하는 눈으로 나를 쳐다본다. 사슴은 내가 곰으로 보이나? 사슴의 천적, 즉 개, 코요테, 인간은 땅에서 걸어 다니기에 그런 형태로만 적을 인지할 수 있을 것이다.

나는 이제 요란스럽게 내려간다. 사슴은 그대로 서시 비라다본다. 하지만 내가 땅에 발을 내딛자마자 사슴의 태도가 확 달라졌다. 녀석은 전기 충격이라도 받은 듯이 갑자기 솟구치며 격렬하게 튀어 오르더니 크게 힝힝거리는 경계하는 듯한 소리를 내며 사라진다.

11월 25일
사냥하러 다니는 이유

어제 저녁에 내리던 비가 밤사이에 눈으로 변했다. 갈색으로 부식되어 가던 잎, 회색 지의류들, 밝은 녹색 이끼로 이루어졌던 세상은 오늘 아침에 갑자기 하얀색 동화의 나라가 되었다. 물기가 많은 눈이 나뭇가지마다 두껍게 얼어붙어 있다. 눈이 덮인 세상은 다른 모습을 드러낸다.

쥐가 다닌 흔적이 오두막 옆 통나무 쌓인 곳 한쪽에서 다른 쪽으로 이어져 있다. 눈덧신토끼는 옥외 변소 옆에 난 길을 따라 깡충거리며 달려갔다. 그곳에는 토끼보다 훨씬 작고 가운데 꼬리가 끌린 자국을 남긴 쥐의 흔적이 더 있다. 이마도 흰발생쥐들일 것이다. 옥외 변소 바로 옆 돌담 위에는 붉은다람쥐가 돌 틈 사이로 왔다 갔다 했고 바로 옆에는 붉은등들쥐의 흔적도 있다. 코요테가 동이 트기 한 시간 정도 전에 빈터 가장자리로 지나갔다. 코요테의 선명한 발자국 위에 새로 내린 눈이 아주 조금 쌓여 있었다.

이런 날이 바로 내가 기다리던 날이다. 사슴을 사냥하기에 아주 좋기 때문이다. 지금은 발소리가 눈 때문에 작게 나니까 조용히 걸을 수 있다. 사실상 소리 없이 숲을 지나갈 수 있고 사슴이 언제 어디로 지나갔는지, 얼마나 빨리 이동하며 어디로 갈지 흔적을 보고 읽을 수 있다. 마치 내게 갑자기 어떤 역동적인 메커니즘을 이해하는 능력이 생긴 것 같은 느낌이다. 나는 새롭게 알게 되는 이런 정보들로 더욱 흥분되었다.

큰까마귀가 천천히 내리는 눈발 사이로 날아다니는 모습을 보느라 오두막 문을 나서다 멈칫하였다. 큰까마귀들은 내가 가져다 놓은 죽은 송아지 고기를 향해 날개를 아래쪽으로 하여 강하하고 있었다. 녀석들은 먹이를 먹고는 아이들처럼 막 쌓인 눈 위에서 몸을 옆으로 뒤로 굴리며 장난을 치다가, 신이 나서 뛰며 발로 막대기를 움켜쥔 채 부리로 가지고 놀았다.

이번 사슴 사냥철은 아주 만족스러웠다고 생각한다. 비록 여느 해처

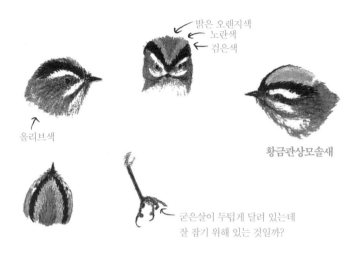

밝은 오렌지색
노란색
검은색

올리브색

황금관상모솔새

굳은살이 두텁게 달려 있는데
잘 잡기 위해 있는 것일까?

럼 총 한 번 쏘아보지 못했지만 말이다. 거의 한 달 동안 나는 매일 두 시
간에서 열 시간 정도 숲을 돌아다녔다. 아마도 물이끼 늪에서부터 참나
무와 너도밤나무가 자라는 산마루까지 포터 힐을 탐색하며 160킬로미터
정도는 하이킹했을 것이다. 피곤하기도 했었고 몇 시간이나 아무 소리도
내지 않고 모든 감각을 총동원해 주의를 기울이며 꼼짝없이 앉아 있기도
했었다. 붉은다람쥐가 마른 낙엽 위로 날쌔게 움직이는 소리를 약 100미
터 거리에서도 들을 수 있었다. 또 내 바로 앞 1미터 정도 거리에서 녀석
들이 전나무 열매를 쥐고 씹어 먹는 것을 보기도 했다. 황금관상모솔새
가 불과 60센티미터 앞에 내려앉아서, 나는 녀석의 작은 검은색 눈을 바
라다보고 노란색, 흰색, 검은색으로 둘러싸인 오렌지색 깃털이 풍성한
머리를 살필 수도 있었다. 도가머리딱따구리가 신나게 두들겨대는 소리
도 듣고 아메리카담비가 호저를 죽이는 광경도 보았다. 해질 무렵 축축
한 검은색 잎을 배경으로 반짝이는 하얀 털을 가진 토끼도 본 적이 있다.

물론 이렇게 여러 광경을 보고 즐기기 위해서 30-30 레버 액션 방식의 윈체스터 라이플총을 가지고 다닐 필요는 없다. 하지만 그런 게 뭐가 중요한가. 그저 '사냥에 성공할 수도 있었을까?' 정도가 궁금하다. 우리 삶에서 대부분의 보상은 의도하지 않은 데서 얻게 된다.

올해 사냥에 만족하며 오늘은 밖에 돌아다니지 않기로 한다. 안락한 오두막에 머물며 커피를 마시고 신문을 읽는다.

11월 28일
불청객 흑파리 떼가 더 늘어나다

겨울이 다가오자 오두막으로 도피해 오는 것들이 더 많아졌다. 새로운 생쥐 한 무리가 이미 이사를 왔다. 내 머리 바로 위쪽 천장의 좁은 공간에서 서로 쫓아다니며 놀고 뒹굴고 싸워대는 녀석들 때문에 밤에 잠을 못 잔다. 나는 오두막을 지을 때 사려 깊게 녀석들이 편히 살 수 있는 셋방을 마련해주었다. 사실 녀석들을 위해서 만들어놓은 공간은 단열을 위한 장소기도 해서, 녀석들은 단열재인 스티로폼 판을 끊임없이 바삭바삭 밟아대었다. 스티로폼 조각이 흰색의 작은 눈송이처럼 천장 틈새로 내려왔다. 하지만 눈송이와는 달리 녹아 없어지지도 않고 쓸어서 치우려고 하면 그냥 돌돌 굴러서 도망갈 뿐이다.

커다란 검은 흑파리 떼도 밤에 내 침대 옆 불빛을 보면 같은 틈새에서 몰려나왔다. 어떤 녀석들은 천장에서 술이라도 취한 듯이 윙윙거리면서 시끄럽게 전동기 소리를 내며 돌아다니고 전등을 들이받기도 한다. 그러다가 내 이불 밑으로 기어들어온다. 이상적인 잠자리 상대는 절대 아니다.

내가 낮에 오두막을 따뜻하고 안락하게 덥히면 파리들은 역시나 무리 지어 나타난다. 파리들을 이제는 다 죽여버렸다고 생각했었는데 아니었나 보다. 지난 며칠 동안 여러 번 창문이 흔들릴 정도로 많은 수가 모였다. 어쨌든 한동안이다. 나는 더스트버스터(소형 충전식 청소기)를 위한 새로운 광고 문구를 제안할 생각이다. "과학자가 자기 집에서 더스트버스터로 파리 1만 2,800마리를 빨아들였습니다! 여러분도 더스트버스터 하나쯤 장만하시죠." 아니면 〈리플리의 믿거나 말거나〉 박물관에 새로운 카테고리를 제안해야 하는 건지도 모르겠다. "자기 방에서 참을 수 있는 파리의 수는 몇 마리일까요?" 나도 모른다. 하지만 1만 2,800마리의 파리 떼가 도대체 얼마나 되는 양인지 궁금하다면 알려주겠다. 9컵 반의 분량이다.

내가 파리를 난생 처음 보았다면 사실 경이로운 생명체라고 생각했을 것이다. 하지만 파리가 멸절될 위기는 절대로 없다. 오두막에 있는 파리들을 지난 수년간 없애왔지만 이듬해에 그 수가 줄어드는 법이 없었다.

12월 3일
계절에 따라 털옷을 바꿔 입는 동물들

눈이 녹고 땅이 다시 한 번 드러났다. 2주 전에는 맨땅이 꽁꽁 얼어붙었었다. 지금은 다시 녹았는데 이전과는 매우 달라졌다. 땅이 얼어붙기 전에는 숲 어디를 걸어도 부엽토 안과 밑에서 높은 음조로 찍찍거리는 뾰족뒤쥐 소리가 들렸었다. 최근에는 한 번도 그 소리를 듣지 못하였다. 아마도 수많은 쥐들이 얼어 죽었을 것이다. 하지만 몇 마리만 살아남아도 다시 수를 불릴 수 있다. 반드시 살아남은 녀석들이 있을 터다. 살아남은 녀석들은 특이한 습성을 지녔을 텐데 아마도 썩어가는 커다란 그루터기에 구멍을 내고 살기를 좋아하거나 다른 놈들보다 더 굴을 파고 들어가거나 할 것이다. 이런 습성은 다음 세대에게도 이어질 것이다. 내년에는 이런 '굴을 파는 녀석들'이 불리해질지도 모른다. 눈이 많이 와서 굴이 덮이면 그런 노력이 부질없어지기 때문이다.

눈이 없으면 메인에서는 그냥 '토끼'라고 불리는 눈덧신토끼도 영향을 받는다. 하얀색 겨울코트를 입고 있는 토끼는(족제비처럼) 진한 갈색의 숲에서는 눈에 확 띄어서 네온사인을 입고 있는 것이나 다름없다. 토끼는 밤과 낮의 길이가 변하는 데 맞춰서 털색이 바뀐다. 지금은 녀석들이 하얀색이니 진화가 진행된 수년 동안 평균적으로 이맘때는 눈이 왔을 것이다. 올해는 유난히 눈이 오지 않는 겨울을 보내고 있다.

상록수의 나뭇가지에 숨어 있는 붉은다람쥐도 털가죽을 바꿔 입었다. 지금 화사한 적갈색을 띠고 있는 털은 여름보다 훨씬 두꺼운데, 매서운 추위로부터 보호해줄 뿐 아니라 예쁘기도 하다. 붉은다람쥐는 지난겨울 발삼전나무 열매가 많이 열렸을 때 그 씨를 먹었다. 큰 무리의 검은머리 방울새, 자줏빛 양지니, 노랑콩새 들도 함께 즐겨 먹어서 올해는 열매가 보이지 않는다. 대신 작년에는 보이지 않던 물푸레나무 씨앗이 많이 열렸다. 핀치 무리는 이 씨앗을 즐겨먹지만 다람쥐가 먹는 모습은 본 적이 없다. 대신에 곰팡이가 핀 많은 나무들 밑에는 다람쥐가 먹으면서 떨어뜨린 작은 하얀색 부스러기 더미가 있다. 아마도 다람쥐들이 안쪽의 더 부드러운 부분을 먹기 위해 벗겨낸 껍질일지도 모르겠다. 종종 얼어붙은 사과나 도토리가 사과나무나 참나무에서 한참 떨어진 곳에 있는 나무의 아귀 부분에 숨겨져 있는 것을 보게 된다. 이 역시 붉은다람쥐 짓이다. 눈이 많이 쌓이게 되면 은닉품을 찾으러 틀림없이 올 것이다.

사냥철이 끝나자 나는 이제 더 이상 숲에서 하루를 보낼 이유가 없어졌다. 다른 프로젝트가 필요했다.

12월 4일
크리스마스이브의 추억을 떠올리다

편집자가 왔었다. 그가 가고 나서 다시 외톨이가 되자 심장 한구석이 저려오는 것을 느꼈다. 스튜어트와 에리카가 보고 싶다.

벌링턴으로 가서 호텔에 체크인을 하니 밤 11시가 되었다. 산을 넘어

버몬트가 있는 서쪽을 향해 다섯 시간을 운전해서 달렸고, 나는 45달러로 한밤중에 호사스럽게 욕조 가득 뜨거운 물을 받아 목욕하였다. 지금껏 이런 즐거움을 그리워하지는 않았었는데, 숲 속 내 집에서는 아예 있을 수 없는 일이었기 때문이다. 하지만 지금은 마음껏 즐기고 있다.

푹 자고 일찍 일어나서 블루베리 머핀과 커피로 '유럽식 아침 식사'를 하였다. 머핀은 맛이 없어서 빵 대신 먹기에는 형편없었다. 원래는 빵이 유럽식 아침 식사에 나와야 하는데 말이다. 로비에 있는 열대식물도 알고 보니 가짜였다. 물 줄 필요가 없는 가짜 식물, 껴안고 싶을 때는 안아주고 갖고 놀기 싫어지면 구석에 던져버리면 되는 동물 장난감 등. 사람들은 머핀 같은 싸구려 대용품에 익숙하다.

크리스마스가 다가온다. 에리카는 제 엄마를 만나러 캘리포니아로 갈 것이다. 스튜어트와 애 엄마는 미시간으로 운전하여 할머니를 만나러 간다. 우리 엄마는 늘 솜, 반짝이 장식, 다채로운 색상의 볼, 빨간색의 진짜 양초로 크리스마스트리를 장식했었는데, 가족들이 크리스마스이브에 와서 처음으로 트리를 볼 때 양초에 불을 붙였다. 전날 숲에서 골라온 녹색의 나무는 양초 불에 타지 않았다. 실수로 그을린 잎들은 오히려 축제의 분위기를 돋웠는데, 폭죽처럼 탁탁 소리를 내고 타면서 상록수림의 자극적인 강한 향기를 뿜었기 때문이다. 양초가 타는 동안 우리는 크리스마스 캐럴을 불렀고 아빠는 선물을 건네주셨다. 크리스마스가 하루 이틀 정도 지나고 나면 나무를 버렸다. 그렇게 해야 크리스마스이브의 특별함을 간직할 수 있는 것이다.

최근에 나는 어른들하고 크리스마스 캐럴을 부르는 데 진력이 났다. 나는 카드를 보내고 선물을 주는 것은 별로 마음에 두지 않는다. 신문에서 읽은 배를 곯는 소년을 생각한다. 세상에는 그처럼 큰 도움이 필요한 아이들이 많다. 나 역시 어린 시절에 착하게 굴었다고 나라로부터 받았던, 노란색 연필과 땅콩이 든 선물 꾸러미를 기억하고 있다. 이런 것들은 뜻하지 않던 즐거움을 주었었다. 그러다 아이디어가 생각났다. 어쩌면 장애가 있는 아이들 몇 명을 크리스마스이브에 내가 있는 언덕으로 초대할 수도 있을 것이다. 밖에다 크리스마스트리를 만들고 큰 모닥불을 피워서 마시멜로우를 굽고, 숲에서는 산타가 선물을 가지고 성큼성큼 나타나고….

12월 8일
나를 닮은 내 아이들

하인스버그 초등학교의 3학년 교실. 내 슬라이드를 보여줄 차례가 되자 옆에 있던 스튜어트가 일어서서 내 손을 잡고 모두에게 말했다.

"우리 아빠 베른트 하인리히입니다. 메인에 있는 오두막에 살면서 동물을 연구하고…." 그러더니 녀석은 내가 연구하는 동물에 대해 그리고 나에게서 들었던 이야기에 대해 발표하고 본인도 오두막에서 살았다는 말을 하였다.

우리는 개구리, 올빼미, 도마뱀의 슬라이드를 살펴보았고 스튜어트는 내 수집품에서 골라서 가져온 '끝내주는' 딱정벌레와 다른 곤충들도 보여쳤다. 모두들 앞으로 나와서 내 옆에 모여들었다. 학생들은 질문하고 의견을 내놓았으며 나보고 하루 종일 같이 있으면 좋겠다고 말해주었다. 정오가 되어 떠날 시간이 되자 아이들은 내가 언제 또 올 수 있는지 물었다. 스튜어트는 나의 큰까마귀 프로젝트에서 자신이 조수가 될 수 있을지 그리고 딱정벌레를 찾으러 나랑 같이 숲에 갈 수 있을지 알고 싶어 했다.

에리카는 숲에서 딱정벌레를 찾는 데는 별생각이 없을지도 모르겠으나, 역시 세상이 어떻게 돌아가는지에 대한 해답을 찾는 데 적성이 맞는 것 같다. 에리카는 여름 동안 생명공학 회사에서 일을 했다. 특수 단백질 검출 검사, 젤^{gel}, 크로마토그램, 효소로 엉망으로 '부서진' DNA 파편과 그것들에 대한 면밀한 조사로 가득한 공책을 보여주었는데, 그 모든 것들은 복잡한 숲만큼이나 신나보였다.

12월 9일
월식을 관찰하다

메인으로 돌아오는 길에 나는 동네 축산농가에서 큰까마귀 먹이를 좀 가져왔다. 바로 아홉 마리의 죽은 송아지다. 추운 날씨는 어린 동물에게는 가혹하다. 나는 언제나 트럭 뒤에 한가득 실을 만큼 고기를 얻을 수 있는데, 호기심 어린 시선을 끌기도 할뿐더러 새들도 좋아하는 광경이다.

오두막 안은 영하 3도이다. 아마 햇빛으로 집안이 데워진 것 같다. 밤에는 온도가 6도에서 12도 정도 더 낮기 때문이다. 물이 금방 얼기 때문에 싱크대 배수구는 이제 쓸모가 없다. 플라스틱 카보이 두 통에 든 물이 딱딱한 벽돌처럼 얼어 있다.

날이 맑다. 오늘 밤에 있을 월식을 보기에 적당한 날씨다. 스테이크를 사러 마을에 내려갔다가 론과 신디에게 올라와 모닥불 옆에서 함께 달구경을 하자는 메모를 남기고 왔다.

해가 정확하게 오후 4시에 지고, 동시에 뾰족한 붉은가문비나무 꼭대기가 꼭 작은 검은색 이빨 같은 실루엣으로 보이는 동쪽의 와일더 힐 정상으로 보름달이 떠올랐다. 보통은 검은색의 큰까마귀를 보는 데 쓰이는 10×40 라이츠쌍원경으로 빛나는 둥근달을 바라보니 달에 있는 검은 '바다'와 거대한 분화구의 얽은 표면을 확연하게 식별할 수 있었다. 바로 이틀 전에 너비가 1.5~3킬로미터 정도 되는 소행성 토우타티스(1989년에야 발견된)가 우리 행성을 시간당 13만 7천 킬로미터의 속도로, 불과 3.500백만 킬로미터의 차로 빗겨지나갔다. 천문학자들은 이를 "천체의 관점에서 보면 머리카락 굵기의 차이였다고" 이야기했다.

토우타티스가 지구에 부딪혔다면 약 48킬로미터 너비의 움푹한 자국을 만들고는 햇빛을 차단할 정도의 파편을 생성했을 것이다. 그러면 먼저 식물이 죽고 그에 따라 거의 모든 생명체들이 죽을 것이다. 소행성이 바다에 떨어진다면 모든 대륙의 안쪽까지 굉음을 내면서 거대한 파도가 밀려들 것이다. 천문학자들은 4년마다 토우타티스가 지구 옆으로 지나갈 것인데 2004년에는 160만 킬로미터(그들의 계산으로 최대한 접근 가능한 거리) 안쪽으로 다가올 것이라고 한다.

우주에는 수백만 개의 커다란 물체들이 있는데 어떤 것들은 과거에 달과 지구에 힘껏 충돌하기도 하였다. 하지만 대부분은 직경이 1킬로미터 안쪽이어서 위협이 되지는 않았고 지구의 대기권에 들어올 때 타버렸기 때문에 그것들의 흔적을 쫓지는 않는다. 이달에 쌍안경으로 독수리 별자리인 아퀼라 꼬리 쪽 부근 남서쪽 하늘의 지평선 위를 30도 올려다보면, 130년 만에 돌아오는 스위프트 터틀 혜성을 볼 수 있다. 이 혜성 때문에 8월에 페르세우스 유성우가 생긴다. 그러나 오늘 밤에는 그냥 지구의 그림자와 달이 만나는 것만 보게 될 것이다.

오두막 옆에 있는 돌로 된 옥외 취사장에 불을 지폈다. 달이 동쪽에서 떠오를 때가 되자 모닥불의 오렌지색 불꽃이 솟아올라서 반짝이는 불똥이 구름 한 점 없는 어두워진 하늘로 튀었다. 나는 불 옆 통나무에 앉아서 발을 쪼였다. 바람이 불지 않기에 망정이지 기온은 영하 17도로 급격히 떨어졌다. 불꽃이 튀는 소리와 완전히 마르지 않은 장작이 타면서 내는 쉬익 하는 소리 이외에는 아무것도 들리지 않아 고요했다. 하늘이 어두워지면서 산등성이 위로 떠오르는 달빛이 더 밝아졌다. 환한 하얀색 달빛이 주변에 있는 눈을 비추어 눈부시게 빛났다.

오후 5시가 되자 하늘이 밝게 빛나는 달빛을 제외하면 거의 검은빛이어서 달의 아래쪽 가장자리가 검게 변해가는 것이 보였다. 이제 지구의 그림자가 달 표면 위로 슬며시 다가오고 있다. 천천히 아주 천천히 그림자는 달을 아래쪽에서부터 집어삼키며 위를 덮어간다. 초승달 모양이 옆(달 자신의 그림자 때문에)이 아니고 아래쪽에서부터 검게 변하는 것(지구 그림자 때문에)이 매우 이상해 보였다. 수천 년 동안 이런 이상한 광경은 수백만 명의 사람들을 겁먹게 했고 불길하거나 재앙을 불러오는 사변이라고 여겨졌다.

한 시간 뒤에는 밝은 달이 순식간에 완전히 잡아먹힌 것처럼 보였다. 아주 얇은 초승달이 위쪽에 남아 있었는데 7분 후에는 그마저 사라졌다. 이후 1시간 15분 동안 달은 더 이상 빛을 반사하지 못하고 매우 흐린 구 릿빛 둥근 모양으로 희미하게 보였다. 이는 달을 비추는 빛이 반사되기 전에 지구 대기를 지나가야 해서 왜곡되고 약해지기 때문이다.

사실상 달빛이 사라지자 어두워진 하늘에서 별들이 빛났다. 쌍안경으로 달을 보면서 나는 그 너머로 달의 경로에서 동서로 길게 뻗은 채 빛나고 있는 은하수도 찾아보았다.

지금까지 은하수를 쌍안경으로 바라본 적은 없었다. 맨눈으로도 수백만 개 별들의 모습을 충분히 감상할 수 있었기 때문이다. 하지만 오늘 열 배로 확대해서 본 모습은 무서울 정도였다. 어떤 신비로움은 평범한 일상에서 이해하기에는 벅차다.

저녁 7시 15분이 되어 달의 왼쪽 아래 표면에서 밝은 빛이 다시 나타나자 코요테 한 마리가 잠깐 운다. 달의 바로 북쪽에서 붉은빛을 발하는 화성이 떠오르고 초승달 모양으로 달의 왼편이 밝게 빛나자 무수히 많은 별들이 희미해진다. 월식이 시작된 지 세 시간 반이 지나 저녁 8시 30분이 되자 달이 머리 위에서 다시 환하게 비춘다. 달에 반사된 태양빛이 반짝이는 눈을 또 비추자 숲이 은빛에 휩싸였고 나무는 회색 그림자를 만들어낸다.

나는 월식은 보름달일 때만 일어날 것이고 아래쪽부터 그림자가 나타나 위로 덮일 것이라 예측했다. 그대로 월식이 진행되어 지금 몹시 신이 난다. 그렇다면 어째서 매월 월식이 일어나지 않는 걸까? 마침내 왜 그런지 조사해보니 달이 지구 주변을 도는 궤도와 지구가 태양 주위를 도는 궤도가 정확하게 수평을 이루고 있지 않다고 한다. 약 5도 정도 서로 상대방에 대하여 기울어져 있다. 따라서 대부분의 초승달이 생길 때는(일식이 일어날 수도 있는 때) 달그림자가 지구를 빗겨가고, 대부분의 보름달(월식이 생길 수 있는 때)은 지구 그림자 위나 아래로 지나간다.

12월 11일
바람의 변화무쌍한 소리를 듣다

북쪽에서부터 바람이 불어온다. 어둑어둑하고 추운데 작은 눈발이 나무 사이로 소용돌이치며 분다. 공기가 아주 매섭다. 폭풍이 오는 것 같은데 확실치는 않다. 하지만 무엇인가가 몰려오는 것은 확실해서, 어둠이 내려오면 사냥을 시작하려고 생기가 도는 늑대들처럼 내 기분도 들떴다.

큰까마귀들도 어딘지 들떠 보인다. 오전 8시에 잠깐 와서 먹이를 먹고는 바람을 타고 놀러 가버렸다. 녀석들은 나무 위에서 돌풍에 몸을 맡기고 하늘 위로 왹 올라갔다가 두셋씩 짝지어서 추락하듯 내려왔다. 큰까마귀들이 송아지 고기를 먹을 때 쌍안경으로 바라보니 아주 찬 공기 속에서 숨을 내쉴 때 턱수염과 털로 된 칼라 깃에 얼음이 들러붙는 것처럼 검은색 깃털 가장자리 위로 서리가 앉아 있다. 검은색 부리 주변뿐만 아니라 가슴과 등 그리고 날개의 앞쪽 가장자리에도 서리가 붙어 있다.

들뜬 기분을 가라앉히려고 나는 숲으로 나갔다. 나온 김에 황금관상 모솔새를 찾아보기로 했다. 기온이 영하로 떨어졌는데 이 자그마한 녀석들이 아직도 있을까? 그럴 것 같긴 하지만 확실히 알려면 직접 봐야 한다. 나는 나뭇가지에 있는 곤충을 먹이로 삼는 이 녀석들이 겨울 내내 어떻게 살아 있는지 궁금했다. 여기에 이 새가 있는 것을 아는 사람은 거의 없기에 나는 숨겨진 비밀을 캐는 기분이었다. 새들이 어찌 살아남는지 알 수 있다면 이 세상 아무도 모르는 사실을 알게 되는 것이다. 그런 기대를 하자 흥분되었다. 하지만 나는 가설을 세우고 싶지는 않았는데, 가설을 만들면 선입견이 생기기 때문이다. 한번 선입견이 생기면 틀에 박힌 생각을 하게 되어 그 밖의 것을 사고하기가 매우 어려워진다. 탐험을 하는 동안에는 예리한 판단 감각을 지니는 것이 가장 중요하다. 예리하지만 열린 마음 말이다.

사냥 원정을 떠나기 전에 아마존의 어떤 원주민들은 스스로 신처럼 느끼기 위해서 감각을 예리하게 하고 힘을 키우고자 '개구리 먹기'를 했다. 그들의 사냥 비법은 녹색 개구리인 필로메두수스 비꼴라의 피부에서 긁어낸 것으로 만든 독약이다. 나도 내 감각을 예리하게 만들고 건강한 기분을 돋우기 위하여 파밍턴 식당에서 후하게 팔고 있는 갈색빛의 뜨거운 음료를 흡입하였다. 열대 관목 씨앗을 갈아서 뜨거운 물을 부어 만든 것이다. 맛을 향상시키기 위해서 소의 유방에서 나온 분비물을 약간 더하고 사탕수수의 즙을 결정으로 만든 것도 넣었다. 오늘 아침에 또 이 강력한 혼합물을 아주 많이 섭취하였는데 여기에다 이른바 '사냥꾼의 아침 식사'도 곁들였다. 팬케이크 네 장, 한 쪽을 살짝 익힌 달걀 프라이 두 개, 잼을 바른 토스트 네 조각, 베이컨 네 줄 그리고 디저트로 도넛 한 개.

상모솔새를 쫓기 위해 숲으로 다시 들어갔다. 눈이 내려서 동물들이 어제 남긴 흔적과 오늘 막 생긴 흔적을 구분할 수 있었다. 게다가 눈이 살짝만 내려서 작은 동물들은 그 밑에 숨을 수 없었기에 땅 여기저기로 움직인 녀석들의 흔적을 볼 수 있다는 이점이 있었다. 뾰족뒤쥐가 반쯤 열려 있는 작은 터널을 눈으로 계속 덮으려 하는 것을 보았다. 꼭 딱정벌레가 만들어놓은 것처럼 생겼다. 통나무 이쪽에서 저쪽으로 옮겨가는 생쥐용 고속도로가 여기저기에서 보인다. 대부분의 이런 흔적은 배가 처진 들쥐가 눈 위에서 배를 끌어서 생긴 자국이다. 막 생긴 붉은다람쥐와 토끼의 흔적을 보았지만 흥미롭게도 족제비의 흔적은 보이지 않았다.

오두막 근처 빈터를 나오다가 열 마리가 넘는 박새 무리를 만났다. 황금관상모솔새는 종종 박새랑 같이 다니기에 나는 이 무리를 뒤쫓았다. 하지만 30분 뒤에 보니 이 박새 무리는 다른 새들과 함께 다니지 않는 것 같았다. 녀석들을 언덕에 두고 나는 올더 강으로 내려가며 발삼전나무 사이를 살폈다.

내려가는 길에 단풍나무 위에서 붉은다람쥐 한 마리가 웅크리고 앉아 움직이지 않는 모습을 보았다. 이 나무 아래에는 최근에 뒤집어진 나뭇잎들이 있었다. 다람쥐가 떨어진 단풍 씨앗을 수확하고 있었던 것이다. 다람쥐는 가을과 달리 조용했는데 지금은 전부 목소리를 잃어버린 듯하다.

눈 위에 전나무 열매의 포린이 하나도 보이지 않고, 나무 위에도 전나무 열매가 하나도 보이지 않는다. 다람쥐와 많은 되새류의 주요한 먹을거리가 완전히 없어진 것이다. 작년 겨울에는 이곳에서 북쪽에 사는 앵무새라고 여겨지는 화려한 노랑콩새 떼가 많이 보여 있는 것을 보았었나. 자주색홍새, 오색방울새, 홍방울새, 검은머리방울새 들이 있었다. 5

년에서 7년 전에는 두 종류의 솔잣새가 있었는데 그 이후로는 보지 못했다. 어느 겨울에는 이 새들이 돌아올 테지만 올해는 아직까지 숲에서 볼수가 없다. 생기발랄하고 화려한 색을 자랑하는 되새류들도 보이지 않는다. 녀석들이 보고 싶다.

높은 음조로 우는 상모솔새 소리가 바람을 타고 전해지지 않을까 해서 들으려고 안간힘을 썼다. 겨우 한 시간 정도 지난 뒤에 가냘프게 찍찍거리는 소리를 들을 수 있었는데 바람 소리처럼 흘려듣기 쉬웠다. 처음에는 발삼전나무의 두꺼운 가지 사이에서 끊임없이 폴짝거리는 한 마리만 볼 수 있었는데 가끔 벌새처럼 허공을 맴돌았다. 벌새보다 그리 크지 않아 전나무의 커다란 가지 사이에서 거의 보이지도 않는다. 곧이어 다른새 소리도 들리는데 두 마리쯤 되는 것 같다. 그 외에 다른 새들은 보이지 않는다. 그런데 다음의 사실을 알게 되었다. 상모솔새는 아주 작은 무리로 이동하고 다른 새들과 같이 다니지 않는다는 것이다. 4분에서 5분남짓한 시간에 새들이 보이고는 금방 들리는 거리에서 사라져서 본 것같지도 않다.

오늘은 상모솔새를 보기에 좋은 날이 아니었다. 바람소리와 삐걱거리는 나무 소리가 너무 심하게 나서, 멀리서는 눈만으로 쫓을 수 없는 그들의 가냘픈 소리가 전혀 들리지 않았기 때문이다. 하지만 나는 생각이 떠오르면 바로 행동해야 직성이 풀린다. 이상적인 때라는 것은 거의 없는법이고, 그런 순간이 오기만을 기다리는 사람은 그저 변명하고 있는 것일 뿐이다.

밤에 폭풍이 몰아쳐서 나는 오두막 북쪽 끝에 있는 지붕 아래의 아늑

한 보금자리에서 그 소리를 듣는다. 거기에서는 어린 너도밤나무에 붙어 있는 얼마 안 되는 마른 잎들이 바스락거리는 소리는 들을 수 없다. 나뭇가지가 부러지는 소리나 나무가 서로 부딪히며 삐걱대는 소리도 들리지 않는다. 하지만 불규칙하게 불어대는 바람이 윙윙거리는 소리는 들린다. 바람은 파도와는 다르게 전혀 규칙적으로 불지 않는다. 바람은 파도같이 일정한 간격으로 소리 내지 않는 것이다. 몇 초 동안은 아무 소리도 없다가 부드럽고 높게 쉭 하는 소리가 나고 깊고 둔탁하게 울리는 소리가 이어지기도 한다. 한 방향에서는 소리가 잠잠해지다가 다른 방향에서 다시 들리기도 한다. 갑자기 오두막이 흔들린다. 스타카토로 돌풍이 불다 말다 하고 다양한 신음 소리 같은 것이 길고 부드럽게 들리다가 날카로운 휘파람 소리도 난다. 갑자기 사방이 고요해지면 언제 거친 공격이 또 오두막을 흔들지 궁금해진다. 숲을 소용돌이치며 지나가는 바람의 변화무쌍한 소리를 듣는 것이 저녁 시간의 즐거움이 되고 있는데, 이 소리를 들으면 왠지 마음이 편해진다.

이 오두막은 무겁고 단단한 통나무로 지어졌다. 안에 있으면 안심이 된다. 통나무 사이에 난 틈은 열심히 뱃밥을 두드려서 메워두었다. 장작 난로는 열기를 뿜어내고 나는 그 불빛을 쬔다.

12월 12일
내가 먹은 우둔살 스테이크의 정체

나는 올해 사슴을 사냥하지 못했는데 누군가가 그런 나를 불쌍히 여긴 모양이다. 왜냐하면 그 누군가가 아래 길가에 있는 내 픽업트럭에 고기 열두엇 덩어리를 정육점에서 주는 하얀색 종이에 싸서 놓아둔 것이다. '구이', '우둔살 스테이크'와 그 밖의 여러 부위가 스탬프로 찍혀 있었다. 인심이 후한 그 사람은 메모도 남기지 않았다. 하지만 메시지가 있든 없든 나는 지난 2주 동안 감사히 고기를 먹고 있는데, 가히 최상등급이라고 말하고 싶다. 하지만 고기들이 어디서 왔는지 내내 궁금했었다. 그러다 오늘 마을에서 빌 애덤스를 만났다.

"큰까마귀들이 고기를 좋아했나요?" 그가 물었다.

"무슨 고기?"

"내가 트럭에 둔 고기요."

"스테이크 말이야?"

"네, 친구에게서 얻었어요. 냉장고 청소를 하다가 오래된 것들을 버리고 있었거든요. 그래서 그곳 큰까마귀가 아주 좋아할 거라고 그랬지요."

"메모를 남겨놓지 그랬어."

"음, 그러네요…. 녀석들이 좋아했나요?"

"물어봐야겠는데." 나는 살짝 속이 울렁거렸다.

비록 맛은 괜찮았을지언정 그 뒤로는 나머지 고기를 먹지 않았다. 그 이유는 잘 모르겠으나, 아마도 대학교 때 룸메이트가 내가 길에서 죽은 사향쥐와 너구리로 요리했다는 사실을 깨닫고 변소로 가서 요상한 소음을 만들어낸 이후로 차에 치여 죽은 동물들을 먹지 않게 된 것과 같은 이유일 것이다.

길바닥은 모든 동물이 있는 훌륭한 도축장이다. 활용하지 말란 법이 없지 않은가? 봄과 여름에 고속도로를 따라서 달리기를 하다가 박물관에 쌓아둘 정도로 많은 명금류의 사체들을 보았는데, 그 새들의 죽음이 안타깝기는 하였으나 법 때문에 그 사체를 건드리지 못하고 그냥 썩게 내버려두어야 한다는 점이 훨씬 더 아쉬웠다. 대부분의 주에서는 차에 치여 죽은 동물들을 활용하는 것을 법으로 엄하게 금지하고 있다. 오레곤에서는 차에 치여 죽은 동물들을 건드리면 최고 2,500달러의 벌금과 징역 1년형을 살게 된다. 오리건 주 존 데이 마을에서는 그렇게 죽은 사슴을 도축해서 가난한 사람들에게 나눠준 죄로 재판을 받았던 존 테일러의 무죄 선고를 축하하기 위해 사람들이 성대한 토요일 무료 저녁 식사를 열기도 했다. 저녁 메뉴판 맨 위에는 로드킬 당한 토끼, 다람쥐 그리고 사슴도 물론 있었다.

12월 13일
겨울눈 그리기

바람이 하룻밤 더 불었는데, 어떤 때는 속도를 올리면서 지나가는 화물 열차 같은 소리가 들렸다. 오늘 아침에도 바람이 불었다. 신음 소리, 비명 소리, 웅웅거리는 소리, 달그락거리는 소리가 들린다. 폭풍의 숨결이 느껴지자 그 앞에서 내 존재가 하찮게 여겨진다. 마치 수백만 개의 낙엽 중에 하나가 되어서 바람에 밀려다니는 느낌이다. 자유롭게 느껴지기도 한다. 몸을 바람의 흐름에 맡기는 것이다.

바람이 어디로 부는지 알아보는 흔치 않은 경험을 하고 있다. 어제 나는 앨더베리 덤불에서 예쁜 자주색 눈(芽)을 발견했다. 그것들의 모양을 좋아한다. 숲 속의 다른 나무와 관목의 눈도 그려서 비교해 보아야겠다. 그래서 나는 눈을 찾으러 나가서 여러 종류의 눈이 달린 가지를 모았다. 다가올 봄에 나올 잎과 꽃을 생각하며 오늘 몇 개를 그려보려고 한다. 눈은 두 달 전에 이미 묵은 잎이 떨어질 무렵부터 완전히 모습을 갖추고 있었다. 눈은 아주 정교하게 디자인되어 있지만 제대로 그 모습을 잘 보려면 그림을 그려야 하고 그림을 그리려면 잘 살펴야 한다.

나는 어제 모아온 겨울눈과 가지를 그리는 것부터 시작했다. 오후 2시까지 열한 개를 그렸는데 상당히 뿌듯했다. 무엇인가 자랑할 만한 일을 하나 하였으니 이제는 드디어 설거지를 할 시간이다. 마지막으로 설거지를 했을 때—확실히 기억이 나지는 않지만 설거지를 한 지 적어도 2주가 넘은 것은 틀림없다—나는 더러워진 그릇들을 다 씻었는데 커피 머그잔은 씻지 않았다. 왜냐하면 그 잔은 다 마시면 즉시 커피를 더 부어서 바로 '더럽히기'로 되어 있기 때문이다. 부엌 난로가 물을 데우는 동안 나는 감자 세 개를 오븐에 굽기 위해 집어넣었고 양파, 토마토, 양배추를 볶기 위해 올렸다. 그러는 사이에 나는 온도가 1℃인 바깥에서 샤워를 했는데 그다지 불편하지 않았다. 오후 3시 15분에는 저녁을 먹고 설거지도

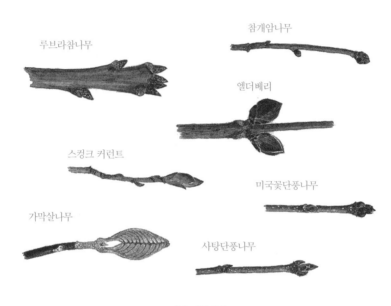

참개암나무

루브라참나무

엘더베리

스컹크 커런트

미국꽃단풍나무

가막살나무

사탕단풍나무

겨울나무의 눈

하고 샤워도 다 끝냈다. 갓 끓인 커피를 마시면서 다시 자유로워진 기분을 만끽하였다.

12월 15일
다시 돌아갈 수 없는 시절

힝클리 굿 윌 스쿨은 주 전체를 대각선으로 2등분했을 때 서쪽과 북동쪽을 달리는 주요 간선도로인 루트 2번을 타고 한 시간만 가면 있다. 도로는 2차선 아스팔트 고속도로인데 교차로마다 작은 잡화점들이 있었다. 대부분의 이러한 시설에는 밝은 빨간색의 코카콜라 사인, 말보로 포스터, 아니면 버드와이저 사인이 걸려 있다. 작은 마을에 들어서면 길을 따라서 나사렛교회, 펜테코스트파 교회 혹은 연합 침례교회의 간판이 세워져 있는 것을 보게 되는데 이런 간판 몇 개를 더 보고 나자 나는 에드워드 애비의 말이 생각났다. "집보다 교회가 더 많은 마을은 심각한 사회적 문제가 있는 곳이다."

교회 건물들은 옹이가 많은 사탕단풍나무들로 둘러싸인 마을 외곽의 집들보다도 웅장해 보이지 않는다. 이런 오래된 집들은 대개 하얀색 페인트칠이 되어 있고 집과 연결되어 있는 헛간은 예외 없이 테두리를 흰색으로 장식한 적갈색을 띠고 있다. 운전을 하고 지나가는데 텁수룩한 말 한 마리가 헛간 문가 거름 옆에 무심하게 서 있는 것이 보인다…. 들판은 옥수수의 그루터기로만 가득하고 오리나무 덤불로 둘러싸여 있다. 래즈베리와 조팝나무, 가시나무…. 그리고 얼어붙은 갈색의 사과가 아직도 가지에 매달려 있는 주인 없는 사과나무도 있다.

터키석색깔, 노란색, 연한 파랑색 등 화사한 색상의 페인트가 칠해진 새로 지은 작은 집들도 있다. 그 집들에서 꽤 가까운 곳에 낡은 농장의 흔적이 있는데 어쩌면 할아버지 할머니들이 아직 살고 계실지도 모르겠다. 회색빛의 물막이 판자는 헐벗고 다 떨어져 가는데 비닐로 된 커버가 창문에 못 박혀 있다. 녹슨 건초 갈퀴, 비료 유포기, 트럭과 자동차의 유물, 설거지 기계, 버려져서 알아보기 어려운 용품들이 미역취와 우엉의 마른 줄기 사이에 흩어져 있다.

머서와 노리지워크 사이에는 기다랗게 뻗은 숲이 있다. 벌목 도로가 양쪽으로 나 있고 최근에 생긴 작은 빈터가 많이 있다. 작은 빈터들에는 현대식 아방가르드 타입의 트레일러 주택이 서 있다. 어떤 곳에서는 주위에 잔디가 있고 지난여름 밖에 남겨두었던 망가진 접이식 의자 한두 개가 있는 것을 볼 수 있다. 거의 모든 주택에는 밝은 빨간색 리본이 달린 발삼전나무의 싱싱한 녹색 잎으로 만든 리스가 걸려 있다. 크리스마스 전구와 안쪽에 불이 들어와서 빛나는 플라스틱 산타인형도 있는데 불은 추수감사절이 끝날 무렵에 켜져서 새해가 한참 지나서야 꺼질 것이다.

웅장한 케네벡 강이 길 왼편을 따라서 노리지워크와 스코히건 사이로, 그리고 힝클리까지 흐른다. 지금은 얼어붙어서 마치 윤을 낸 강철판처럼 매끄러운 검은색을 띠고 있다. 강가에는 학교가 있는데 나는 향수와 두려움과 슬픔 같은 복합적인 감정을 느끼면서 그리로 향했다.

나는 에브릴 고등학교 건너편에 있는 흙길에서 벗어나서 강 쪽으로 향한 다음 기찻길을 건넜다. 그리고 어린 시절에 다른 아이들과 힘들게 일했었던, 강둑을 따라 난 정원이 있는 들판으로 갔다. 그곳의 모래로 된 강둑에 아직도 물총새가 둥지를 트는지 궁금했다.

강의 얼음은 매끄럽고 투명했으며 스케이트를 탈 때 생기는 하얀색으로 긁힌 자국도 없었다. 토요일 오후에 여기 강둑에서 모닥불을 피우고 아이들과 스케이트를 타러 갔던 추억이 생각났다.

오늘은 이상하게 강이 조용했다. 둔탁하게 억눌린 듯한 천둥소리처럼 저 밑의 강물이 아래위로 이동하면서 나는 커다란 '포잉' 소리와 얼음 위에 하얀 금이 가는 소리도 들리지 않는다. 그 시절 나는 밤에 기숙사의 내 침대에서 마치 이야기하는 듯한 이런 강의 소리를 들으며 북쪽 끝 세상에 대한 꿈을 꾸곤 했었다.

　행정을 담당하는 건물은 주차되어 있는 열두 대의 차량을 제외하면 변한 게 없어 보인다. 용기가 사라지기 전에 안으로 들어가자마자 보이는 첫 번째 사무실로 들어가서 교장 선생님을 만나러 왔다고 말했다. 이곳에 온 이유가 야단을 맞거나 벌을 받기 위해서가 아닌 경우는 이번이 처음이다. 하지만 금발의 비서는 만남을 주선하기보다는 저지하려는 듯이 행동했다. 교장 선생님은 회의에 가서 안 계시다는 것이다. 비서는 내가 '활동 프로그램'을 다룰 다른 직함을 가진 사람을 만나야 한다고 말했다. 그래서 나는 그녀가 알려준 곳으로 가서 다른 비서를 만났다. 나는 그녀에게 아이들 몇 명에게 크리스마스를 선물하고 싶은 내 소망을 이야기했다. 그녀는 미소 지으며 "멋진 생각이네요"라고 했다. 그녀는 내 이름도 알아보았다. "오, 당신이 그 유명한 달리기하는 사람이군요."

　그런데 그녀는 내가 자기 상사를 만날 수 있게 해줄까?

　"학교에 보통 8시면 출근하시고 어떤 날은 더 일찍도 오시죠. 그런데 오늘은 안 보이시네요." 그녀는 상사가 어디에 있는지 몰랐고 집으로는 전화를 해보려고 하지도 않았다. 하지만 주중에 나에게 전화할 수 있도록 내 전화번호를 받아두기는 했다. 나는 산책 좀 하다가 다시 들러보겠다고 말했다.

　나는 길포드 코티지의 뒤편에 있는 '엉클 에드Uncle Ed's' 길로 올라갔다. 여기는 내가 가장 좋아하는 곳이었는데 오래된 사탕단풍나무에는 타고 올라가서 흔들며 놀 수 있는 줄이 달려 있었었다. 나무는 그대로 있었지만 줄은 사라졌다. 7학년 때 나는 이 나무의 썩은 가지를 두드려서 구멍을 낸 뒤 그곳에 둥지를 지은 붉은가슴동고비의 알을 두 개 가져갔다. 갈색 점이 있는 작은 하얀색 알의 양 끝에 구멍을 내어 속의 내용물을 뺀 다음 부당하게 탈취한 그 보물을 버려진 건물 마루 밑에 숨겨놓았었다. 근처에 있는 단풍나무에도 움푹 들어간 곳이 있었는데 그곳에서 너구리 새끼를 본 적이 있었다. 봄에는 그곳에 노란색과 파란색의 바이올렛이 피었었다.

새로 벌목을 한 흔적이 여기저기에서 보인다. 목재를 끌어서 나른 자국, 쓰러진 나무, 잘린 나무 그리고 그루터기들. 내 마음속에 그리던 모습과 실제로 본 모습이 너무나 차이가 나서 나는 충격을 받았다. 내가 꿈에 그리던 모습과는 아주 먼 광경이었기 때문이다. 다른 사람들은 그저 숲이 건강해질 수 있도록 제대로 벌목을 했다고 여길 것이다. 아이들에게 크리스마스를 선사하고픈 나의 소망도 그저 내 꿈에 불과할지 모른다. 여기는 이제 사립초등학교가 되었다. 아이들에게는 사회복지 담당자가 있다.

12월 19일
꿈에서 잭을 만나다

오후 세 시 반에 나는 두꺼운 검은색 얼음으로 얼어 있는 힐스폰드를 돌아 마을에서 돌아왔다. 큰까마귀 두 마리가 느릿느릿 나란히 날아서 길을 내려왔다. 녀석들이 아주 가깝게 날며 고개를 좌우로 움직이는 모습을 볼 수 있었다. 우편함에 들렀을 때 5.6킬로미터 떨어져 있는 웹 호수에서 울려 퍼지는 얼음 갈라지는 소리가 들려 왔다. 낮고 날카롭게 우르릉대는 소리였다. 하늘이 흐렸고 나는 눈이 왔으면 했다.

그날 밤에는 달이 보이지 않았다. 날이 어두워진 뒤 금성과 그보다 훨씬 덜 밝은 토성이 남서쪽 하늘에 나타나는 것을 바라보았다. 밖에 모닥불을 피워놓고 앉아서 하늘을 관찰하였다. 오리온자리가 동쪽에서 나타났고 금성과 토성은 사라졌다. 화성이 동쪽에서 나타나더니 전나무의 검은색 실루엣 위로 북쪽에서 북두칠성이 떠오른다. 은하수가 하늘을 가로질러 밝게 빛나고 있다. 불가에 앉아 있으니 충만한 기분이 들었다. 나는 주위에도 차가운 맥주를 마시고 있었다. 모든 것이 안락하고 편안해서 파티라도 하고 싶어졌다. 동지가 겨우 3일 뒤로 다가왔다. 친구들을 불러서 흥겹게 놀고 싶은 생각이 들었다. 나는 길을 따라 내려가서는 전화기를 들고 별 아래에서 이교도 의식을 치를 동지들을 불렀다. 그러나 아무도 집에 없었다. 터덜거리며 오두막으로 올라와서는 마지못해 잠자리에 들었다.

햇빛이 찬란한 날이었다. 갑자기 큰까마귀 한 마리가 가까이 날아와서 내 주위를 돌다가 발밑에 내려앉았다. 머리를 약간 조아리더니 깃털을 부풀리고 부드럽게 보채듯이 구구 우는 소리를 낸다. 잭이었다. 내는 소리를 들으니 나를 보고 기쁜 마음을 표현하고 있었다. 내가 앉자 깡충 품 안으로 들어와서 애정표현을 한다. 셔츠로 녀석을 감아서 가슴 가까이 안았다. 녀석이 강아지처럼 군다. 그 순간 나는 무엇인가가 잘못되었다고 느꼈다. 잭은 절대로 이렇게 몸이 천에 감긴 채로 얌전히 안겨 있는 법이 없었기 때문이다. 나는 눈을 뜨고 오두막 창으로 은색의 달이 지평선 바로 위에 떠 있는 것을 보았다. 몸을 돌리자 밑에 깔린 담요의 감촉이 느껴졌고, 잠이 깨기 시작하면서 꿈은 점차 희미해졌다.

겨울

큰까마귀에 대한 궁금증을 푸는 과정 속에서 어려움을 겪게 되는데,
나는 그 어려움이 나에겐 가장 큰 즐거움이라는 것을 알게 되었다.
나는 요즘 큰까마귀를 볼 생각에 매일 아침마다 커피 한 잔과 시리얼로
배를 채우고 나서, 동트기 반 시간도 전에 오두막 밖으로 나가 달리기를 한다.
언덕을 달려 내려가 배를 땅에 끌며 기어서 전나무 가지 뒤에 숨고는,
가죽을 벗긴 죽은 소 두 마리가 있는 곳에 큰까마귀들이 도착할 때를 기다리곤 한다.
무엇인가를 통찰하는 것은 기분을 한껏 고양시키는 일이고
가끔은 다른 일들을 망각하게 만든다.

12월 21일
다람쥐가 숨겨둔 사과를 찾아 먹다

이제 우물 깊은 곳까지 얼음이 언다. 기다란 장대로 얼음을 부숴야 양
동이로 물을 길어 올릴 수 있다. 그런데 나는 (다시 한 번) 마침내 생쥐를
정복했다. 최근에 생겼던 무리 중에서 마지막 놈을 이틀 전에 잡았다. (그
런데, 정말 그럴까?) 그 이후로 버터에 매일 아침마다 보이던 이빨 자국이 사
라졌다. 천장에서 내려오던 스티로폼 조각도 보이지 않았다. 매일 밤마
다 나를 못살게 굴던, 갉아먹거나 단거리 달리기를 하는 듯한 소리들이
사라졌다. 마침내 평화가 찾아왔다. 지난 며칠 동안 파리들도 어쩐지 그
수가 줄어든 것 같았다. 비록 연약해 보이는 녹색의 풀잠자리가 등유 램
프 주변을 한두 번 돌다가 방금 이 페이지에 내려앉기는 했지만 말이다.
풀잠자리는 그 수가 많지도 않고 날면서 소리를 내지도 않는다. 오두막
에 몇 마리 있어도 상관없다. 이 시기에는 보통 죽은 나무의 헐거워진 껍
질 아래에서 풀잠자리를 보곤 했는데, 풀잠자리는 그곳에서 6개월 이상
동면한다.

붉은다람쥐는 추위에 아랑곳하지 않는다. 우편함을 따라 난 길에 살고
있는 한 녀석은 숨겨둔 사과를 먹으며 잘 지내는 것 같다. 나는 전부 15

개의 사과를 발견했다. 어떤 사과는 나무에서 열한 걸음이나 떨어진 곳에 있었다. 나무 주위에 떨어진 사과는 사슴이나 다른 짐승들이 전부 먹어치웠다. 나는 궁금하다. 다람쥐는 이 사과 전부를 어디다 숨겼는지 다 기억하고 있을까? 내가 우연히 사과를 발견했듯이 다람쥐들도 그런 것 아닐까? 간단히 알아볼 수 있었으므로 나는 오두막으로 달려가서 당장에 이 프로젝트에 착수하였다. 오두막 옆에는 사과나무가 한 그루 있는데 야생동물이 먹지 않고 남겨둔 사과들이 있어서 15개를 모았다. 그러고는 종이와 연필로 다람쥐가 숨겨둔 사과들이 어디에 있는지 지도에 그려 넣었다. 그리고 내가 가져온 15개의 사과를 잘 드러난 가지 밑처럼 다람쥐가 사과를 숨기는 곳과 유사한 장소에 숨겨놓았다. 한두 달 후에 와서 다람쥐가 어떤 곳에 있던 사과를 가져다 먹었는지 확인해보면 재미있을 것이다. 만일 내가 숨겨둔 사과가 다람쥐가 숨긴 사과만큼 사라졌다면 다람쥐는 아마도 사과를 숨긴 장소를 기억해서 사과를 찾아먹는 것이 아닐 것이다. (딱 2주가 지난 뒤에 확인해보니 30개의 사과가 전부 사라졌다!)

12월 23일
큰까마귀 길들이기

처음으로 눈이 소리 없이 하얀색 커튼처럼 차분하게 내린다. 바람 한 점 부는 법이 없이 분위기가 고요하다. 이렇게 멋진 광경이 이토록 조용하다니 으스스한 기분도 든다.

큰까마귀들은 신이 났다. 춥고 눈이 내리니 녀석들에게는 제 세상이나 다름없다. 내 새장에 있는 녀석들(최근에 숲에서 철사로 된 덫으로 잡았다)은 마치 신난 강아지처럼 등을 굴리며 즐겁게 뛰논다. 큰까마귀들은 눈이 오면 늘 그렇게 논다.

이 야생의 큰까마귀들을 꾀기 위해 나는 땅콩을 몇 개 부숴 작게 만들어서 새들이 주워 먹는 데 시간이 걸리도록 하였다(그렇게 하지 않으면 녀석들은 땅콩을 집고는 깡충거리며 달아나거나 날아가버린다). 그러고는 서서 녀석들에게 말을 걸었다. 말하는 것이 도움이 되는지 모르겠지만 내 목소리를 무서워하지 않았다. 녀석들은 내가 그저 발 가까이 오도록 꾀려고 은근슬쩍 무엇인가를 하고 있는 게 아니라는 사실을 확신할 필요가 있다. 큰까마귀들은 상대의 의도를 잘 꿰뚫어본다. 놈들 가운데 가장 용기 있는 녀석 중 한 마리가(날개에 K라고 표해놓았다) 작은 땅콩 조각 몇 개를 숨길 수 있을 양만큼 물었다. 녀석은 노획물을 부리 속에 숨기고 있다. 겉으로는 땅콩 조각 한 개도 보이지 않는다. 하지만 녀석이 마치 아무것도 먹지 않은 양 천연덕스럽게 걸어가자 다른 모든 큰까마귀들이 쳐다본다. 그리고 녀석이 큰 바위 곁으로 가서 땅콩을 숨기려 하자 다른 큰까마귀 몇 마리가 이를 눈치라도 챈 듯이 횃대에서 날아올라 녀석이 입을 열기도 전에 그쪽으로 내려간다. 하지만 녀석도 다른 큰까마귀들이 왜 다가오는지 알고 있어서, 부리를 꼭 다물고 다른 큰까마귀들이 가까이 오기 전에 날아가버렸다. 다른 새들이 잠시 뒤를 쫓는다. 나는 다른 녀석들이 어떻게 알았는지 놀라웠다ー난 녀석의 목 부위가 아주 약간 불룩한 것 정도만 눈치챘는데, 이조차도 나처럼 새에 대해 잘 알고 있는 사람이 아니면 알아차리지 못했을 것이다. 다른 녀석들도 이 모습을 보고 알았을까? 아니면 녀석의 행동이 어딘지 수상쩍게 느껴졌을까? 어찌되었든 다른 새들은 녀석의 의도를 알아차렸고 녀석도 다른 새들이 무엇을 생각하고 있는지 알고 있었다.

나는 큰까마귀를 여러 가지 모습으로 대한다. 오늘 나는 빨간색의 멋진 모자를 썼다. 먹이를 줄 때는 이 모자를 쓴다. 내가 검은색 모자를 눈까지 푹 내려쓰면 녀석들은 무서워서 날아가 버린다. 큰까마귀들의 체중을 재기 위해서 빙어잡이용 그물로 녀석들을 잡을 때는 이 검은색 모자를 쓴다. (먹이를 먹을 때 우위에 있는 개체가 끼치는 영향을 알아보기 위한 실험을 하고 있다.) 큰까마귀들의 환심을 사려면 분명한 모습을 보여주는 것이 중요하다.

큰까마귀들에게 좋은 인상을 주게 되면 재미있는 일이 많아진다. 나는 옆에서 몇 시간이고 앉아서 녀석들을 바라볼 수 있다. 나는 녀석들이 늑대, 곰, 코요테처럼 대개는 사체로 만나는 다른 큰 동물을 두려워하지 않는 것처럼 나도 두려워하지 않도록 길들일 작정이다. 보통 녀석들은 1~6킬로미터 전 거리에서부터 내가 모자를 썼든 안 썼든 그쪽을 바라만 보아도 날아가버린다. 녀석들이 나를 두려워하기는 쉬워도, 인간이라는 이질적인 대상을 대하는 위험 때문에 나를 신뢰하기는 아주 힘들다. 그냥 먹이일 뿐인 큰 동물과 달리 나는 생명을 위협하는 존재인 것이다.

12월 25일
가족과 함께한 크리스마스

어제 오후 늦게 나는 크리스마스를 보낼 겸 뜨거운 물에 목욕할 기대
도 하면서 드라이든 근처에 있는 우리 어머니의 집으로 갔다. 나의 누이
마리앤과 매부 찰스, 성인이 된 두 조카들과 그들의 여자친구, 그리고 김
씨 가족도 함께하였다. 김씨네는 한국계 미국인으로 우리와 가족처럼 지
내고 있다. (아니면 우리 조카 찰리, 크리스와 함께 고등학교, 대학교 시절 이후로도 쭉
우정을 이어오면서 그들이 우리를 가족처럼 여겨준 것일지도 모르겠다.) 전부 열 명이
모였다. 어머니는 전에 없이 이침에 숲으로 가서 직접 크리스마스트리를
베어 오셨고 닭고기, 구운 거위 고기, 으깬 감자, 붉은 양배추로 잘 차려
진 식사를 준비하셨다.

크리스마스 캐럴을 부르지 않아서 한결 마음이 편했다. 그렇게 하지
않아도 충분히 크리스마스를 즐길 수 있었기 때문이다. 우리는 플로리
다, 노스캐롤라이나, 버몬트, 뉴욕, 이타카, 웨스트버지니아에서의 각자
의 삶에 대해 이야기를 나눴다. 조카는 고맙게도 내게 얼음낚시 도구를
선물해주었다. 우리는 폴란드에서 할머니의 그림을 발견한 적이 있었는
데, 내가 그 그림을 찍은 사진으로 만든 액자 두 개를 선물하자 어머니와
마리앤은 아주 좋아했다(그 그림을 이곳으로 가져올 수는 없었다).

저녁 8시경에 나는 오두막을 향해 걸어서 돌아갔다. 바람이 거세게 불
고 기온이 급속히 떨어지고 있었다. 나는 오븐에 불을 지펴 차를 끓이고
잡지를 훑어보았다.

영하의 기온 속에서 불어대는 거센 바람 때문에 오두막이 흔들리는 통에 잠을 잘 이루지 못했다. 내 손가락 끝마디만 한 상모솔새가 이런 추운 날씨를 어떻게 견디는지 자못 궁금했다. 이런 추위를 느끼면 그 위력을 알 수 있다. 나는 두꺼운 이불 아래에서 벌벌 떨면서 웅크리고 있었다. 그러다 가끔 난로에 장작을 더 넣기 위해서 추위를 무릅쓰고 기어 나와야 했다.

12월 29일
겨울 생태학 수업을 시작하다

어젯밤에 학생들이 도착했다. 작은 그룹을 이루어 함께 언덕을 올라왔다. 우리는 오두막 앞에 불을 커다랗게 지펴놓고 주변에 둘러서서 독한 술을 나눠 마셨다.

매년 1월에(방학 중에) 나는 동절기 생태학을 신청한 고급반 학생 열두어 명을 오두막으로 부른다. 이 수업은 한 주에 세 번씩 월·수·금 10시에 수강하는 과정이 아니다. 이 수업은 15일 동안 매일 하루 종일 참석해야 하는 수업이다. 나는 매번 처음부터 학생들에게 이 수업이 배우기에 까다로울 뿐 아니라 춥고 불편한 조건을 극복하고 다른 사람과 잘 어울려 지내야 하는 큰 어려움이 있을 것이라 이야기한다. 이 수업을 통해 모든 것을 함께 겪으면서 우리에게는 공동체 의식이 생겨나게 되고, 헤어질 무렵에는 집단으로서의 '체험'을 했다고 느끼게 된다.

오늘 아침에 나는 평소처럼 동이 틀 무렵에 일어났다. 내가 오븐 근처를 왔다 갔다 하는 소리와 갓 뽑은 커피에서 나는 향 때문에 학생들이 슬리핑백에서 눈을 뜨기 시작하였다. 나는 첫날 아침에는 으레 동물 흔적을 찾으라며 학생들을 산책하라고 내보내곤 하였다.

우리는 아침으로 오트밀을 먹고 바로 출발했다. 내린 지 3일 된 눈이 쌓여 있어서 며칠 동안의 동물의 활동이 잘 드러나 있기 때문에 오래된 흔적과 갓 생긴 흔적을 비교하기에 적당했다. 동물의 흔적 위로 눈이 완전히 덮이지 않고 얕게 쌓여 있고, 약간 질척거렸기 때문에 더 눈에 뜨인다. 오후가 되어 터덜터덜 되돌아오기 전에 우리는 코요테, 사슴, 수달, 아메리카담비, 눈덧신토끼, 족제비, 붉은다람쥐, 흰발생쥐, 들쥐, 목도리뇌조의 흔적을 볼 수 있었다. 운이 좋은 날이었다.

1월 5일
허클베리 습지를 답사하다

체스터빌에 있는 허클베리 습지에 가기 위해서 우리는 단풍나무, 너도밤나무, 솔송나무로 이루어진 숲이 있는 작은 언덕을 내려가고 있었다. 그런데 느닷없이 앞에 마른 갈색 풀과 얼룩덜룩한 오리나무가 있는 편평한 습지대가 나타났다. 오리나무 몇 그루의 회색빛 줄기 위에는 하얀색 반점처럼 보이는 동면하는 솜진디가 있었다. 갈색의 겨울 가지와 동그란 삭(蒴)이 단단한 덩어리로 달려 있는 메일베리 관목도 있었다. 짙은 자주색 가지에 주홍빛 열매가 아직도 몇 개 매달려 있는, 회색빛이 도는 검은색의 윈터베리 관목과 멋진 대비를 이루고 있다. 노랑솔새의 너덜너덜해진 둥지가 아직 남아 있는 나무도 있었고, 오색방울새의 둥지가 남아 있는 나무도 있었다.

좀 더 습지 쪽으로 걸어 들어가다 블루베리에 밝은 빨간색의 눈이 나 있는 것을 볼 수 있었다. 블루베리에는 금방 알아차릴 수 있는 혹벌과 말벌의 벌레혹도 있었는데, 마치 뾰족하지 않은 가시처럼 생겨나서 가지를 구부러뜨리고 있다. 벌레혹은 새 가지가 자라날 무렵에 형성되었을 것이다. 블루베리 관목 사이에는 키 낮은 철쭉이 있는데 올해 생긴 연한 라일락색의 삭이 입을 닫은 채로 달려 있고 작년에 생긴 진한 갈색의 삭은 벌어져 있다.

블루베리와 철쭉을 비롯한 관목들 사이사이에는 듬성듬성하게 자라는 작은 낙엽송과 검은 가문비나무 무리가 섞여 있다. 몇 미터쯤 더 가면 관목이 없어지고 탁 트이고 편평한 지역이 나오는데 다른 세계에 들어온 느낌이다. 이곳에는 늪지에 둥둥 떠다니는 것들이 있다. 서로 엉겨 있는 얇은 뿌리들이 마치 물침대처럼 매트를 형성하고 있는 것이다. 뿌리에는 자줏빛이 도는 녹색 물이끼가 덮여 있다. 이끼 위로는 크랜베리 덩굴의 연약한 기는줄기가 그물처럼 덮여있는데, 이맘때에 서리를 맞아서 달콤하고 즙이 풍부해진 맛있는 자주색 열매가 지금도 달려 있다.

이곳에서 철쭉과의 허브는 키가 겨우 몇 센티미터밖에 자라지 않는다. 그중 위로 솟은 잎이 달린 습지 로즈마리를 많이 볼 수 있었다. 습지 로즈마리의 잎은 가느다랗고 가죽끈같이 생겼는데, 진한 녹색빛 자주색 잎의 윗면은 눈처럼 하얀 잎의 밑면을 향해서 말려 있다. 봄에는 작은 분홍색 종 모양의 꽃이 피어나는데 벌들이 좋아한다. 보그 로럴은 로즈마리 잎이랑 비슷하게 생겼지만 잎의 밑면은 그만큼 하얗지 않고 4개월 후에는 전혀 다른 모양의 분홍색 꽃이 핀다. 역시 철쭉과인 백산차는 위로 꼿꼿하게 자라는 가지를 따라 주름이 많이 진 녹색 잎이 아래를 향해 나 있어서 텐트 같은 공간을 만들어내고 있다. 각각의 잎들도 가장자리가 밑으로 말려 있고 잎 아래쪽 면은 보송보송한 갈색의 솜털로 덮여 있다.

겨우내 잎이 달려 있는 것이 습지식물의 두드러진 특징인데, 벌레잡이풀의 잎만큼 눈에 띄는 것도 없다. 이 식물의 잎은 미끄러운 경사면을 따라서 아래쪽을 향해 털이 나 있는데, 깊숙한 아래쪽에는 물이 담겨져 있어 벌레를 잡아 빠뜨릴 수 있게 생겼다. 학생들이 잎을 뜯어 열어보니 아래쪽에 곤충의 일부가 들어 있는 뿔 모양의 얼음 조각이었다.

이 습지대에 있는 나무들은 분재같이 생긴 검은 가문비나무와 미국꽃단풍으로, 지의류로 덮인 채 듬성듬성 잎이 난 낙엽송도 약간 섞여 있다. 적어도 50년은 넘었을 나무들의 키가 겨우 60~90센티미터밖에 되지 않는데 습지대 바깥쪽으로 갈수록 더 크다. 이 습지대의 전반적인 모습은 마치 마이크로캡슐에 넣은 툰드라지대 같다. 대개는 북쪽으로 몇천 킬로미터를 가야만 볼 수 있는 풍경이다. 이곳에서 우리는 위도상의 점진적인 변화를 보여주는 낙엽수림, 성장이 저해된 나무들이 자라는 곳, 나무가 전혀 없는 곳이 약 90미터 정도의 공간 안에 전부 집약되어 있는 것을 볼 수 있다. 또 습지에서는 툰드라에서 볼 수 있는 종류의 식물이 보이는데, 그 식물들은 키 큰 참나무와 소나무에 둘러싸인 작은 연못의 배출 수로 아래 오목한 곳에서 자라고 있었다. 우리는 이어진 얼어붙은 냇물을 따라서 그 연못으로 갔다.

강이 굽어 있는 어느 한 지점은 매우 얇게 얼어 있었는데 일행 중 한 명이 빠져버렸다. 우리는 불가에 모여 앉아 양말과 부츠를 말리며 이런 저런 이야기를 나누었고 양말이 마르기를 기다리는 동안 강에 뚫어놓은 창으로 기어가서 속안을 들여다보기도 했다. 진흙으로 된 강바닥은 수면에서 겨우 30센티미터밖에 떨어져 있지 않았다.

손으로 햇빛을 가리며 엎드려서 본 강바닥은 아주 멋졌다. 우리는 지금까지는 동물을 보지 못했는데 여기서 작은 생물들을 많이 볼 수 있었다. 하지만 식물은 더 보이지 않았다. 거울같이 맑은 물을 내려다보자 부식되어가는 풀들이 흩어져 있는 강바닥이 보였다. 여기저기에서 무엇인가 조금씩 움직거리는 것이 보였다. 등에다 풀 조각을 딱 붙여서 통 모양으로 만든 집을 이고 다니는 날도래유충이 앞쪽에 돌출되어 있는 부분으로 진흙 바닥을 기어 다니고 있다. (두 가지 종류의 날도래유충을 보았는데 하나는 납작하고 커다란 부분을 길게 이어붙인 집을, 다른 하나는 작고 얇은 판을 나선형으로 세워서 쌓은 집을 이고 있었다.) 내가 손을 뻗자 녀석들이 자기 집 안으로 쏙 숨어버린다. 하나를 물 밖으로 끄집어내어 얼음 위에 올려놓자 제 집에서 얼른 나온다. 하지만 집과 함께 녀석을 집어 병에 넣자 버리고 나갔던 집으로 다시 잽싸게 들어간다.

딱딱한 가슴 부위에 공기층이 형성되어 있고 은빛 배에서 윤기가 흐르는 송장헤엄치게 한 마리를 보았다. 딱딱한 가슴은 과거에는 물에서 산소를 뽑아낼 때 쓰이던 아가미였다. 빠르게 헤엄치던 검은색 물맴이 딱 정벌레가 일정치 않은 모양으로 쌩 하고 지나가더니 내 얼굴 바로 앞에

강바닥에서 발견한 날도래유충

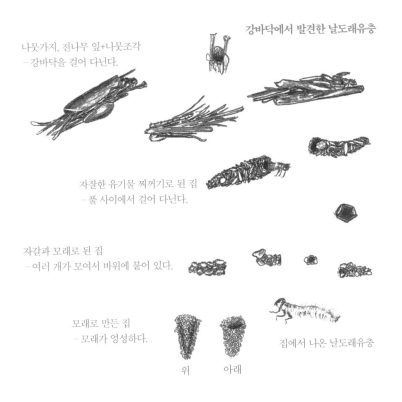

나뭇가지, 전나무 잎+나뭇조각
- 강바닥을 걸어 다닌다.

자잘한 유기물 찌꺼기로 된 집
- 풀 사이에서 걸어 다닌다.

자갈과 모래로 된 집
- 여러 개가 모여서 바위에 붙어 있다.

모래로 만든 집
- 모래가 엉성하다.

위   아래

집에서 나온 날도래유충

서 수면 위로 휙 튀어나온다. 또 한 바퀴 휙 돌더니 얼음 밑으로 사라진
다. 이게 아마도 한 6개월 만에 처음으로 수면 위를 스치듯 지나갔던 것
일 수도 있다. 우리는 딱정벌레 유충 하나를 건져냈고 강바닥을 따라서
천천히 기어가는 도롱뇽 한 마리도 보았다.

　강물을 따라서 수원지인 연못을 향해 올라가는 중에 큰까마귀 한 마
리가 울었다. 얼음 밑으로 뚫어놓았던 구멍은 지금 거의 얼어붙어 있는
데 그 위에 강꼬치고기가 놓여 있다. 얼음낚시꾼이 이곳을 다녀간 모양
인데 강꼬치고기가 마음에 들지 않았나 보다. 하지만 큰까마귀는 그것
을 좋아했다.

점심으로 우리는 참치 통조림을 가져갔는데 따지 않은 통조림 캔 하나는 하키 퍽처럼 되어버렸다. 연못 가장자리를 따라 비버굴이 새로 만들어져 있었는데, 그 윗부분에 놓여 있던 막대기를 몇 개 뽑고는 배낭으로 골대를 만들어 놓고 게임을 시작했다.

저녁에 모두가 돌아온 뒤에 프랜시스와 첼샤는 우리가 늪지대에서 가져온 크랜베리를 넣어서 금방 케이크를 구웠다. 마리아와 킴은 빵을 만들었고, 나는 스콧과 제시카와 함께 난로 불을 쬐면서 먹이를 숨기는 붉은 다람쥐의 행동 양식에 관해 해볼 만한 연구 프로젝트에 대하여 이야기했다. 다른 학생들은 책을 읽거나 메모를 들여다보았다. 저녁을 먹은 후에 제프와 브래드가 일어나서 설거지를 했고 데이비드와 래리는 캄캄한 이층에서 기타를 가볍게 퉁겼다. 단순한 화음 멜로디가 듣기 좋았는데 어째서 라디오에서는 이렇게 좋은 연주를 듣기가 어려운지 모르겠다.

1월 6일
"이 차는 로드킬 당한 동물을 주우려고 멈출 수 있습니다"

이제 매일 하루에 거의 1분씩 해가 길어지고 있는데, 공기에서는 벌써 봄기운이 느껴진다. 오늘 새벽에는 수놈 박새 두 마리가 "디-다" 하는 소리를 주고받으며 노래를 했다. 마을에서는 파랑새 소리와 아주 흡사한 노랫소리를 들었지만 사실은 찌르레기가 전력을 다해서 파랑새를 흉내내는 소리였다.

수요일이면 대체로 그래왔듯 오늘도 리버모어 폴스에 있는 푸줏간에 갔다. 에이번에 있는 소 우리에서 사고로 감전된 열세 마리의 소가 푸줏간으로 오게 되었다. 고기는 부적합판정을 받았는데 소들이 '적절하게'(이게 무슨 뜻인지 모르겠으나) 도살되지 않았다는 것이 그 이유였다. 그래서 전부 버려지게 된 고기를 다른 사람들이 대신 차지하게 되었다. 정육점 주인은 가죽만 챙기길래 나는 원하는 만큼 고기를 가져올 수 있었다. 캐스톤과이는 자기 트랙터에 있는 부양장치를 이용해서 갓 가죽을 벗긴 소를 내 픽업트럭 뒤에 실었다. 소가 간신히 들어가서 일부분은 트럭 밖으로 나와 있었다. "이 자는 로드킬 당한 동물을 주우려고 멈출 수 있습니다"라고 쓰인 내 범퍼 스티커가 그 어느 때보다 적절한 문구로 보인다. 요새는 트럭을 주 도로 옆에 학생들의 차와 나란히 주차해놓는다. 학생들의 범퍼 스티커에는 "열대림을 보존합시다", "티벳을 구하라", "이유 없는 친절과 맹목적인 선행을 실천하라" 같은 문구가 쓰여 있다. 래리는 "지구가 우선Earth First!"이라는 문구와 녹색의 주먹이 그려진 티셔츠를 입는다. '어스 퍼스트'는 최근에 지역 뉴스 헤드라인을 장식했는데 - 좋지 않은 기사로 - 벌목할 예정이었던 나무들에서 누군가 박아놓은 못이 발견되었기 때문이다. '어스 퍼스트'라고 쓰인 티셔츠를 이 지역에서 입는 것은 월마트에서 발가벗고 돌아다니는 것과 같다. 그런데 핏덩이의 죽은 소를 끌고 다녀도 이상한 사람으로 취급받기는 마찬가지일 것이다.

더 깊은 자연으로 야외 수업을 떠나다

제프는 일전에 빠른 유속 때문에 물이 얇게 언 강가에 가서 수중 곤충을 위한 샘플을 채취했다. 그에게는 이제 유속이 느린 곳의 샘플이 필요했다. 내가 오래전에 수영하곤 했던 웅덩이가 있던 곳에는 60센티미터 두께의 얼음이 있었는데, 나와 제프는 여기에 구멍을 내려고 번갈아 도끼질을 했다.

웅덩이의 물은 거의 바닥까지 얼어 있었는데 우리는 거기에 곤충잡이 그물을 집어넣었다. 휘저어서 긁으니 그물 가득 자갈이 딸려 올라왔다. 이전에도 강바닥을 들여다본 적이 있기는 했지만, 지금 두세 번 떠올린 그물 안에 들어 있는 것을 보고 있자니 놀라지 않을 수 없었다. 조류와 퇴적물로 위장하고 있던 땅딸막한 잠자리 유충이 얼음 위에서는 기어 다니려고 해서 그 모습이 잘 보였다. 항상 숨어 있던 꿈틀거리는 털 없는 하루살이 유충도 있었다. 이들의 멋진 모습은 지난 2억 5천만 년 동안 거의 변하지 않는데, 진화를 거친 다른 곤충들의 조상들과 거의 흡사한 모습이다. 하루살이 유충은 예전부터 그러했듯이 아가미를 이용해서 물속에서 산소를 들이마실 뿐 아니라 노를 젓듯이 몸을 움직여서 앞으로 나아간다. 이러한 고대의 아가미는 현대의 곤충 날개의 원형이다.

성충 날도래

서로 다른 날도래 유충이 세 종류 있었는데, 이전에 제프가 유속이 빠른 곳과 늪지대 강물에서 건져낸 것들과는 모두 다른 종류였다. 멋들어지게 지어진 날도래 유충의 집은 아주 흥미로웠다. 아무리 자세히 들여다보아도 그냥 바닥을 보기만 해서는 절대 이 녀석을 발견하지 못했을 것이다. 대부분의 날도래들은 식물 찌꺼기 조각들을 모아서 통 모양의 집을 짓는 반면에 이 녀석들의 집은 거의 납작하다. 집은 녀석들을 발견한 강바닥처럼 자갈을 대략 쌓아놓은 것처럼 보이는데 마치 모래자갈들로 이루어진 종이를 풀로 이어 붙인 듯한 모양이다. 이렇게 위장한 카펫 아래에서 녀석들 역시 명주실로 된 작은 통 속에서 살고 있다.

저녁을 먹은 뒤에 나는 밤에 숲으로 산책하러 가고 싶은 사람이 있는지 물었다. 전부 가고 싶어 했다. 달이 구름에 가려져 있었는데 바람이 한 점도 불지 않았다. 우리는 애덤스 힐 산등성이를 따라서 일렬종대로 걸어가다가 칠흑처럼 어두운 전나무 숲을 향해 내려갔다. 이 숲을 벗어나서 활엽수림 가장자리에 다다랐을 때 우리는 조용히 멈춰 선 채로 올빼미 소리 같은 것들이 들리기를 바라며 오랫동안 귀를 기울였다. 숲은 완전히 적막했다. 10분 동안 바스락거리는 나뭇잎 소리조차 듣지 못하였다. 결국 그냥 계속 걸어가기로 했다. 하지만 그곳에서 떠나기 전에 제프는 놀라울 정도로 정확하고 커다랗게 줄무늬올빼미의 울음소리를 흉내 내었다. 그가 계속해서 불렀으나 대답은 없었다. 지난가을 이후로 이 올빼미 소리를 듣지 못했다 - 보통 이 새들은 늦은 겨울과 이른 봄에 둥지를 틀기 때문에 이상하다고 여겼다.

1월 11일에 우리는 샌디 강을 따라서 4번 루트로 갔다. 마드리드의 마을을 지나고 레인질리와 오쾌서를 지나 케네바고 강을 건넜다. 캡서틱 호수를 돌아서 아지스코호스 산 옆 아지스코호스 호수의 남쪽 끝을 돌아서 갔다. 그러다 마침내 우리는 마갈로웨이 강에 이르렀다. 이 강물은 마갈로웨이 산에서 나와서 움바고그 호수로 흘러간다. 마갈로웨이 강이 호수로 들어가는 부근에서 앤드로스코긴 강이 광대한 습지지역인 이곳에서 벗어나 흘러가기 시작한다. 우리는 메인 주와 뉴햄프셔 주의 경계지역인 이곳에서 하루를 보냈다.

앤드로스코긴 강의 가운데 부분에는 아직 물이 흐르고 있었지만 가장자리의 얼음 두께는 적어도 30센티미터가 넘었다. 강의 얼음은 종횡으로 금이 가 있었는데 가끔 새로운 금이 갈 때 나는 꽝 하고 울리는 소리가 났다. 얼음은 매끄럽기는 했으나 안에 자그마한 공기방울이 가득 들어 있었다. 바람에 날아온 눈이 살짝 덮여 있는 곳이 몇 군데 있었는데 그중 한 곳에서 이제 막 생긴 코요테 발자국도 발견했다.

강을 따라서 올라가 움바고그 호수에 다다르자 늪이 나왔다. 처음에는 풀, 사초, 진퍼리꽃나무의 작은 더미가 얼음 밖으로 삐죽 나와 있는 것이 보였다. 더 들어가자 물이끼가 보이고 다음에는 보그 로럴과 사초가 좀 더 보인다. 바닥에는 파스텔 갈색, 핑크색, 노란색의 물이끼가 보기 좋게 섞여 카펫처럼 깔려 있다. 이곳에는 허리 높이의 검은 전나무와 낙엽송이 자라고 있는데 바닥에는 로럴과 진퍼리꽃나무가 뒤섞여 있다. 보라색 붓꽃의 갈색 씨앗주머니가 꼿꼿하게 서 있는 마른 줄기에 많이 달려 있다. 지난여름에 화려한 파노라마 같은 광경이 펼쳐졌었다는 뜻이다. 도요새가 따뜻한 봄에 주요 서식지인 이곳을 선회하면서 돌아다니는 소리가 금방이라도 들릴 것 같았다.

저 멀리 있는 커다란 늪으로 더 쑥 들어가면 나무들이 나온다. 우리는 커다란 스트로부스소나무의 꼭대기에 큰 막대로 지어진 물수리의 둥지를 보았다. 이 둥지를 우리의 목적지이자 망루로 삼아서 윈터베리와 미국꽃단풍 관목이 더욱 두껍게 엉켜 있는 곳을 지나갔다. 우리는 둥지 아래에서 점심을 먹기 위해 잠시 멈춰 섰다가, 다시 길을 계속 걸어가 늪지를 지나서 호수에 이르렀다. 여기에는 커다란 소나무가 한 그루 더 있는데 흰머리 독수리의 둥지가 보였다. 미국꽃단풍나무 주변에서는 붉은다람쥐가 우리가 온 줄 모르고 몇 미터 떨어진 곳에서 겨울눈을 아삭아삭 씹어 먹고 있다.

주의 야생동물 관리부 사람들이 독수리의 둥지를 보호하기 위해 커다란 소나무 몸통 아래쪽 부분에 금속판을 둘러놓았다. (둥지는 원칙상으로는 뉴햄프셔에 있기 때문에 뉴햄프셔에 존재하는 유일한 독수리 부부지만, 새들은 그 이듬해에 1킬로미터쯤 떨어진 메인 주에 다시 둥지를 틀었다.) 메인에 살고 있는 독수리는 형편이 썩 좋지는 않은데, 알이나 새끼를 잡아먹는 동물 또는 너구리 같은 동물이 문제인 것은 아니다. 특정 개체가 보호되어야 한다면 이들 종에게 심각한 생태적인 문제가 있다는 뜻이다. 이곳의 독수리도 그렇다. 메인 주 내륙의 호수, 강, 바닷가 서식지에 살고 있는 독수리의 수은과 PCB 오염이 역대 최고 수준인 것으로 밝혀졌다. 또 이곳의 독수리는 북미 전체에서 살고 있는 그 어느 새보다도 번식의 속도가 느렸다. 화학물질 때문이다. 이런 물질들이 짝짓기 행동과 배아의 성적 발달에 영향을 끼친다. 위스콘신 주 라신에 모인 여러 방면의 전문가들은 "호르몬 활동을 방해하는 인공적인 환경물질이 줄어들거나 조절되지 않으면 대규모의 병리적인 기능장애가 개체군 수준으로 나타날 수 있다"라고 결론지었다. 독수리는 카나리아처럼 밀고하듯 말하는 새는 아니지만 우리에게 충분히 경고하고 있는 것이다.

누군가가 우리 발밑의 얼음 바로 아래에서 피라미가 헤엄치고 있다고 이야기했다. 물가에 기울어져 자라고 있는 커다란 미국꽃단풍나무 옆에서 몇 해 동안 포유류 동물이 큰 무더기의 똥을 싸놓은 것도 보았다. 수달일 수도 있겠지만 확신할 수는 없었다.

우리는 호수 주변을 살펴보다가 한쪽이 늪으로 되어 있는 강둑이나 강가 둔덕을 따라 걸어 돌아갔다. 늪은 한때는 호수의 일부였다가 강이 둔덕을 만들며 점차 물의 흐름이 차단되자 풀들이 엉겨 붙어 자라면서 형성되었다. 이제 강 둔덕에는 좁고 기다란 숲이 형성돼 있는데 주로 발삼전나무와 미국꽃단풍나무으로 이루어져 있다. 동물들은 이곳을 고속도로처럼 이용하고 있는데 특히 무스와 사슴이 다닌다. 9미터 정도마다 갓 만들어진 무스의 똥 더미가 보이고 길을 따라서 부러져 있는 많은 나뭇가지에는 무스 털이 붙어 있다. 우리는 아직 얼지 않은 오줌이 고여 있는 것을 보았는데 1킬로미터쯤 못 가서 우리 앞의 숲에서 걸어가고 있는 무스가 보였다. 나는 녀석을 빙 돌며 막아서서 학생들도 잘 볼 수 있도록 하였다. 이 얌전한 동물은 소처럼 자기를 몰아도 개의치 않았기에 감탄하는 학생 관객들에게 자세히 보여줄 수 있었다. 대부분의 학생들은 무스를 처음 보았기 때문에 자연 속에서 살고 있는 무스를 6미터 거리에서 볼 수 있다는 것은 그들에게는 큰 즐거움이었다. 무스는 마침내 사방이 얼음으로 되어 있는 곳에 멈춰 서서는 우리에게서 벗어나려 한두 발자국을 내딛다가 미끄러져서 쓰러졌다. 녀석은 천천히 일어나서 다시 몇 걸음을 더 내딛으려 하다가 다시 쓰러져서는 그냥 누워 있었다. 우리는 무스가 마음 편히 곤경을 벗어날 수 있도록 재빨리 자리를 비켜주었다.

강을 따라 나무들이 자라는 둔덕에서 나와 다시 습지로 들어갔다. 그러고는 강을 따라 있는 만으로 가는 길을 되짚어갔다. 반은 만이고 반은 습지인 곳으로 들어가던 중 이번에는 누군가가 얼음 위를 걸어가는 거미를 발견하였다. 지금 이 시기에 거미는 도대체 여기서 무엇을 하고 있는 것일까? 기온이 며칠 동안 밤에는 영하 17℃였고 지금도 영하 몇 도는 되었다.

거미가 한 마리 나타나자 다른 녀석들도 보이기 시작했다. 갑자기 다수의 −수백 마리− 크고 작은 거미가 보인다. 또 얼음 위를 느린 속도로 기어가고 있는 딱정벌레도 있었다. 여름에 연잎 위에서 흔히 볼 수 있었던 딱정벌레 종류도 보였다. 하지만 이외에도 얼음 위를 걷고 있는 소금쟁이를 포함하여 많은 곤충들이 있었다. 우리는 모두 무릎을 꿇고 수그려서 톡토기가 뛰는 모습과 밤나방 애벌레가 기려고 애쓰는 모습을 지켜보았다. 벌레의 몸에는 달콤한 글리세롤이나 다른 부동액 같은 것이 들어 있는 것일까? 월동하는 왕개미의 사탕처럼 단맛과 비교하면 녀석은 아주 약간의 단맛만 났다.

강으로 되돌아갈 때 캐나다 어치 한 쌍을 보았다. 강가를 따라다니며 먹이를 찾고 있었는데 미국꽃단풍나무의 아래쪽 가지 위를 깡충 뛰어다니다가, 짧고 넓은 날개를 쭉 펴고 특이하고 유연하게 올빼미같이 날면서 활공했다.

1월 13일
쥐를 요리해 먹다

아침에 일어나 보니 신나게도 하늘이 짙은 회색빛이었고 기온이 떨어
져서 작은 눈송이들이 내리고 있었다! 모습을 보아하니 곧 눈이 엄청 내
릴 것 같았는데 이번에 내리는 눈은 비가 되지 않을 것 같았다. 실제로
그랬다. 정오경이 되자 땅에는 3센티미터 정도 되는 눈이 쌓였다. 상록
수들이 흰색으로 변했고 떨어지는 눈이 점점 많아지면서 사방이 전부 흰
색이 되었다.

지금 학생들은 팀을 이루어 본인들의 개별 프로젝트를 진행하고 있다.
지난 한 주 동안 이것저것을 시험해 보았었다. 나는 반 전체가 참여하는
프로젝트로 눈 밑의 세상을 이해할 수 있도록 작은 포유동물을 잡으라
고 하였다. 학생들은 붉은등들쥐, 사슴쥐, 흰발생쥐, 소뒤쥐를 잡았는데
그중 브래드는 삼림밭쥐와 스모키뒤쥐도 잡았다. 나는 첫 번째로 여섯
마리를 잡는 사람에게 큰까마귀 털로 된 상 ― 기다란 칼깃 ― 을 수여하기
로 하였다. 금발에 몸집이 작은 제시카가 상을 탔다. 작년에 수업을 들었
던 학생 몇 명은 '생명에 대한 경외심'을 이유로 동물을 잡지 않았다. 그
런 반응이 있으리라 생각하여 올해의 학생들에게는 큰까마귀의 먹이로
쥐가 쓰여지는 자연스러운 과정을 돕는 것이라고 말하였다. 모두가 큰까
마귀를 좋아했기 때문에 아무도 생명에 대한 경외심에 몸을 떨지 않았고
전부 쥐를 잡으려고 애를 썼다. 우리는 적어도 60마리(혹은 큰까마귀가 한 달
동안 살아갈 수 있는 분량)는 족히 되는 많은 사슴쥐와 들쥐를 잡을 수 있었

다. 브래드와 데이비드는 심지어 프로젝트로 삼 년 된 개벌지와 바로 옆
에 있는 오래된 미개벌지인 활엽수림에서 사는 작은 포유동물의 모습을
비교하기도 하였다. 지금까지 이들은 개벌지에는 쥐가 아주 많은 반면에
오래된 숲에는 눈에 띄게 그 수가 적다는 것을 발견했다. 나는 통계적으
로 의미 있는 샘플을 확보하도록 격려하였다. 매일 잡아온 동물들은 아
주 낮은 온도의 냉동고에 넣어두었다 – 우리는 뒷문 옆 바깥에 매달아놓
은 비닐봉지를 냉동고로 쓰고 있었다.

　매일 아침에 각 팀들이 프로젝트를 시행하기 위해서 나름대로 노력하
는 동안 나는 우편물을 가지러 길을 따라서 달리기를 잠깐 하고 왔다. 거
기서 키가 크고 검은색 머리를 포니테일로 땋은 밝은 녹색의 눈을 한 여
성이 서성이는 것을 보았다. 그녀는 앵기 스딤 맥주를 한 통 어깨에 짊어
지고 약간 어리둥절한 표정을 짓고 있었다. "따라와요!" 내가 지시하자
그녀는 그대로 했다(나중에 그녀는 "그렇게 하는 게 왠지 분별 있는 행동 같았어요"
라고 말했다). 그녀는 캘리포니아 웨스트 할리우드에서 온 대학원 졸업예
정자였는데, LA에서 보스턴으로 오는 야간비행기를 타고 바로 다시 렌
터카를 몰아 여기로 왔다고 했다. 큰까마귀와 큰까마귀를 연구하는 장
소를 보고, 버몬트 대학의 학생들과 교수를 만나서 내 지도하에 박사과
정을 이수할 수 있는지 알아보려고 왔다는 것이다. 학생들도 그랬겠지만
적어도 교수인 나는 그녀를 만나서 기뻤다.

　저녁 식사는 우리 중 다른 사람을 기쁘게 해줄 생각에 스스로 원해서
즉흥적으로 요리할 사람이 준비하기로 했었다. 그동안 홈메이드 피자,
마카로니와 치즈, 볶음밥을 해 먹었다. 매일 밤에 누군가가 열심히 요리
를 해서 무언가 새롭고 창조적인 음식을 내왔다. 지금 브래드는 구운 검

정콩과 노란색콩, 강낭콩을 압력솥에 넣어 요리하고 있다. 데이브와 프랜시스는 빵을 만들고 있다. 오늘은 내가 무엇인가를 만들어야 하는 순서다.

말했듯이 우리의 급속 냉동고에는 들쥐가 많았는데, 큰까마귀가 먹고도 남을 양이었다. 그렇지만 큰까마귀들은 이미 죽은 송아지 고기를 실컷 먹은 뒤였다. 들쥐의 양이 여유 있다고 생각되었다. 쥐를 먹을 준비를 하려면 먼저 해동시킨 다음 가죽을 벗기고 내장을 끄집어낸다. 그 다음에는 씻어서 조심스럽게 빵가루를 묻힌다. 검은색 냄비에 올리브오일을 붓고 쥐를 볶은 다음 물을 약간 붓고 뭉근한 불에 조린다. "이거 정말로 먹을 건가요?" 데이브가 궁금해했다.

나는 한 번에 30개 분량을 준비했다. 고기가 갈색이 되고 바삭해지자 미심쩍어하는 데이브의 질문은 더 이상 들리지 않게 되었다. 삶의 다양한 면을 잘 인식하고 있는 제시카가 아무렇지도 않게 하나를 들고 씹으며 호들갑을 떨지 않고 사실 그대로 말했다. "이거, 꽤 맛있네요!" 제프도 하나를 먹어보더니 아무 말 없이 하나를 더 집어서 이번에는 바비큐소스를 찍어 먹는다.

갑자기 모두들 다가왔고, 쥐들은 나초와 살사보다도 더 빨리 사라졌다. 쥐들이 두 번째로 조려지기도 전에 첫 번째로 내어놓은 쥐들이 다 사라졌다. 앵커 스팀 맥주도 줄어들고 있다. 아쉽게도 졸업예정 학생은 버몬트 대학이 자기와는 맞지 않는다는 결론을 내렸다.

1월 20일
코요테를 사냥하는 사람들

이제 학생들은 돌아갔다. 기온은 꾸준하게 영하 17℃와 영하 12℃ 사이에 머물러 있었는데, 아침에는 그냥 따뜻한 침대에 누워 있다가 난로 근처만 맴돌고 싶은 유혹에 빠졌다. 그런데 아직 어두운데도 계곡 너머의 숲에서 커다란 엔진 소리가 들려왔다. 벌목꾼들이 한두 시간 전에 일어나 아침을 먹고 아직은 별이 빛나는 이른 새벽에 운전을 해서 스키더를 끌고 올라왔던 것이다. 나는 침대에서 나와 불을 피우고 아침을 먹었다. 그러고는 놓아둔 소고기 근처의 큰까마귀를 관찰하러 차를 타고 나갔다.

길가에서 한 남자가 픽업트럭 옆에 서서는 라디오 안테나를 돌리고 있었다. 나는 가던 길을 멈추고 다가갔다. "뭘 쫓고 있나요?"

"큰까마귀는 아니에요!" 그가 대답했다. "우리는 코요테를 뒤쫓고 있어요. 우리 개 한 마리의 목에 무선통신장치를 달아주었지요." 그가 저쪽 먼 곳을 응시하며 이야기했다. 내 쪽은 전혀 쳐다보지도 않는다. 아마도 저 너머에서 코요테의 뒤를 쫓고 있는 사냥개를 생각하는 모양이다.

"사냥개로 코요테를 나무 위로 몰 수는 없어요." 내가 지적했다. "어떻게 잡을 건가요?"

그는 언덕 쪽에서 시선을 거두지 않았다. "가끔 우리는 녀석을 몰아서 총으로 쏘지요. 어떤 때는 개들이 잡기도 해요. 내가 지치지 않은 개들을 연달아서 풀어놓거든요. 결국에는 녀석이 지쳐버리지요."

"코요테 털은 팔면 얼마나 받을 수 있나요?"

"돈은 거의 못 받아요. 내 파트너하고 나하고는 그냥 재미로 하는 거죠."

나는 수없이 들었던 코요테의 아름다운 울음소리가 생각났다. 완전히 지쳐빠진 코요테가 사냥개 무리에게 찢겨나가는 장면과 또 코요테가 사슴이 지칠 때까지 쫓았다가 물어뜯는 장면도 얼핏 머릿속에 떠올렸다. 내가 이런 것을 비판해봤자 아무 의미가 없었다.

"행운을 빌어요"라고 말한 뒤에 운전을 계속했다.

1월 25일
달콤새콤한 애벌레

지난여름에 사탕단풍나무가 여유롭게 자라도록 살아 있는 소나무를 잘라내자마자 몇 분이 채 안 되어 딱정벌레가 오기 시작했다. 녀석들은 쓰러진 통나무를 두루 돌아다니며 짝짓기를 하고 알을 낳았다. 딱정벌레는 벌써 오래전에 죽었지만 유충은 살아 있다. 이곳에 맨 처음으로 왔던 바크 딱정벌레의 유충은 바크 바로 안쪽에 복잡한 굴을 만들어놓았다. 나는 그 패턴을 복사하려고 탁본을 떴다. 커다란 딱정벌레 – 장수하늘소가 그 다음으로 왔다.

바크 바로 밑에 커다랗게 파놓은 굴이 실 같은 나무 부스러기와 어린 딱정벌레 유충의 잔여물들로 차 있는 것을 볼 수 있었다. 유충들은 더 이상 바크 아래에서 보이지 않았다. 다 큰 유충은 표면에 매끄러운 타원형의 구멍을 만들며 단단한 목재를 바로 뚫고 들어간다. 나는 구멍 바로 위와 아래를 잘라내고 통나무 안쪽의 유충을 찾아서 판을 하나씩 들추어보았다.

2.4미터의 통나무에서 유충 스물세 마리를 찾았다. 유충은 전부 통나무의 안쪽을 향해 누워 있었는데 굴에 꼭 낀 채 하얀 서리에 둘러싸여 있었다. 벌레들의 크림빛 하얀색 몸통에는 뾰족뾰족한 흰 얼음 덩어리들이 덮여 있었다. 지난 2주 동안 기온이 거의 영하 28℃였는데 오늘은 그나마 영하 23℃였다. 그러나 유충은 딱딱하게 얼어 있지 않고 전부 말랑말랑했다. 알고 보니 녀석들의 몸에는 부동액 성분이 많았다. 나무 안쪽에서 발견되는 월동하는 왕개미처럼 글리세롤의 단맛이 났기 때문이다. 하지만 이쯤 되니 궁금해진다. 녀석들이 정말로 살아 있기는 할까?

나는 맛보지 않은 남은 유충 다섯 마리를 가지고 오두막으로 가져왔다. 내 생각에 온도가 23℃ 되는 오븐 옆에 두면 이 유충들은 살아나야 한다. 겨울에 바크 아래에서 끄집어낸 녹색 풀잠자리와 거미는 손안에서 입김을 한두 번 불어주면 대부분 바로 걷는다. 그런데 딱정벌레 유충은 그렇지 않았다. 심지어 내가 녀석들을 주물거리고 만져서 입김을 불어넣어도 안 움직인다. 동물이라면 가지고 있어야 하는 필요한 속성인 움직임이 조금도 보이지 않는 것이다. 오븐에 불을 피울 때마다 나무 틈에서 기어 나오는 검은 파리와는 너무 다르다고 생각했다.

나는 딱정벌레 유충을 유리병에 축축한 소나무 대팻밥과 함께 넣어서 침대 옆에 두고 매일 확인하였다. 1/25 – "죽어 있다", 1/27 – "죽어 있다", 1/28 - "죽어 있다". 이제는 확인하는 것을 그만두고 존재조차 까먹었다. 하지만 2월 3일에 전부 내다 버리려고 가보니 유충들은 병 속에서 꽤 활발하게 기어 다니고 있었다. 그래서 녀석들을 하룻밤 밖에 두었다. 기온은 영하 6℃ 정도 되었고 원래 요전에 야외에 있었을 때보다는 한 22℃ 정도 높은 온도였다. 하지만 다음날 아침에 다섯 마리의 유충은 내가 처음에 발견했을 때와는 달리 전부 딱딱하게 얼어 있었다. 녀석들이 죽었을 것이라 예상했는데 역시나 그랬다. 하나를 맛보니 달콤하지 않고 견과류의 맛만 났다. 나머지 유충들은 이틀 후에는 갈색으로 변했다. 따뜻한 오두막 안에서 9일을 보내면서 몸 안의 부동액을 잃어버려 더 이상 스스로 몸을 보호할 수 없었던 것이다. 검은 파리들의 몸에도 부동액은 없을 것이라 생각하지만 굳이 녀석들을 맛보며 확인하고 싶지는 않다.

잃어버린 못에서 시작된 환경 테러리스트 시나리오

오늘 5갤런짜리 카보이 물통 두 번째 것이 비었다. 정확하게 2주 전에 학생들이 떠났을 때 물통 두 개를 채워 넣었었다. 우물의 물은 적었고 그 위로는 얼음이 얼어 있었다. 나는 기다란 단풍나무 막대기로 얼음에 다시 구멍을 낸 다음에 양동이를 줄에 매달아 내렸다. 카보이 통을 플라스틱 썰매에 간신히 올려놓고 끌며 아직도 눈이 얇게 쌓여 있는 길을 올라왔다.

내가 이렇게 많은 물을 사용할지 몰랐으나, 그래도 수도가 있을 때 사용하게 될 물의 양에 비하면 아주 적은 양이었다. 몇몇 서부지역의 물 부족 문제를 해결하는 데 도움이 될 제안이 있다. 우선 우물을 집에서 먼 거리에 두는 것이다.

이곳에 내가 쓸 물이 부족하지는 않다. 나는 그저 내가 필요한 양보다 더 많은 양의 물을 끌고 오고 싶지 않다. 하루에 집 여기저기를 관리하는 시간을 한 시간 반 정도로 줄였음에도 시간이 늘 모자랐다. 하루는 쏜살같이 지나가는데, 정작 잠자리에 들려고 누워서 하루 동안 했던 일을 떠올리며 내가 하기로 했던 일들을 했는지 생각해보면 대개는 그렇지 못하다.

큰까마귀에 대한 궁금증을 푸는 과정 속에서 어려움을 겪게 되는데, 나는 그 어려움이 나에겐 가장 큰 즐거움이라는 것을 알게 되었다. 나는 요즘 큰까마귀를 볼 생각에 매일 아침마다 커피 한 잔과 시리얼로 배를 채우고 나서, 동트기 반 시간도 전에 오두막 밖으로 나가 달리기를 한다. 언덕을 달려 내려가 배를 땅에 끌며 기어서 전나무 가지 뒤에 숨고는, 가죽을 벗긴 죽은 소 두 마리가 있는 곳에 큰까마귀들이 도착할 때를 기다리곤 한다. 때때로 특정한 개체를 알아보는 것에 전율을 느낀다. 지난번에 보았던 녀석은 7년 전에 우리가 처음으로 녀석들을 보았을 때 표시를 해놓았던 큰까마귀였고, 또 다른 큰까마귀는 그레이엄 농장에 있는 둥지에서 온 녀석이었다. 녀석들의 일상 활동 패턴을 알아보기 시작했는데 우리는 적어도 2,560제곱킬로미터나 되는 구역을 녀석들이 살고 있는 곳으로 지도에 표했다. 큰 미끼를 놓으면 며칠 안에 적어도 300마리의 새들을 모을 수 있는데 한 번에 그곳으로 온 새 중 40~50마리 정도만이 철새고 나머지는 큰까마귀라는 것을 알게 되었다. 이게 어떻게 가능한지 설명해줄 메커니즘 이론을 연구해 보려고 생각 중이다. 무엇인가를 통찰하는 것은 기분을 한껏 고양시키는 일이고 가끔은 다른 일들을 망각하게 만든다.

요전에 나는 큰까마귀를 관찰하기 위해 사다리 대신에 전나무에 디딤대로 3~5센티미터 깊이로 박았던 커다란 못 두 개를 빼내었다. 나는 못을 트럭 앞자리에 두었는데 그러고는 잊고 있었다. 문득 그 일이 머리에 떠올랐다. 만일 누군가가 그 못을 보고 나를 자칭 '큰까마귀 연구가'이자 나무에 못을 박는 환경 테러리스트라고 여기면 어떡하지? 최근 신문 지면은 사태에 책임이 있는 자들을 끌어내서 처벌하라는 기사로 시끄럽다. 그러다 또 다른 생각이 퍼뜩 들었다. 이 지역에서 나무에 못이 박힌 사실이 알려지기 직전에 날아가는 헬리콥터를 본 적이 있었다. 혹시 거기에 금속 탐지기가 있어서 못 박힌 나무가 발견된 마운트 블루 바로 옆에 있는, 내 전나무에 박힌 못을 공중에서 감지하지는 않았을까?

이상하게도 인터내셔널 페이퍼의 삼림 감독관은 내가 일상적인 질문을 하려고 전화하니 통화하기를 거부하였다. 보이시 캐스케이드의 사람들은 내 땅에서의 작업을 멈추었고 그들의 삼림 감독관은 내 사회보장번호를 달라는 메모를 남겨놓았다. 나에게 돈을 지불한다는 것이었다. 아직까지는 내게 돈을 지불할 어떤 일도 일어나지 않았는데도 말이다. 그게 1월 26일이었다. 그는 길가에 세워둔 내 트럭의 운전석에 메모를 남겼다! 그에게 아직 전화하지는 않았다. 나는 정신없이 트럭과 사방을 살펴보았는데 못을 찾을 수가 없었다! 다시 이곳저곳을 살펴보고, 내 자신을 밑지 못하겠어서 두 번 세 번 찾아보았다. 나는 큰까마귀들이 생각났다. 녀석들은 먹이를 찾아서 먹이가 놓여 있던 곳에 왔다가 아무것도 없으면 바로 다시 와서 확인하곤 하였다. 나는 이런 행동이 인지력이 떨어지기 때문이라고 여겼었다. 지금 내가 그러고 있다.

나는 앉아서 생각해 보았다. 의심의 여지가 없다. 우선 못들이 내 트럭에서 사라졌다. 두 번째 사실은 내가 분명히 트럭의 좌석에 못을 두었다는 것이다. 세 번째 사실은 나 말고 트럭 좌석에 가까이 간 사람은 삼림감독관뿐이었다는 점이다. 왜냐하면 다른 때에는 문이 잠겨 있었기 때문이다.

그 못들에는 살아 있는 나무 속에 들어갔다 나온 흔적이 있다. 다른 주번호판을 달고 범죄 현장에서 매우 가까운 곳에 차를 주차해놓은 놈보다 더 의심스러운 자가 있겠는가? 누군가가 내 차 안을 들여다보고 거기서 못을 발견했다면 무슨 생각을 했겠는가? 악명 높은 '큰까마귀 연구자'라고 생각할까?

나는 론과 신디에게 이런 괴상한 시나리오에 대해 이야기했다. 그들은 나보다는 이 상황이 재미있다고 여기는 것 같았다. 하지만 나 역시 웃긴 했다. 론은 그래도 내가 못을 뽑아낸 자리를 사진으로 찍어두라고 충고하였다. "불가사의하게 구멍이 깊어져서 못이 정말로 깊이 들어간 것처럼 보이지 않도록 말이네." 게다가 나는 이미 제초제를 뿌리는 것이 '삼림관리'가 될 수 있느냐고 질의한 공식 기록을 남긴 전력이 있었다. 나는 아직 보이시 캐스케이드 삼림 감독관에게 전화를 걸지 않았는데(내 땅의 나무를 자르는 것에 대하여 그에게 상담했었다), 지금 생각해보니 그가 못을 가져간 것 같았다. 왜 나에게 말하지 않았을까? 내가 물어봐야 하나? 아니다, 나는 그냥 죄가 없다며 순진한 척하기로 했다. 어디 무슨 일이 벌어지는지 지켜봐야겠다. 나는 죄가 없음에도 그들이 생각하게 될 나의 모습으로 나 자신을 바라보게 되었다. 만약 아무도 증명할 수 없는 전해들은 말과 빈정거림 같은 소문이 이상하게 돌기 시작하면 나를 어떻게 볼까. 일전에 론은 "자네는 숲에서 너무 많은 시간을 보내고 있어. 너무 혼자 오래 있으면 그런 법이네. 숲에 사는 괴상한 사람이 되어버리지"라고 말했다. 그런 걸까.

오후에 나는 그냥 누군가에게 털어놓고 이야기를 나누고 싶어서 밖으로 나가야 했다. 어머니를 만나러 갔는데, 마리앤이 집에 놀러와 있었다. 내 이야기를 자세히 들려주었다.

마리앤은 "동생아, 이 바보야. 내가 너라면 당장 변호사를 고용하겠다. 사람들이 '못 박은 사람'을 찾는다면 네가 딱 맞는 사람이잖아."

어머니는 상황을 좀 더 긍정적으로 보셨다. "우리가 감옥으로 면회 갈게." 어머니가 미소 지으셨다. "헨리 힐튼(우리 둘의 친구이자 이웃)이 한 달 동안 파밍턴 감옥에 갔었지. 아내가 아이들과 자기를 버리고 집을 나가서 애리조나로 가버렸을 때 위자료 지불하기를 거부해서 말이야. 감옥이 아주 좋았다던데. 밥도 먹여준대. 일도 안 해도 되었고. 거기 있는 동안 그림을 그리면서 보냈다고 그랬어. 너는 글을 쓰면 되겠다."

생각해보니 시골 감옥에 들어가는 것은 편안한 경험일 수도 있겠다. 소로도 아주 짧긴 했으나 감옥에 갔었다. 나 역시 독립기념일 주말에 감옥에 간 적이 있다. 메인 북부에서 삼림 팀이었던 나를 포함한 네 명이 퀘벡 시로 히치하이크해서 갈 때였다. 우리는 숙소를 구할 만큼 돈이 없었는데 자정이 넘어 비가 세차게 내려 침낭까지 다 젖어버렸다. 그날 밤을 감옥에서 보냈다. 밤새 만취한 사람들의 신음 소리 때문에 못 자긴 했지만, 다음 날 아침 7시에 우리를 내보내주었다.

그곳에서는 우리를 환경 테러리스트와는 다르게 언제든지 보내주었지만, 테러리스트들이라면 쉽게 나올 수 없을 것이다.

1월 31일
큰까마귀의 겨울나기를 관찰하다

바람이 휘몰아쳐서 오두막을 흔들던 며칠 밤이 지나고 어젯밤에는 적막할 정도로 조용했다. 반쯤 잠이 들었던 밤 10시 30분에 나는 드러누운 자세를 바꿔서 다리를 모으고, 가슴 앞으로 팔짱을 끼고, 손을 펴서 몸에 붙이고, 다리를 끌어올려야 했다. 점점 더 추워져서 내 몸이 자동으로 추위에 노출되는 부위가 적도록 조절했던 것이다. 결국 일어나서 난로에 나무를 더 집어넣었는데 밖은 거의 으스스할 정도로 푸른 달빛이 비추고 있었다. 창문 앞에 서니 오두막을 뚫고 들어오려는 북쪽에서 온 얼음같이 차가운 냉기가 느껴졌다. 통나무 사이사이의 틈에서도 냉기를 느낄 수 있었다.

밤 12시 25분에 나는 또 잠이 깼다. 이번에는 한밤중의 고요함을 뚫고 구슬프게 낮은 목소리로 우는 코요테 소리가 들렸다. 아니면 늑대 소리인가? 길고 느린 울음소리는 누구라도 늑대 소리로 잘못 알아들을 수 있다. 깊게 울려 퍼지는 힘 있는 소리가 화음을 내며 반복되다 차츰 잦아드는데, 회색늑대의 소리처럼 들린다. 저 멀리에서 응답하는 소리가 들린다. 그러더니 다시 침묵이 커튼처럼 드리워진다. 난로에 장작을 더 집어넣고 잠을 잤다.

쥐들이 돌아왔다. 한 마리가 최근 이상한 모습을 보여주고 있다. 짧게 달리기를 하고 멈출 때마다 아주 잠깐씩 큰 파리들이 내는 윙윙거리는 소리를 낸다. 아마도 빠르게 발을 구를 때 나는 진동 소리일 것이다. 전에는 이 소리를 들은 적이 없었다. 이 녀석은 밤마다 한 시간씩 소리를 내는데 자정이 지나고도 한참을 활발하게 움직인다. 이런 행동은 내가 알기로 전에는 들어본 적이 없다. 다른 쥐들과 연락을 주고받는 무슨 신호 - 마치 정글북처럼 - 라도 되는 것일까?

아주 이른 아침에 나는 또 잠이 깨었다. 이번에는 바로 내 머리에서 몇 십 센티미터 위의 지붕에 쌓인 눈이 작은 눈사태를 일으키며 미끄러져 내려와 떨어지는 소리 때문이었다. 곧이어 쌓인 눈이 미끄러져 내려가 지금 막 빈 곳이 생긴 지붕 위에 눈 결정이 떨어지는 아주 작은 바스락거리는 소리가 들린다.

오전 5시 30분에 신경을 거슬리는 알람시계 소리가 잠을 깨우지만 나는 침대 속으로 더 깊이 기어 들어간다. 그러다 큰까마귀가 생각난다. 반드시 관찰해야만 한다. 그리고 커피 한 잔만 마시면 아마 괜찮아지리라는 생각에 힘이 난다. 이제 침대에서 벌떡 일어나 오두막을 등유 램프의 은은한 노란색 불빛으로 밝히고 불을 지핀다. 오두막 안의 기온이 영하 6℃여서 대야의 딱딱한 얼음 덩어리를 내다버려야 할 정도다. 하지만 30

분 후에는 커피를 마신다. 기적이다.

옥외 변소로 가는 길에 외부 온도계를 확인해본다. 영하 28℃인데 – 실내보다 22℃가 더 낮다 – 어쩐지 위안이 된다. 그간 온 것 중 제일 두껍게 쌓인 눈 위로 작은 눈 덩어리들이 떨어지면서 나는 소리에 몇 분 동안 귀를 기울인다. 마침내 겨울이 온 것이다. 지금까지는 기온이 낮은 날과 눈이 오는 날이 번갈아가면서 있었다. 오늘은 올 겨울 들어 처음으로 기온이 낮으면서 눈도 온다.

새벽이 오기 전 아직 어두울 때 길을 종종걸음으로 내려간다. 얼굴에는 내리는 눈이 느껴지고 발밑에서는 모래 같은 감촉의 매우 차가운 눈이 삐걱거리는 소리가 들린다. 기분이 아주 좋았다. 나는 가문비나무로 만든 잠복처에서 큰까마귀를 관찰하러 간다.

오늘 아침에는 날씨가 너무 추워서 몇몇 큰까마귀들조차 눈 위를 걸으며 종종 한 발을 내딛고 다른 발은 부풀은 배 쪽 털 밑으로 집어넣는다. 계속 내리는 눈은 너무 건조해서 결정이 아주 작기 때문에 큰까마귀들의 등에 들러붙지 않는다.

평소처럼 큰까마귀들은 새벽 무렵에 온다. 한두 마리가 한 30분 동안 소리를 지르다가 스무 마리가 먹이를 먹으러 내려온다. 그러고 나서 내가 눈과 나뭇가지로 생긴 컴컴한 동굴 같은 곳에서 쪼그리고 앉아 있는 동안 들리는 소리는 큰까마귀들이 소의 사체에 남은 돌처럼 딱딱한 고기를 부리로 쪼아대는 소리뿐이다. 오늘은 표시된 새 중 두 마리만 왔다. 90분 후에 발의 감각이 없어지고 몸이 심하게 떨려온다. 할 수 없이 식사 중인 녀석들에게서 떨어져 따뜻한 오두막으로 돌아온다.

어제 친구로부터 편지 한 장을 받았는데, 그녀는 함께 앵커리지에서 하바롭스크로 여행을 가자고 했다. 그리고 1,700여 종의 생물의 고향이고 그중 다른 곳에서는 볼 수 없는 생물이 1,080종이나 있다는 바이칼 호수에도 가자고 했다. 시베리아 횡단철도를 타고 전부 해서 2,000달러 정도면 된다는 것이다. 그러나 나는 여행의 필요성도 큰 흥미도 느끼지 못한다. 이곳에도 많은 생물들이 있는데 나는 아직도 그들에 대해 많이 알지 못한다. 이끼 수십 종을 보는 것만으로도 감각이 과부하가 되는 느낌이다. 큰까마귀 하나만 해도 이미 충분히 흥분된다.

2월 2일
동물들이 겨울잠에서 깨어나는 날

오늘은 성촉절Groundhog Day(마멋이 겨울잠에서 깨어나는 날이라는 뜻으로, 우리나라의 경칩과 비슷하다 - 역주)이다. 그라운드호그Groundhog는 이곳에서는 '마멋woodchuck'으로 알려져 있다. 마멋은 다른 얼룩다람쥐처럼 땅속의 굴에서 동면하는데 그곳에서 겨울 동안 잠을 잔다고 한다. 이건 사실 그렇게 단순한 이야기는 아니다. 알래스카 대학의 동료이자 친구인 브라이너 반즈는 북극 얼룩다람쥐의 동면에 대한 광범위한 연구에서 이 동물이 가사 상태의 몸을 겨울 내내 몇 번씩 움직거리는데 그 이유가 잠을 제대로 자기 위해서라고 밝혔다. 긴 겨울밤 동안 나 역시 가끔 몸을 따뜻하게 하려고 잠에서 깨는데, 이는 다시 깊이 잠들 수 있도록 하기 위한 것이다. 잠이란 정온동물(온혈동물)에게만 생겨나는 특정한 뇌파와 관련이 있다. 알고 보니 다람쥐는 겨울 내내 먹지 않아도 살지만 주기적으로 깊이 잘 수 있어야 한다.

1871년에 펜실베이니아 언덕에 전해진 독일의 전통에 따르면, 성촉절에 마멋이 자기 그림자를 보면 놀라서 다시 동면에 들어가 6주 동안 나오지 않는다고 한다.(이 경우 겨울이 6주 더 지속된다고 믿는다 - 역주) 하지만 지금까지 107년 동안 펜실베이니아 펑추토니에서 숙련된 '펑추토니 도사 필(Phil, 성촉절 행사의 마멋의 이름 - 역주)'이 자기 그림자를 보지 않아 2주 안에 날이 풀린 적은 겨우 열 번이었다. 맨 처음 그랬던 해는 1890년이었고 마지막으로 날이 풀린 적은 1950년이었다. 기상 예측 서비스 회사인 애큐웨더는 마멋의 정확도를 더 깊이 조사했다. 그들은 2월과 3월의 평균보다 더 따뜻한 경우와 더 추운 경우는 엇비슷하다고 했는데, 이런 평균의 법칙은 수상쩍게 들린다.

뭐, 오늘은 마멋이 땅 위로 올라와서 자기 그림자를 볼 일은 없을 것이다. 적어도 메인 지역에서는 아니다. 어제 낮에는 종일 눈이 내렸고 밤새 그리고 오늘 낮에도 눈이 내렸으며 기온이 거의 영하 17℃에 머물러 있다. 잡지 〈르위스턴 선〉에 글을 쓰는 카렌 크르오루카가 말하기를, 그녀의 친한 친구이자 이웃인 버넌 허치슨에 따르면 성촉절은 겨울 한가운데쯤 있기에 세 가지 정도를 가늠하여 생존의 가능성 여부를 확인할 수 있다고 한다. 장작, 건초, 뿌리작물이 절반 정도 남아 있어야 한다는 것이다. 나는 장작을 절반에 약간 못 미칠 정도로 썼는데 요즘은 아주 많이 쓰고 있다.

날씨만 본다면 겨울이 반이나 지난 것 같지는 않다. 겨우 3일 정도 지난 느낌이다. 오늘 나는 처음으로 무릎까지 오는 밀가루 같은 눈을 헤치고 걸어가서, 눈이 점점 더 쌓이는 바람에 가지가 밑으로 축 처져 있는 전나무와 가문비나무를 구경했다. 기온이 낮기 때문에 한동안은 나뭇가지가 그런 모양을 유지할 것이다. 숲은 요정의 나라 같은 모습이다. 아마 내가 충분한 장작더미를 가지고 있고 내게 불을 피워 따뜻한 집이 있기에 그렇게 보이는 것일 테다.

신디를 도와서 길가 우편함과 주차장에 쌓인 눈을 치우고 있었다. 그러다 제설기를 단 픽업트럭이 지나갔는데 긴 머리의 남자가 어린 아들과 함께 타고 있었다. 그는 90미터쯤 길을 내려가다가 멈춰 서더니 되돌아와서 말도 없이 우리가 있는 길을 치우기 시작했다.

신디가 나를 보고 물었다. "아는 사람이에요?"

"아니요, 한 번도 본 적이 없는 사람인데요."

뱅거 공항에 가면 이런 광고가 붙어 있다. "메인에 오신 걸 환영합니다 –사람답게 사는 곳" 지금 상황이 아마 그런 것 아닐까.

삼림 감독관 시 볼치에게 전화해서 요청한 대로 내 사회보장번호를 알려주었다. 그는 차분했다. 벌목이 지연되었다는 것 외에는 별다른 이야기를 하지 않았다. 벌목꾼인 데일이 나를 위해서 트럭 2대 분량의 나무를 잘랐고 지금은 그뿐이라고 했다.

지난번에 내 이야기를 들었을 때 마리앤의 반응이 떠올랐다. "이야기를 정리해 볼게." 그녀가 말했다 "이른 아침, 동이 트기 전이었어. 삼림 감독관이 우연히 들렀다가 네 트럭이 나무에 못이 박힌 범죄 현장 근처에 주차돼 있는 것을 보았고, 그는 네 트럭 운전석 문을 열어서 메모를 남겼어. 그러다 안에 있던 약 30센티미터 길이의 못 두 개를 보았는데 못에는 나무에 박혔던 흔적이 있었던 거지. 그래서 그가 못을 가져갔고, 전화해서 네 사회보장번호를 남기라고 했어. 이게 맞아?"

"대강 그렇지."

"그 사람들이 너를 잡으러 올걸."

큰까마귀에게 줄 고기를 찾아다니다

새벽에 큰까마귀가 오기 전에 잠복처로 가려고 빨리빨리 걸어가는 동안 밀가루처럼 고운 눈이 쌓인다. 잠복처에는 이제 눈이 아주 많이 쌓여 있어서 그 모습이 꼭 털 달린 이글루 같다! 속으로 들어가기 전에 나는 잠시 동안 빠르게 색이 변하는 하늘을 올려다본다. 동쪽은 밝은 터키석 빛인데 서쪽으로 갈수록 점점 더 짙고 선명한 파란색이다. 하얀 눈이 풍성하게 덮인 발가벗은 사시나무와 전나무·가문비나무의 두꺼운 가지 사이로 푸른빛이 환하게 빛나고 있다.

나중에 해가 환할 때 언덕에 다시 올라와 보니 눈의 결정에서 반사되는 수백만 개의 바늘 끝 같은 것이 반짝이는 광경이 눈에 들어온다. 눈 결정체의 면이나 작은 반사경에서 발하는 각각의 작은 빛줄기는 내 눈의 각도가 조금만 바뀌어도 시야에서 사라진다. 내가 한 걸음 걸을 때마다 빛들이 어쩔 수 없이 사라지기도 하지만 또 다른 빛줄기가 나타나서 눈 표면 전체가 끊임없이 반짝이는 것처럼 보인다. 마치 동시에 수백 수천 개의 거울 면이 반사되었다 사라졌다 하는 것 같다.

여기저기에 붉은다람쥐가 푹신한 눈을 뚫고 지나가려다 그저 터널을 만드는 데 그친 흔적이 있다. 나는 이제 왜 다람쥐가 사과를 숨겨놓는지, 또 왜 땅이 아니라 나무 위 높은 데 숨기는지 이해하게 되었다.

조류학 학술지에 실을 큰까마귀에 관한 연구 논문의 초안을 검토하느라 아침 시간의 대부분을 보냈다. 그에 대한 보상으로 오후에 식당에 가서 '평소대로'의 식단으로 식사하였다. 식당은 그다지 붐비지 않았기에 평소처럼 계산대 근처 바에 앉아 접시 닦는 일을 하는 로저와 이야기를 나눴다.

창문으로 조리실을 들여다보니 식당 주인 마이크가 보였는데 두 명의 조수와 함께 요리를 하느라 바빴다. 그는 그리스어로 마구 지껄이고 있었다. 그러더니 잠시 휴식을 취하러 조리실에서 나왔다. 그는 항상 작은 글씨가 쓰여 있는 검은색 차양 모자를 쓰고 있다. 짙은 검은색 눈썹에 진한 밤색 눈동자, 흰머리가 섞인 구레나룻과 연필처럼 가는 콧수염을 지니고 있다. 내 옆에 앉은 손님과 이야기했는데 그동안 날씨가 매우 이상해서 ─ 눈이 충분히 오지 않았다며 ─ 스키 타러 가다가 (슈가로프로 가는 길에) 들르는 손님들이 별로 없다고 했다.

한 손님은 이제 막 근무를 시작하는 웨이트리스 로렌과 길게 이야기를 나누고 있다. 로렌은 최근에 어려움을 겪고 있다. 그녀의 차가 고장 났는데 집주인은 차를 당장 치워버리지 않으면 로렌과 아이들을 집에서 내쫓겠다고 했단다. 로렌은 화가 나 있었는데 손님은 그녀에게 보안관 중 한 명이 커피를 마시러 오면, 어떻게 하면 될지 물어보라고 말해주었다. 손님은 로렌에게 그녀는 차를 주차해놓을 권리가 있으며, 그 못된 집주인이 이를 거부하면 집세를 내지 말고 돈을 은행의 제3자 예탁에 입금해놓고는 수표 대신에 복사본만 주라고 했다. 그리고 "집주인은 당신을 그냥 쫓아낼 수 없어요"라고 조언해주었다. 또 다른 웨이트리스인 크리스도 작년에 같은 문제를 겪었다고 했다. 파밍턴은 세를 들어 살기에 좋은 곳은 아닌 것 같다.

금발의 카우걸과 그녀의 카우걸 친구가 바의 반대쪽 끝에 앉아 있었는데 나는 공짜 디저트를 먹고 나서(화요일마다 나오는) 그리로 다가가 큰까마귀를 위해 가져갈 죽은 동물이 있냐고 물었다. 그녀는 지금 그런 동물은 없다고 말했지만 내가 가볼 만한 농장의 이름과 위치를 알려주었다.

농장은 식당에서 약 15킬로미터를 더 가야 있다. 언덕길을 지나야 했고 바람도 불었다. 길에는 눈 더미가 있었고 아직도 눈이 조금씩 내리고 있었다. 길가를 따라 있는 둔덕 옆으로 고글과 검은색 헬멧을 쓴 두꺼운 옷차림의 사람이 스노모빌을 몰고 쌩 하며 지나갔다.

홀스타인가 사람들이 운영하는 외양간은 내가 어렸을 때 소젖을 짜고, 똥을 치우고, 건초를 나르던 외양간과는 달랐다. 이곳은 새로운 외양간이다. 도끼로 팬 통나무도 없고 김이 서리거나 성에가 낀 창문도 없다. 사실 창문 자체가 없었고 벽도 아예 없었다. 그냥 시멘트 바닥과 나무 기둥 위에 세워진 금속 지붕만 있을 뿐이었다. 소들은 안쪽으로 향하는 2열로 된 우리에 있었는데, 소를 매놓은 쇠로 된 막대 앞에는 건초와 사일리지(매장사료)가 널려 있었다. 죽은 소는 살아 있는 소들 바로 앞 가운데 놓여 있었다. 그것들은 약간 부풀어 있는 것처럼 보였는데, 다른 소들은 이에 개의치 않고 먹이를 먹고 있었다.

짧은 수염이 약간 나고 차양 모자를 뒤로 돌려 쓴 볼이 발그레한 농장 소년은 얼른 트랙터로 죽은 소를 끌어내고 싶어 했다. 그래서 우리는 내 체인을 소의 목과 트랙터 버킷에 걸었고, 그가 유압식으로 들어올린 0.5 톤 남짓한 소를 내 트럭까지 몰고 가서 바닥에 내려놓기 시작했다. 이제 보니 소는 부패하기 시작했는지 아래쪽이 아주 보기 흉한 자주색과 빨간 색이었으며, 냄새를 맡자 속이 울렁거려서 구역질이 나 숨이 막힐 지경이었다. 나는 큰까마귀들이 소를 먹을 것 같지 않다고 말했다.

"큰까마귀들은 이게 썩을 때까지는 안 먹을 거 같기도 해요." 그가 추측했다.

"아니, 사실 큰까마귀는 신선한 고기를 좋아해."

"음, 이건 겨우 이틀 지난 건데요."

그가 말하는 이틀은 성경에서 말하는 이틀인가.

"그냥 소를 도로 근처의 숲 속 어딘가에 놔둘 수 없을까?" 나는 생각해보았다. "그럼 내가 소를 잘 잘라놓은 뒤에 어떤 큰까마귀가 이곳에 오는지 볼게."

"전에 한 번 버린 적이 있는데 땅주인이 싫어했어요. 아저씨는 어디에 놔두나요?"

"도로 쪽에 있는 숲."

"아저씨 숲이요?"

"아니. 하지만 아무도 불평한 적은 없었어. 근데 이놈은…. 내 생각에 이 소는 안 되겠어. 게다가 내 트럭에는 들어가지도 않을 것 같군."

"알았어요. 그럼 대신에 송아지는 어때요?"

여섯 마리의 어린 송아지들은 전부 딱딱하게 얼어붙어 있었다. 우리는 송아지를 실었다.

"지난번에 다른 사람도 와서 좀 가져갔어요. 그 사람은 코요테 미끼로 썼어요. 올가미로 잡는대요. 같은 지역에서 스무 마리를 잡았어요. 올해는 코요테가 더 많다고 그러더라고요."

메인 주 코요테는 지금 사냥감으로 가장 인기 있다. 1989년 봄에 메인주 입법부는 현상금 사냥이 주는 나쁜 어감을 바꾸고 이 동물의 개체 수를 '조절'하기 위해 코요테 어워드 프로그램을 마련하였다. 1등상으로는 그해 가장 큰 암놈을 잡은 사람에게 1,500달러의 상금이 수여되었다. 다른 상도 있다. 1,000달러(2등상)는 가장 큰 수놈을 잡은 사람에게, 500달러는 각각 가장 많은 수놈이나 암놈을 잡은 사람에게, 또 다른 1,000달러는 성별에 관계없이 잡은 코요테의 총합이 가장 많은 사냥꾼에게 돌아갔었다. 이른바 개체 수를 조절하는 사람이라면 누구나 참여할 수 있었다. 지금은 상을 주는 프로그램은 폐기되었으나 아직도 일 년 내내 사냥할 수 있고 특별 야간 사냥 기간도 있다. 비록 주의 생물학자들이 정책에 반대했음에도 이 모든 것이 법으로 제정되었다. 학자들은 이 동물의 생명 활동과 주의 영토를 고려해보았을 때 코요테는 우리 삶의 일부라고 결론지었다. 학자들은 사냥으로 죽은 코요테 숫자가 늘어날수록 한 배에서 난 새끼들의 숫자가 늘어난다고 설명했다.

농장 소년은 내게 코요테 사냥꾼인지 물어보았다. 나는 코요테 개체수를 조절하는 것 같은 '쓸모 있는' 일에는 관심이 없다고 말하고 그저 큰까마귀를 먹이고 그 모습을 관찰하려 한다고 했다.

"그걸 혼자서 하는 거예요?"

"그래, 대체로."

파밍턴을 거쳐 돌아오면서 나는 식당에 다시 들렀다. 이제 막 근무를 시작하는 조이가 테이블을 정리하면서 노래를 부르고 있었다.

"뭐 드실래요?"

"굴 스튜요."

2월 초순의 기쁜 소식들

메인대학교 하키 팀인 블랙 베어스가 어젯밤에 41 게임 연승 무패의 기록을 세웠다. 지금 미국에서 1위다. 신문에서는 이렇게 보도하고 있다. "뉴잉글랜드에 혹한이 계속되는 동안 우리의 가슴을 따뜻하게 해주는 소식은 메인 베어스의 활약이다. 얼음판 위에서 상대 팀을 누르며 정상에 올라 있는 베어스는 크게 뽐내거나 응원할 일이 별로 없는 메인 주의 자랑거리가 되어 주에 활기를 불어넣고 있다." 신문기자는 어디서 이런 이야기들을 듣는지 궁금하다.

기온이 또 영하 28℃가 되었다. 맑고 밝은 날이다. 어젯밤의 보름달은 너무 밝아서 거의 책을 읽을 수 있을 정도였다. 줄무늬올빼미 울음소리가 또 났는데, 몇 달 만에 처음 들었다. 수리부엉이처럼 줄무늬올빼미도 둥지를 틀 준비를 해야 한다. 올빼미들은 한겨울에 알을 낳고 품어서 눈보라 속에서 새끼를 키운다.

또 오늘 몇 달 만에 처음으로 큰어치가 비명을 지르는 소리도 들었다. 가을 이후로 그렇게 야단법석을 떠는 소리를 들은 적이 없다. 머리 위 높은 곳에서 큰까마귀 한 쌍이 선회하면서 작게 툴툴대는 듯한 소리를 내고 있다. 그중 한 마리는 반복해서 다이빙하며 마치 코르크 따개처럼 돌면서 내려온다. 그들 역시 둥지를 만들 때가 점점 가까워지고 있다. 2주 후면 몇 마리는 둥지를 이미 지은 상태일 것이다. 봄이 머지않았다.

부활의 계절이 다가와서 그랬는지, 사라졌던 못 두 개를 찾았다. 못은 식료품 봉지에 든 채로 내내 오두막에 있었다. 가문비나무에 사다리를 놓고 못을 뺀 뒤에 트럭에 놔 둔 것까지는 기억한다. 그런데 식료품과 함께 못을 집어들었고 나중에 빈 봉지 안에 넣어두었다는 사실은 잊고 있었다. 이쯤에서 혹시라도 미스터리, 피해망상, 소문과 다른 이들의 빈정거림을 놓고 법정에서 나 자신을 변론할 생각일랑 아예 접어야겠다.

3월 13일
100년에 한 번 오는 폭풍

맑고 화창한 좋은 날씨다. 하지만 신문에서는 내일 올 '괴물' 폭풍에 대한 예보가 헤드라인을 장식하고 있다. 식당으로 가는 길에 라디오를 켜자 정말로 장황하게 떠들고 있다. 식당에 가니 마이크가 한 번 더 확실하게 말해준다. '100년에 한 번 오는 폭풍'이라고. 어쩌면 한동안 밖으로 못 나올지도 모르겠다. 필요한 물품을 비축해 놓아야겠다.

샵앤세이브가 장터가 된 것 같다. 아홉 개의 계산대 앞에는 전부 물건을 가득 실은 카트를 밀고 있는 사람들이 기다랗게 줄을 서 있었다. 전쟁에 대비해서 물건을 비축하려는 사람들 같았다. 어딘지 흥겨운 분위기였는데 다들 마치 무엇인가 신나는 일이 마침내 벌어진다고 여기는 것 같았다. 나는 감자 한 포대와 버터 그리고 붉은강낭콩 캔을 몇 개 더 샀다.

밤이 되자 사위가 죽은 듯이 조용했다. 이렇게 조용했던 적이 있었는지 모르겠다. 오전 6시에 일어나니 하늘이 흐려져 있었다. 여전히 조용했다.

오전 10시 30분에 눈신발을 신고 숲으로 오래 산책했다. 아직 산들바람조차 불지 않는다. 하늘은 이제 밝은 회색빛이다. 요전의 폭풍때 온 눈이 발밑에 푹신푹신하고 두껍게 쌓였으며 나뭇가지에는 커다란 방석처럼 매달려 있다. 이 차갑고 깊은 고요함 속에서, 걸음을 뗄 때마다 20센티미터씩 눈 밑으로 가라앉으면서 내는 오도독오도독하는 소리를 들으니 어린 시절의 내가 떠올랐다. 소설가 잭 런던의 이야기를 읽고 호기심에 불타 동물의 흔적을 찾으러 혼자서 겨울 숲에 가곤 했다. 나는 몸을 덥히려고 멈춰서 작은 불을 피우곤 하였다. 그러나 오늘은 상상으로만 그렇게 해보았다. 나는 계속 걸어가면서 반쯤 자란 전나무와 가문비나무가 덮고 있는 산의 남사면 쪽에서 사슴의 흔적을 많이 보았다. 흔적은 무리를 지어서 길이나 고속도로로 나 있지 않았다. 내가 예상했던 대로였다. 어린 나무가 눈 밖으로 솟아 있는 곳이면 사슴의 흔적이 이어졌고, 나무에서는 가지의 제일 끝이 떨어져나갈 때 싹둑 잘린 노란 흔적도 볼 수 있었다.

새들이 적었다. 박새가 우는 소리를 두 번 들었을 뿐이다. 하지만 발삼전나무 옆 미국꽃단풍에 있던 줄무늬올빼미 한 마리가 나를 보고 푸드덕 날아올랐다. 올빼미는 깃털처럼 가볍게 소리도 없이 날아갔다.

오전 11시에 검은 상록수들 앞으로 내리는 작은 눈송이를 간신히 알아볼 수 있었다. 하지만 시간이 지날수록 눈발이 커지고 아주 서서히 바람이 불기 시작했다.

오후 5시에 나무가 흔들리고 많은 눈이 내리기 시작했다. 나는 낮게 울리는 소리와 오두막에 내리는 마치 사포가 사각거리는 듯한 눈 소리를 들었다. 기상 예보관은 "기상학자들은 이런 유형의 폭발적인 형성을 기상 폭탄이라고 부른다"며 "폭풍이 이보다 더 클 수는 없다고 합니다", "여러분 주의를 기울여 주세요. 시간을 낭비할 때가 아닙니다" 하고 말했다. 눈이 90센티미터까지 내리고 3미터에서 4.5미터 정도 되는 눈이 바람으로 쌓일 것이며 바람이 시간당 100킬로미터 넘는 속도로 빨라질 것이라고 하였다. 너무 흥분되었다.

날씨 전문가들과 기상학자들은 이번 폭풍이 우리가 1991년 6월 필리핀에서 발생한 피나투보산의 격렬한 화산 폭발의 여파를 목격하는 것과 같다고 한다. 1883년에 자바에서 폭발하여 10년이 넘게 기상 이변을 일으켰던 크라카타우 섬의 화산 폭발이래 피나투보가 지구에서 일어난 가장 강력한 폭발이었다. 피나투보 산은 24시간 동안 폭발했는데 매 초당 한 개의 원자폭탄이 폭발하는 것과 맞먹는 에너지를 뿜어내었다.

3월 14일
폭풍을 온몸으로 느끼다

어젯밤 오후 5시가 조금 지나자 바람이 거세지기 시작했다. 시간이 흐를수록 점점 사나워지며 미세한 싸락눈을 흩날렸다. 활활 타는 불 옆에 있는 침상에 앉아 있는데 찬바람을 느끼게 되면 무엇인가 잘못되었다고 여기게 된다. 틈새! 꽉 메워져 있지 않은 것이다. 이미 한 번 있던 일인데 그때 성가신 작은 틈들을 전부 발견했다고 생각했다. 운이 좋게 아래층에 뱃밥이 큰 통으로 하나 있었다. 대개 뱃밥은 보트에 난 틈을 메울 때 쓰인다. 지금 꼭 낡고 새는 보트를 틀어막는 기분이다. 하이먼 리코버(미 해군 최초의 원자력 잠수함을 개발하였다―역주) 해군제독의 요구 조건대로 지어지지 않은 것이다. 그는 "자연은 예수님처럼 너그럽지 않다"라고 책망했었다.

바람이 거세지면서 나는 자연이 점점 더 너그러워지지 않는 것을 느낄 수 있었는데 폭풍우의 차가운 기세가 계속 파고들어와 방에까지 미쳤다. 차가운 눈보라가 들어와서 바닥으로 눈 더미가 서서히 쌓여갔다. 용감한 건지 바보 같은 건지 모르겠지만, 나는 전혀 두렵지 않고 오히려 신이 났다.

저녁 7시경이 되어 한 시간 정도 지속적으로 쨍그랑거리는 소리가 났고 거센 바람이 불어댄 이후에 그친 것 같았다. 거의 모든 틈새에서 차가운 공기가 아직도 들어오는 것을 손으로 느낄 수 있었다. 뭐 적어도 들어오던 눈은 거의 멎었다. 하지만 나는 이제 밖으로 나가서 폭풍을 온몸으로 느껴보고 싶었다.

오두막을 나가려고 할 때 문이 이미 눈으로 막혀서 닫혀 있는 것을 발견하였다. 밖으로 밀고 나가는 데 힘이 들었다. 하지만 더 힘든 것은 캄캄한 곳에서 눈신발을 신는 작업이었다. 아무것도 보이지 않아서 맨손으로 가죽 바인딩을 찾아서 채우고 조여야만 했다. 손이 추위로 얼어붙었지만 손의 감각이 완전히 사라지기 직전에 겨우 신을 수 있었다. 젖지 않은 벙어리장갑에 손을 다시 끼우자 곧 감각이 돌아왔다.

밖으로 나와서 거의 뒹굴다시피 하며 숲을 지나갔다. 그때 눈은 거의 옆으로 비스듬히 내렸는데 얼굴을 때리는 눈이 마치 날카로운 작은 바늘 같았다. 그래서 머리를 아래로 수그렸다. 달빛과 별빛은 완진히 가려졌다. 대개 눈은 칠흑 같은 검은색 나무에 비쳐서 밝게 보이지만 오늘은 눈조차 거의 검은색이다.

저 멀리서 마치 커다란 기차가 터널을 지나가는 듯한 웅웅거리는 소리가 들린다. 이윽고 휘파람 같은 소리를 내며 가속도가 붙더니 순간적으로 잦아든다. 하지만 그런 굉음이 사방에서 들린다. 멀리서 들리는 소리는 바람이 나무에 불면서 나는 소리이다.

바람 소리가 오르내릴 때 나무도 신음 소리와 삐걱대는 소리를 함께 낸다. 가지와 몸통이 서로 비비대고 뒤섞이면서 마치 커다란 더블 베이스처럼 낮은 곡조로 울어댄다. 끊임없이 딸깍대고 찰칵대는 나뭇가지가 서로 부딪히고 심하게 휘어지고 재빨리 일어서는 소리가 타악기 소리처럼 들린다. 자세히 들으면 그러한 소리 위로 눈이 가늘고 약하게 쉬이이… 하며 가지에 내리는 소리가 난다.

바람 때문에 얼굴을 가리기 위해서 머리를 반쯤 숙이고 걷다가 갑자기 내 앞 4, 5미터 거리에 두 개의 검은색 형체가 깡충거리며 지나가는 것을 알아차렸다. 사슴인 것 같다. 형체를 알아볼 수가 없었다. 몇 초 후에 세 번째 물체가 앞의 둘을 쫓아서 따라갔다. 이 녀석은 거의 나를 칠 뻔하였다. 틀림없이 사슴이다.

으르렁대는 바람 소리가 한밤중까지 계속 들렸다. 하지만 아침에 일어나 보니 폭풍은 지나간 후였다. 나는 큰까마귀들이 먹을 수 있도록 송아지 주변에 잔뜩 쌓인 눈을 치웠다. 새 한 마리가 날아가다가 내가 눈 더미에서 꺼내놓은 반쯤 먹힌 송아지를 보았다. 녀석이 소리를 지르자 5분도 지나지 않아 다른 네 마리의 큰까마귀가 내 위에서 날아다니는 것이 보였다.

하루 종일 해가 나오지 않았다. 그저 회색빛 하늘과 계속되는 강한 바람과 소용돌이치며 심하게 내리는 눈이 있을 뿐이었다. 그냥 걷기만 하는데도 지친다. 오늘은 상모솔새가 보이지 않는다. 새가 거의 한 마리도 보이지 않는다. 이상하게 우울한 기분이 들고 아무것도 하기 싫어진다. 숲에서 돌아온 뒤에 나는 불 옆에 앉아 멍하니 있다가 맥주를 마시며 더욱 무기력한 상태에 빠져든다. 봄에 새들이 돌아오는 것을 상상해본다. 봄? 오기는 할까? 견디기가 힘들다. 눈이 너무 많이 와서 숲에서 걸어 다니는 게 힘들어졌다. 나는 굴속에 들어앉은 곰처럼 밖으로 나가기를 꺼려하면서 게으름을 피우고 있다. 큰까마귀에 대한 실험을 끝냈고 지난가을에 혼자 해보았던 질문들에 대한 답을 구했기 때문에 뭔가를 하고 싶은 의욕도 없다. 지금까지는 이런 실험을 하려는 굳은 의지 때문에 새벽에 동이 트기도 전에 영하의 날씨에도 밖으로 나갈 수 있었다. 나는 이제 매일의 일상에 의미를 부여해주는, 집중할 수 있는 다른 일이 필요하다. 삶이란 스포츠를 관람하는 것이 아니라 직접 참여하는 것이다.

3월 14일
폭풍이 지나간 뒤에

아침에 일어나기는 했으나 커피 한 잔도 만들기 귀찮았다. 옷을 입고 눈신발을 신고 나서 제대로 된 아침 식사를 하고 사람들도 볼겸해서 식당으로 갔다.

카운터에 있는 의자에 앉자 조이가 바로 내 앞에 커피를 가져다 놓았다. 옆에 앉은 남자가 유럽에서의 전쟁 경험을 이야기하면서 진부한 우스갯소리를 한다. 나는 웃어주었다. 나도 아루스투크 카운티에 있는 카타딘 산 북쪽에서 삼림 직원들과 보내던 시절에 하던 똑같은 유치한 우스갯소리를 해주었다.

오두막으로 돌아왔을 무렵에는 다시 기분이 나아졌다. 오후 내내 거대한 폭풍으로 쌓인 눈 위를 걸어 다녔다. 눈신발 덕분에 나는 물 위를 걸어 다닐 수 있었다. 얼어붙은 물이긴 했지만 말이다.

사슴의 흔적이 아래쪽의 개벌지 옆 여기저기에 있었다. 그중 한 곳에서 눈 속에 갓 생긴 깊이 파인 잠을 잤던 흔적 여섯 개가 서로 가까이 붙어 있는 것을 보았다. 나의 새로운 '민박집'—작은 벌목 작업 현장—에 손님으로 사슴 몇 마리가 즐거이 머물다 간 모양이다. 놀랍게도 사슴들은 '겨울방목장'으로 가는 길을 아직 따라가지 않고 있다. 사슴들은 잘린 나뭇가지가 있어서 겨울눈을 뜯어먹을 수 있는 곳을 찾아다니고 있었다.

다른 동물들도 눈 위에 흔적을 남겼는데 발자국들은 깊지 않았다. 토끼 몇 마리, 들꿩 몇 마리 그리고 족제비 한 마리의 흔적을 보았다. 개울가의 작은 공터에서는 들꿩 한 마리가 눈 위로 튀어 나왔다. 폭풍을 피해 눈으로 만든 작은 굴속에서 밤을 보낸 것이다. 하지만 오늘 아침에 내가 정말로 보고 싶은 것은 기적적으로 살아 있는 황금관상모솔새의 모습이다. 오늘 아침 기온은 영하 25℃이었다. 털을 뽑으면 사람 엄지 끝마디보다 크지 않은 이 새가 살아남을 수 있었을까?

나는 다섯 시간 동안 상모솔새를 찾아다녔다. 한 번은 새의 가느다란 울음소리를 들었다고 생각했다. 하지만 확실하지 않았다. 녀석들의 소리는 워낙 두드러지지 않아서 진짜 새소리가 나도 희미한 찍찍 소리가 들린 것 같은 때와 별반 차이가 없다. 갑자기 작은 올리브색 새가 날면서 지나가는 것이 보여서 뒤를 쫓았다. 내 머리 바로 위의 두꺼운 발삼전나무 가지 사이로 깡충거리며 갈 때 잠시 모습을 볼 수 있었다. 몇 초가 지나자 다시 날아가 시야에서 멀어지고 소리도 들리지 않았다.

3월 16일
눈 속을 걷다

올더 브룩은 꽤 큰 개울이지만 지금은 흔적도 보이지 않는다. 졸졸 흐르는 물소리조차 들리지 않는다. 지난 몇 달 동안 밤 기온이 거의 영하 23℃에서 영하 28℃ 사이였고 많은 눈이 내려 강둑도 보이지 않게 되었다. 내 발밑에 화사한 색상의 물고기와 온갖 종류의 곤충이 있다고는 믿기지 않는다. 눈 위쪽에도 생명체의 흔적이 있다. 깊은 고랑이 나 있었는데 고랑에는 더 깊이 파인 발자국이 있었다. 발자국 한쪽은 전나무와 사시나무 잡목 숲을, 한쪽은 커다란 소나무와 하층식생을 이루는 개암나무가 있는 시냇가를 가로지르며 구불구불하게 지나갔다. 고랑은 마치 거인이 떼를 지어 지나가면서 이쪽저쪽으로 눈을 뚫고 쟁기질을 한 것처럼 보인다. 무스다. 어제 녀석들이 여기에 왔었다. 네 마리였는데 43제곱미터(13평) 정도 되는 거리 안에서 무리지어서 잠을 잔 흔적을 찾았다.

봄에는 시냇물이 급류가 되어 흐르고 여름에는 유속이 빠른 물이 거칠게 폭포처럼 쏟아진다. 사이사이에는 웅덩이와 작은 폭포가 생긴다. 반대편 숲은 가문비나무 숲을 향해서 난 경사지인데 그 위는 마운트 볼드의 벌거벗은 돌로 된 정상이다. 이곳은 루브라참나무, 너도밤나무, 사탕단풍나무, 흰자작나무, 물푸레나무, 빅투스 사시나무로 이루어진 아름다운 숲이다. 중간에는 스트로부스소나무가 몇 그루 섞여 있는데 아래쪽 몸통의 두께가 1.5미터가 넘는다. 숲을 지나가면서 큰까마귀 둥지를 찾아 보았다. 햇빛이 심하게 반짝이는 눈 위를 밝게 비춘다. 이른 아침에는 기온이 영하였으나 오후가 되자 햇빛으로 상당히 따뜻해졌다. 나는 매 걸음 두껍게 얼어붙어 있는 눈을 깊숙이 밟으며 힘들게 걸었다. 태양을 기준으로 나무의 위치를 파악하며 고립되어 있는 소나무들을 우선 살펴보았다. 큰까마귀의 둥지가 될 만한 그늘지고 널찍한 지역은 찾지 못하였다.

길과 시냇물에 대략 평행으로 나 있는 골짜기는 매우 길고 구불구불하고 좁은 언덕이다. 위를 따라서 걸으면 양쪽이 거의 수직으로 내려다보인다. 나는 좁다란 절벽길인 에스커를 따라서 걸었는데, 최근에 이 길을 지나간 코요테의 흔적을 따라갔다. 양쪽 면이 너무 가팔라 발 디디기가 조심스러웠기에 코요테 발자국을 그대로 따라갔다. 에스커의 윗면과 옆에는 스트로부스소나무와 솔송나무 몇 그루가 자라고 있었다. 큰까마귀의 둥지는 여기에도 없었으나 이미 잔가지를 정리한 솔송나무 줄기에 호저 한 마리가 앉아 있는 것을 보았다. 녀석은 움직이지도 않고 나를 쳐다보았다. 한 시간 뒤에 되돌아가는 길에 보니 이 녀석이 아직도 같은 자리에 앉아서는 또 나를 쳐다보고 있었다.

숲에서 나오려는데 박새 몇 마리, 솜털딱따구리 한 마리, 붉은가슴동고비 한두 마리가 보였다. 동고비 중 한 마리는 죽은 소나무 그루터기에 거꾸로 매달려 있었는데 작은 구멍 주위를 열심히 두들겨대고 있었다. 부리를 한껏 안으로 집어넣었지만 아무것도 나오지는 않았다.

큰까마귀 두 마리가 세 번째 녀석을 맹렬하게 뒤쫓는다. 그러더니 네 마리의 큰까마귀가 함께 마운트 볼드 쪽을 향해 날아가버렸다. 두 마리가 바로 되돌아왔다. 지나가던 한 쌍의 새를 배웅했던지 아니면 이웃하는 두 마리의 새들과 잠깐 놀았던 것이다.

오후 3시에 오두막으로 돌아왔을 때에는 배가 고프고 지쳐서 땀으로 범벅이 되었다. 나는 불을 지펴서 커다란 감자를 두 개 구우려고 집어넣었다. 몇 분이 지나지 않아 불에서 가까운 푹신하고 따뜻한 침대 위에서 깊이 잠에 빠져들었다.

봄

우리는 삶이 '원래' 어때야 하는지에 대한 생각을 가지고 있다.
하지만 나무에게 그리고 대부분의 다른 생물에게 삶이란 그 자체로
'제비뽑기에서의 행운'과도 같은 것이다. 모든 성공에는 행운이 뒤따라야만 한다.
개인적인 차이는 중요하지만, 대부분은 동등하게 태어난다.
우리가 물려받는 세상은 계획된 체계라기보다는 혼돈 속에 존재한다.
그리고 바로 이런 이유 때문에 나는 기분이 들뜨고 즐겁고 낙천적이게 된다.

3월 20~21일
메이플 시럽을 만들어 보기로 하다

밝은 햇빛과 따뜻한 난로가 오두막을 덥히자 나무로 된 집안 곳곳에서 파리가 더 많이 튀어나온다. 나는 지난 며칠 동안 적어도 하루에 다섯 번씩 창문을 열어서 파리 떼를 내보내고 있다. 녀석들이 얼마나 멀리 날아가다 떨어지는지에 따라 날씨가 어느 정도 추운지 가늠할 수 있다. 아침에 커피를 녀석들과 기꺼이 나눠 마시고 싶은 마음도, 같이 침대에 들어가서 자고 싶은 마음도 아직은 생기지 않는다.

어제 본 것처럼 작년에도 붉은다람쥐가 아주 흥미로운 행동을 하는 것을 본 적이 있다. 녀석은 눈 위를 날쌔게 움직여서 어린 사탕단풍나무 위로 폴짝 뛰어올라서는 가지 밑을 연이어서 핥는다. 하지만 가끔은 잎을 핥는 대신에 가지를 덥석 물었다가 즉각 달아난다. 다람쥐는 바크를 씹어서 수액을 빨아먹거나 하는 것도 아니었다. 그냥 재빨리 잘라버리기만 한다.

나무를 물었다가 도망가는 행동은 매우 이상하고 쓸데없는 짓처럼 보였다. 도대체 무슨 일이지? 다람쥐가 물었던 가지를 자세히 관찰해보니 얇은 바크를 물었던 자국을 볼 수 있었다. 두 개의 이빨이 들어갔던 나뭇가지의 자리에는 두 개의 작은 바크 조각이 아직도 붙어 있었으므로 아무것도 없어지지 않은 게 확실했다. 나는 이렇게 쓸데없는 것처럼 보이는 이빨 자국을 수백 개 발견했다. 좀 더 자세히 살펴보니 거의 사탕단풍나무에만 그런 자국이 있다는 것을 알았다.

녀석들은 그냥 수액을 핥은 걸까? 아니다. 사탕단풍나무 수액은 거의 아무런 맛이 없고 약 98%는 그냥 수분이다. 만약 다람쥐가 설탕을 맛보려고 수액을 마셨다면 금방 몸이 부풀어 올랐을 것이다.

결국 나는 우리가 하는 것과 마찬가지로 붉은다람쥐가 메이플 시럽을 수확하고 있던 것이란 결론을 내렸다. 다람쥐들도 똑같은 방법을 쓰고 있는 것이다. 바로 물관부에 상처를 내서 수액이 흘러나오도록 하고 수액이 모일 때까지 기다렸다가 수분을 증발시키는 것이다. 하지만 녀석들은 뒤의 두 단계를 하나로 합쳤다.

사람이 나무에 구멍을 내서 수액이 떨어지도록 두고 떠나듯이, 다람쥐도 날카로운 앞니로 구멍을 뚫어놓고 즉시 떠나버린다. 그런데 다람쥐는 구멍을 어디에다 뚫었는지 수액을 언제 받는지를 기억하고 있는 것 같다. 다음날쯤에 다시 가보면 수액이 모여 있고 수분은 증발해 있다. 끈적끈적한 액체가 바크에 들러붙어서 아래로 기다랗게 흘러 있다. 알맞은 날씨라면 바크의 넓은 표면에 퍼져 있는 작은 수액 방울들은 금방 증발한다. 즉 밤에는 춥고 낮에는 따뜻하면서 해가 나는 날이 바로 수액이 증발하기에 좋은 날씨다. (밤에는 온도가 낮아 건조하지만, 다음날 낮이 되면 온도가 올라 같은 공기여도 수분을 훨씬 많이 머금게 된다.)

다람쥐는 어디에다 구멍을 냈는지 기억하고는 따뜻하고 해가 잘 드는 날을 기다렸다가 짠-하고 메이플 시럽을 마신다. 나는 다람쥐가 나무에서 나무로 달려가는 것을 보았는데 녀석은 구멍을 뚫어놓은 나무 – 오직 그 나무에만 – 로 바로 올라갔다. 나중에 나도 다람쥐가 만든 진한 메이플 시럽과 사탕을 긁어모았다.

겉보기에 이것은 "자연사를 관찰한 귀여운 이야기"일 뿐이다. 내가 과학 잡지 〈사이언스〉에 이 이야기를 보냈더니 검토자는 기사 등재를 거절하면서 그렇게 말하였다. 하지만 내게는 거의 아무것도 없는 데서 붉은 다람쥐가 음식을 만든다는 사실이 마법 같았다. 알맞은 나무를 알아보는 것뿐 아니라 수액을 모으고 나중에 시럽을 만드는 과정 자체가 마법인 것이다. (어리석게도 나는 다람쥐의 흉내를 내서 가지에 내 잭나이프로 상처를 내어보았으나 아무것도 얻지 못하였다. 훨씬 나중에 알게 되었는데 메이플 수액은 바크 아래의 나무 층에 있는 물관부에 상처를 낼 때만 흐른다고 한다. 노란색 배를 가진 수액따구리가 여름에 다른 나무에서 먹는 수액과는 다르다.)

인간은 단풍나무에서 설탕을 얻을 수 있다는 사실을 어떻게 알게 되었을까? 나는 이런 발견이 도출될 결론의 세세한 부분까지 적혀 있는 연구지원신청서를 통해 이루어진 것은 아니라고 확신한다. 아무리 많은 지식과 발명이 있더라도 인간으로 하여금 숲에 있는 나무 하나를 지목해서 "이 나무에서 맛있는 메이플 시럽을 얻을 수 있다. 목질부에 구멍을 내서 아무 맛이 나지 않는 물을 모을 것이다. 그러고 나서 물을 증발시키고 나온 것을 팬케이크에 붓고 이걸 '메이플 시럽'이라 부르겠다"라고 선언하도록 만들지는 못할 것이다. 뛰어갈 때보다 천천히 산책할 때 새로운 것들을 발견할 수 있는 법이다.

론과 나는 메이플 시럽을 조금 만들어볼 생각에 몇 가지 필요한 물품을 사러 딕스필드 동쪽에 있는 홀 농장으로 운전해서 갔다. 폰드 로드에 있는 윌슨 호수의 끝자락을 지나갈 때 작은 집들이 얼음에서 떨어져나가고 있는 모습을 보았다. 얼음이 녹고 있는 모양이라 얼음낚시철은 거의 끝나간다. 새 얼음낚시 도구를 사용할 기회를 얻지도 못했는데 벌써 설탕을 얻을 생각을 하고 있다. 수액을 받을 뚜껑이 달린 금속 양동이와 쐐기 못을 20개 샀는데 두 개가 세트로 2.5달러였다.

미국 원주민들은 흰자작나무의 바크로 만든 용기에 수액을 모았다. 그들은 단풍나무의 바크에 홈을 팠는데, 수액을 얻기 위해 원 모양으로 나무를 둘러싸서 홈을 팠다. 지금 우리는 단지 드릴로 직경 1센티미터쯤 되는 구멍을 내고 쐐기 못을 박고 양동이를 걸었다. 요즘 메이플 시럽을 만드는 농장에서는 나무에 플라스틱 관을 연결하고 수액을 직접 수액 통으로 연결해서 받는데, 수액을 더 빨리 받기 위해 흡입관을 설치하기도 한다. 커다란 증발기의 아주 뜨거운 용광로에서 매일 수천 리터의 수액을 끓인다. 인디언들은 수액이 담긴 용기에 계속 뜨거운 돌멩이를 집어넣어서 힘들게 물을 증발시켰다.

메이플 시럽을 만드는 우리의 기술에는 엄청난 발전이 있었다. 하지만 이 모든 것은 누군가의 머리에서 나온 생각에서 비롯된 것이다. 결과물이 달콤했기 때문에 그런 생각이 발전할 수 있었다. 하지만 도대체 이런 생각이 몇천 년 전 언제쯤에 생겨난 것일까? 붉은다람쥐가 그런 생각을 하도록 만들었을 수도 있을까?

내가 만일 메이플 시럽을 알지 못했다면 다람쥐의 이상한 행동을 맨 처음에 보았을 때 오히려 시럽에 대해 알아챘을 수도 있겠다는 생각을 한다. 내가 잘난 척하는 것이 아니다. 박새조차도 다람쥐의 행동을 이해하고는 부지런한 다람쥐가 작업을 해놓은 이 나뭇가지에서 저 나뭇가지로 날아다닌다.

설탕을 만드는 시기는 밤에는 춥고 낮에는 따뜻하고 맑을 때다. 그 시기가 지금이다. 맑은 날에는 북쪽 하늘이 아주 진하고 아름다운 파란색이어서 나는 이런 모습을 처음 보는 듯이 멈춰 서서 바라보곤 한다. 이 파란색은 잘 알려진 개똥지빠귀 알의 파란빛이라기보다는 갈색지빠귀나 캣버드의 알과 같은 색이다.

아마도 하늘의 색은 여름에도 다르지 않을 것이다. 하지만 여름에는 다채로운 색이 눈을 사로잡기 때문에 굳이 더 밝은 색에 주목하지 않는다. 몇 달 동안 회색, 갈색, 거의 검정에 가까운 짙은 녹색, 그리고 눈부신 흰색이 바다처럼 펼쳐져 있다. 햇빛 아래에서 흰 눈은 너무나 빛나기 때문에, 눈부심을 피하고자 가끔 무언가 더 색이 짙은 데로 시선을 돌려 하늘을 쳐다보게 된다.

쌓인 눈의 위쪽 부분은 따뜻한 햇빛이 닿아 녹으면서 눈송이들이 합쳐져서 밤새 알갱이 모양으로 얼어붙는다. 좀 있으면 얼어붙은 윗부분은 딱딱해져서 이른 아침이 되면 짓밟고 다닐 수 있을 정도가 될 것이다. 그러면 정말로 봄이 올 날이 머지않았다. 큰 폭풍이 지나간 이후로 나무 주변에 휘몰아치던 바람 때문에 나무 몸통 주위에 있던 눈은 날아가버렸다. 나무줄기 가까이에 눈이 없어서 '녹아서 생긴 구멍'처럼 보였다. 오늘같이 화창한 날에 어울리는 상상이다.

설탕 만들기를 시작하는 시기로 봄을 예측하는 것이 성촉절에 머밋, 펑추토니 필이 그림자로 봄이 오는 시기를 말해주는 것보다는 훨씬 정확하다. 하지만 정말로 봄이 오는 시기를 잘 알려주는 것은 개구리다. 나는 나무숲산개구리의 개굴거리는 소리와 청개구리의 높은 소리가 들리는 꿈을 꾸며 잠에 반쯤 빠져들었다. 꿈속에서 개구리의 소리는 아주 선명하고 명확해서 꼭 연못가에 서 있는 느낌이었다. 하지만 아직 이곳에는 개구리가 나오지 않았다. 대신에 턱밑에 다리를 구부리고 웅크린 채 숲 속 여기저기 축축한 잎 아래에 숨어 있다. 개구리들은 아직도 90센티미터에서 1.2미터 두께의 눈 아래에 있다. 적어도 한두 달 동안은 꼼짝도 하지 않을 것이다.

3월 23일
수액 모으기

어제 오후에 나는 나무에 20개의 구멍을 뚫어서 그곳에 수액 꼭지를 20개 꽂고, 양동이 20개를 매달았다. 구멍 뚫는 드릴을 뽑자마자 투명한 수액이 샘솟았다. 삽관을 꽂는 즉시 바로 수액이 뚝뚝 흘러나왔다. 저녁이 되자 양동이마다 약 5센티미터 정도의 수액이 모였고 나는 터보건 위에 실은 카보이 통에다 양동이에 든 수액을 부었다. 증발기를 시험해 보려고 동체가 불룩한 오래된 난로에 불을 피웠다. 몇 분 지나지 않아 증기가 피어오르기 시작했다. 원래가 그렇게 작동되어야 하는 것이므로 그다지 특별할 것도 없는 일이었다. 하지만 어쩐지 아주 놀랍게 느껴졌다. 여기까지 오기 위해서 아주 많은 과정을 거쳐야 했다. 우선 수년째 단풍나무 숲을 가지치기 해왔다. 설탕을 만드는 헛간도 지어야만 했다. 지난여름에 나는 인근 숲에서 건물의 뼈대를 세우려고 미국꽃단풍나무 몸통을 끌어왔다. 벽으로 쓰기 위해서 파커 키니의 목재저장소에서 구입한 판자도 끌고 올라왔다. 널빤지로 방을 둘러막고, 스튜어트의 도움을 받아 신나게 못을 박았다. 나는 타르 종이로 헛간을 전부 덮었다. 흑파리가 나오는 시기에 체인톱으로 장작을 잘랐고 그것을 끌고 와서 쪼갠 다음에 쌓았다. 론이 경매에서 사온 불룩한 몸을 한 난로, 내가 사서 끌고 와야 했던 증발기, 삽관, 드릴, 양동이가 있었다. 마지막으로 나는 깊이 쌓인 눈 위를 눈신발을 신고 다져놓아서 카보이 물통을 실은 터보건을 끌고 와 수액을 모을 수 있도록 하였다.

지금은 모든 것이 '잘 흘러가고' 있고, 어이없을 정도로 간단해 보인다. 황혼 무렵에 나는 그냥 활활 타오르는 불 앞에 편안하게 앉아서 천천히 맥주를 마시며 느긋하고 만족스럽게 수액을 바라다보고 있다.

3월 25일
자작나무 씨앗으로 보는 생명의 신비

쌓인 눈의 맨 위쪽이 사방에 후춧가루처럼 흩어져 있는 검은색의 작은 톡토기들 때문에 살아 있는 것처럼 보인다. 톡토기들은 사슴, 개, 사람들의 발자국 속에 수천 마리가 모여 있다. 한편에는 자작나무 씨앗들이 있다. 바람에 멀리 날아갈 수 있도록 양쪽에 작은 날개가 달린 자그마한 씨앗이다. 나뭇가지가 마찰되면서 건조한 방울 열매가 조각나면, 포엽이 떨어지고 씨앗이 퍼져 나온다. 자작나무에서 마른 방울 열매 하나를 줍자 손가락 사이에서 부서지면서 포엽과 씨앗이 눈 위로 쏟아졌다.

열매 하나에서 얼마나 많은 씨앗이 나오는 것일까? 조심스레 나는 다른 열매를 하나 눌러서 눈 위로 그 속에 들어 있는 극히 작은 씨앗들을 퍼뜨려 분산시킨다. 세어보니 그 수가 350개가 된다. 내가 주워든 방울 열매의 나무에는 가지 하나에 열매가 평균 115개 달려 있고 중간 크기의 이 나무에는 그런 가지가 60개가 있다. 직경이 15센티미터인 회색 자작나무에는 약 241만 5,000개의 씨앗이 아직 남아 있는데 지금까지 이미 그만큼에 해당하는 씨앗이 가을과 겨울 사이에 떨어졌다. 나무에는 아직까지도 떨어진 열매의 줄기나 중앙의 심이 붙어 있어서 가늠해볼 수 있다.

자작나무 가지에 작은 잎눈과
피지 않은 새 꽃차례가 달려 있다.
더불어 1년 된 '방울'도 있다.
하나는 벌어지지 않았고
하나는 씨앗과 포엽을 떨어뜨리고 있다.
그리고 씨앗이 다 떨어진 빈 가지도 있다.

일 년 동안에만 거의 5백만 개의 배아를 생산하고 20년 정도 생산했다고 치면, 이 작은 나무는 1억 개라는 믿기 어려운 양의 배아를 생산한 것이 된다. 배아는 전부 혹은 거의 전부 같은 크기이다. 하지만 평균적으로 이 1억 개 중에 단 한 개의 배아만이 자라서 성숙하고 재생산이 가능한 나무가 된다. 자신을 대신할 나무를 만들어낸다고 가정하면 말이다.

가능성과 실상 사이에는 분명한 선이 그어져 있다. 배아 한 개를 놓고 생명에 대한 경외심을 가지기는 어렵다. 배아 한 개의 상대적인 가치는 99,999,999개의 배아가 죽어야만 성체가 되는 자작나무라는 식물의 가치에 비하면 아주 낮다. 한편으로는 이런 성숙한 개체를 생산해내는 진화의 복잡한 특징을 보노라면, 생명에 대한 경외심을 가지는 것이 그다지 어렵지 않다. 자연은 불필요한 것들은 혐오하지만 때로는 낭비처럼 보이는 생산을 해야만 하는 것이다.

3월 30일
고치를 찾아 나서다

개울가에 있는 가막살나무 덤불에서 멧누에나방의 고치를 발견했는데 경이로운 구조를 하고 있다. 고치의 바깥 부분은 내 서류가방(페데럴 익스프레스 우편봉투)보다 튼튼했다. 껍질 부분의 종이막 같은 실크를 날카로운 면도날로 힘주어 잘라보았더니 안쪽에는 두꺼운 가죽처럼 견고하고 질긴 두 번째 고치가 들어 있었다. 빳빳한 명주실이 이 둘을 분리하고 있다. 새가 고치의 겉껍질을 간신히 뜯더라도 맛있는 식사 거리 대신에 더 질긴 섬유조직으로 된 단단한 알맹이가 들어 있는 것을 보면 크게 실망할 것 같다. 나는 잘 드는 가위로 두 번째 고치도 자를 수 있었는데 속에는 검은색의 부서지기 쉬운 빈 번데기 껍질이 들어 있었다. 짐작건대 내가 고치 속으로 들어간 방식보다는 훨씬 더 쉽게 지난여름에 나방이 이 고치에서 나왔을 것이다.

고치 속에 나방은 번데기 껍질을 남겨놓았는데 배마디, 날개, 눈, 더듬이, 심지어는 생식기의 흔적까지 선명하게 아로새겨져 있었다. 더듬이 외피의 넓적하고 깃털이 난 모양이나 생식기 흔적으로 미루어보았을 때 수놈이었다. 또 고치 아래쪽의 부서질 듯한 번데기 껍질 아래에는 애벌레가 탈피하고 남은 허물이 구겨져 있었는데, 이것은 녀석의 두 번째 전생의 흔적이다. 애벌레는 아마도 이 가막살나무 잎을 한두 달 정도 갉아먹다가 이중으로 된 고치를 공들여 만들었을 것이다. 애벌레의 껍질은 부드러워서 꼭 젖은 셔츠를 구석에 내팽개친 것처럼 고치 아래쪽에 공 모양으로 쪼글쪼글하게 잘 눌려 있다. 애벌레의 가슴다리 싸개와 머리 주머니만이 마치 벗어놓은 레깅스와 헬멧처럼 그 모습을 유지하고 있다.

유연한 애벌레의 껍질을 막 벗은 번데기는 몸이 단단해지고 검은빛이 도는 갈색으로 변한다. 나방이 나오려면 아직 멀었지만 나타날 나방의 모습이 약간 보이긴 한다. 겨울을 다 지내고 나서야 나방은 완전히 형성되기 시작한다. 그렇게 여름이 오면 잘 부서지는 번데기 껍질 위쪽이 갈라지고 나방 성체가 나온다.

딱딱한 껍질에서 완전히 나오기 전에 벌레는 배변을 하게 되고, 그때

밑바닥에 배설물 덩어리를 만들어놓는다. 이 덩어리가 태변인데 성장을 거치는 동안 생긴 단단한 하얀색의 요산과 단백질 대사의 질소를 함유한 배설물로 이루어져 있다. 인간이 배설하는 요소와는 달리 요산은 사실상 물이 없이도 배출될 수 있기 때문에 어떤 면에서 고체로 된 소변이라고 볼 수 있다. 그렇기 때문에 이 동물은 일 년 동안의 단식 기간에 물 한 모금 마시지도 않고 몸속의 수분으로 살아남을 수 있다.

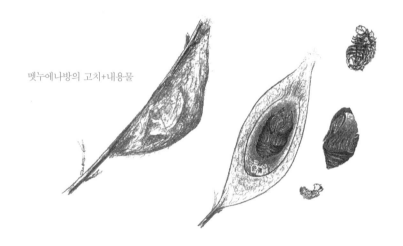

멧누에나방의 고치+내용물

애벌레는 2년 전의 늦은 여름에 번데기로 변했을 것이다. 올 겨울 이 전에도 영하의 겨울 기온을 겪은 번데기는 머릿속에서 해가 길어지고 봄에 기온이 따뜻해지는 것을 가늠하여 신호로 삼게 된다. 이로써 번데기는 마침내 번데기 껍질 안에서 나방이 만들어질 수 있도록 도와주는 여러 호르몬을 정확하게 조절하여 흘러나오게 한다. 이어지는 다른 신호들과 호르몬의 배출은 이른 여름에 나방의 날개돋이를 촉발한다.

번데기의 껍질은 날씨를 견디고 박새와 딱따구리로부터의 공격을 피하는 무너지지 않는 요새처럼 보일 것이다. 하지만 번데기의 머리가 놓여 있는 고치 끝부분에는 고치를 만들었던 애벌레가 남긴 놀라운 탈출 출입문이 있어 일 년(혹은 어떤 경우에는 몇 년) 후에 필요할 때 쓰도록 되어 있다. 안쪽의 고치에도 탈출구가 있다. 이 두 탈출 해치는 발목 부분이 고무줄로 되어 있는 양말처럼 안쪽에서 밀면 열리지만 바깥쪽에서 밀려고 하면 닫혀버린다.

이 나방 고치는 나방의 빈 번데기 껍질로 미루어보아 두 번의 겨울을 견디어냈는데 나방은 벌써 죽은 지 오래되었을 것이다. 성체는 겨울에 살아남지 못한다. 여름에도 나방으로 나와 겨우 며칠밖에는 살지 못한다. 나방의 후손들은 지금 이미 다른 고치 속에 들어가 있다. 우리 인간처럼 나방의 집은 거의 영구적이지만 나방은 영원히 지속되는 것에 관심이 없다. 왜 인간은 그렇게 관심이 많은 것인지 모르겠다.

나는 멧누에나방 고치를 하나 들고 오두막으로 돌아갔다. 쉽게 볼 수 없는 흥밋거리였기 때문이다. 이곳의 겨울 숲에서는 산누에나방인 프로메테우스누에나방의 고치를 훨씬 더 흔하게 볼 수 있다. 예쁜 녹색의 애벌레는 앞쪽에 4개의 밝은 빨간색 점이 있고 늦은 여름에 물푸레나무 잎을 뜯어먹는다. 이 물푸레나무 가지를 나중에 살펴보면 고치가 달려 있는데, 겨울 내내 가지에 매달려 있다가 시들어서 오그라든 죽은 잎하고 놀라울 정도로 똑같이 생겼다.

나는 지난 6월경에 네 마리의 프로메테우스누에나방 애벌레를 보았던 어린 물푸레나무가 있는 오솔길로 가보았다(그곳에 알을 낳은 암놈 나방의 자식들이다). 그곳에서 나는 금방 고치 한 개를 찾았는데, 무엇을 찾아야 하는지 살피는 눈이 단련되어 있었기 때문이다. 평범한 누엣나방처럼 이것도 물푸레나무의 7장 잎으로 된 복엽 중 하나인 양 매달려 있었다. 가지에는 아직도 가운데 잎자루 부분과 나방고치로 된 잎이 남아 있지만 나머지 6개의 작은 잎들은 가을에 떨어져 나갈 때 남은 토막만 보였다.

프로메테우스누에나방 고치에는 멧누엣나방에게서는 매우 두드러졌던 바깥쪽 껍데기의 흔적이 아주 약간만 있을 뿐이다. 하지만 질긴 것은 비슷해서 나무에 몇 년 동안 붙어 있다. 가을이 되어 작은 잎들이 떨어지고 마침내 중앙의 잎자루조차 떨어지고 나면, 커다란 복엽의 제일 끝쪽에 달려 작은 잎처럼 말려 있는 고치도 결국에는 땅으로 떨어질 것이라고 생각할 수도 있다. 하지만 아니다. 애벌레는 그렇게 되지 않도록 대비하였다. 겨울 내내 땅 위에 머무를 수 있도록 마련해놓은 것이다. 오래되어 말라버린 잎자루를 자세히 살펴보면 단단한 명주실로 된 끈이 보인다. 애벌레가 입 부분(엉덩이의 방적돌기에서 실이 나오는 거미와는 달리)에서 열심히 뽑아내었을 수백 개는 될 듯한 가닥으로 이루어져 있다. 끈의 아래쪽은 고치와 연결되어 있고 위쪽은 가지를 단단하게 감싸고 또 감싸고 있다. 강한 겨울의 돌풍도 고치를 떼어낼 수 없다. 매번 나무에 매달려 있는 고치를 보면 이러한 경이로운 사실들이 순간적으로 떠오른다. 이런 사실들을 몰랐다면 고치는 결코 눈에 들어오지 않았을 것이다.

오늘은 특별히 고치를 찾으러 다니고 싶은 기분이 들었다. 나는 프로메테우스누에나방 고치를 6개 발견했다. 다른 해에는 좀 더 많은 고치를 찾았었다. 나방이 점점 줄어드는 것일까? 집으로 와서 고치를 잘랐는데(왠지 가볍고 비어 있는 것 같았다), 나는 그에 대한 답을 반쯤 얻었다. 6개 중 4개의 고치에 다른 것들이 알을 낳아놓았던 것이다. 한 개에는 애벌레 유충의 껍질이 들어 있었으나 그 위에는 ― 나방 번데기가 있어야 할 곳

프로메테우스누에나방.
고치+내용물

에 – 열여덟 마리의 작은 기생 말벌 애벌레가 실을 자아서 만든 18개의
작고 동그란 명주실 고치가 있었다. 고치들은 비어 있었다. 말벌 성충은
끈이 붙어 있는 고치의 위쪽 뚜껑 문을 열고 빠져나갔을 것이다.

다른 세 개의 고치도 역시 애벌레에게 알을 낳았을 말벌에게 침범되어
있었다. 하지만 여기에 들어온 것은 조금 더 작은 종이었다. 번데기 하나
에 18개가 아니라 30~35개의 자식을 낳아놓았다. 자그마한 고치들이
지금 나방 고치를 완전히 메우고 있었다.

멧누에나방과 프로메테우스누에나방은 산누에나방과로 커다란 누에
나방이다. 그것들은 커다랗고 가장 화려한 나방으로, 여름에 현관 불을

보고 찾아든다. 다른 두 개의 종류도 이곳에서 꽤 자주 보이는데 연한 녹색의 긴꼬리산누에나방과 미국밤나무산누에나방이다. 둘 다 녹색빛이 나는 경탄스러운 커다란 애벌레인데 어렸을 때 이 벌레를 보면 가슴이 두근거렸었다. 아직도 그렇다.

이 두 나방은 잎을 말아서 그 안쪽에 명주실로 고치를 튼튼하고 동그랗게 지어놓았다. 가을에는 낙엽 속에 묻혀 있다. 멧누에나방과 프로메테우스누에나방과는 달리, 이 두 고치에는 성충이 되어 나갈 때 필요한 탈출문이 없다. 대신에 이들은 날아갈 때 고치의 튼튼한 명주실 단백질을 소화시키는 엔자임을 함유한 침을 분비하여 자기 스스로 탈출 해치를 만든다. 나는 왜 앞의 두 나방이 땅 위에 머무르려 하고 다른 두 나방은 그렇지 않은지 모르겠다. 같은 과의 나방인데 왜 고치를 탈출하는 방법이 완전히 다른지도 모르겠다. 모든 생명이 그러하듯이 각 생물체는 각자 자기 방식으로 살아간다. 그러나 아주 작고 거의 느닷없는 선택압(選擇壓, 진화의 목적으로 우수한 개체가 선택될 가능성-역주)으로 인해 삶이 한 방향으로 계속해서 흘러가게 되면, 더 큰 분화와 성숙을 향해서 가속도가 붙게 된다. 그런 결정을 내리고 시행하는 데는 아무런 지적 능력이 필요치 않다. 평범한 사람들은 생명 그 자체는 그다지 큰 관심이 없지만 어떤 이유에서인지 '지적'인 생명체는 인상 깊게 여기는 것이 이상하다. 생명 전체를 보았을 때 지능이란 청소용 솔에 붙은 한 가닥 털 정도밖에는 되지 않는다.

나는 누에나방 고치를 계속 찾아보았는데 다해서 33개를 찾았다. 3개는 멧누에나방이고 30개는 프로메테우스누에나방이었다. 살아 있는 나방의 번데기가 나온 것은 한 개도 없었고, 15개의 고치에서는 어느 순간 나방이 성공적으로 탈피한 흔적인 번데기 껍질이 들어 있었다. 하지만 많은 번데기 껍질은 이미 여러 해가 지난 것이었다. 18개가 죽어 있었는 데 여러 가지 이유로 그렇게 된 것을 알았다. 2개의 고치에서는 각각 1개의 커다랗고 둥근 알약 모양의 맵시벌 번데기가 있었다. 8개에는 말벌이 20개에서 30개의 알을 낳아서 기생했었다. 4개는 파리 애벌레가 니방 애벌레 안에서 기생하고 있다가 죽어서 미처 번데기가 되지 못했다. 애벌레 한 마리는 물러 있었는데 아마도 바이러스나 박테리아에 감염되어 죽은 것 같았다. 곰팡이가 잔뜩 자라 있는 것도 있었다. 마지막으로 두 개의 매우 가느다란 고치는 갈라져 있었는데 내용물이 없었다. 아마도 새가 와서 애벌레가 집을 다 짓기 전에 잡아먹은 것 같다. 반면에 기생충들은 애벌레가 고치를 짓기 전에 이미 몸에 들어가 있었다.

고치 안에 갇혀 있는 기생 말벌에게서 내가 잘 모르는 그들의 '면모'를 보려고 했으나, 살려둘 수 있는 별도의 방법을 몰랐다. 두 마리의 알약 모양의 커다란 번데기가 죽었고 단지 0.5센티미터 길이의 암놈 뾰족맵시벌 두 마리가 제 몸보다 더 긴 더듬이를 하고 이듬해 8월 15일에 모습을 드러냈다. 녀석들은 빨간색 다리, 검은색 머리와 가슴 그리고 검은색에 하얀 띠가 있는 더듬이를 지닌 아름다운 벌이었다. 녀석들의 배는 앞쪽은 빨간색이고 뒤쪽은 검은색이었으나 끝부분은 하얀색이었고 2밀리미터 길이의 산란관이 맨 끝에 달려 있었다.

나방의 '완벽함'에도 불구하고 적어도 6개의 서로 다른 유기체들이 자신들의 먹잇감인 나방 고치를 넘어서는 고유의 완벽함을 지니고 있다. 애벌레가 혹시나 너무나 많아지게 되면 그들의 천적도 틀림없이 몇 배로 늘어날 것이다. 새로운 먹잇감 덕분에 천적의 수는 금방 불어날 것이다. 결국, 아름다운 누에나방은 다른 모든 생명체처럼 어쩔 수 없이 때때로 그 수가 줄어들겠지만, 그럼에도 숲 속에서 반드시 필요하고 믿음직한 구성원 중 하나다.

이듬해 가을과 겨울 동안에 나는 다시 산누에나방 고치를 찾아보았다. 단 한 개도 찾을 수 없었다. 다시 보기까지 몇 년은 걸릴 것이다.

3월 31일
파리 떼의 귀환

파리가 다시 나타났다. 지난 3일 동안 나는 각각 1600, 900, 400마리를 청소기로 빨아들였다. 아마 조금 진전이 있는 것 같다. 비록 지난가을에도 다 없애버렸다고 생각했었지만 말이다. 지금 나오는 녀석들은 남아 있는 월동하던 투숙객들이 깨어난 것이다. 나머지도 곧 틈새와 구멍의 숨은 곳에서 나와서 밖으로 나가려고 할 것이고 그러면 가을까지 오두막에서 파리 없이 지낼 수 있다.

사방에서 생명체들이 깨어나고 있다. 고유의 생명주기 단계인 알, 애벌레, 번데기의 형태로 겨울을 나던 곤충들이 모두 움직이기 시작했다. 새소리도 들린다. 오늘 아침에는 오두막 근처에서 우는 비둘기와 붉은양지니 소리가 들렸다. 유명한(혹은 악명 높은) 반점올빼미와 매우 가까운 사촌격인 줄무늬올빼미 소리가 요즘 매일 들린다.

겨울 폭풍 내내 살아남은 마른 너도밤나무 갈색 잎이 이제는 낮은 가지에서 은은하게 바스락거리고 있다. 그에 못지않게 요즘 들리는 즐거운 소리는 시냇물이 흐르면서 내는 요란한 소리다. 이틀 전만 해도 하얀 얼음이 덮여 고요했는데 이제는 남아 있는 얼음 위로 황록색의 물살이 쏟아져 내리고 있다. 집 안에 있던 파리를 깨웠던 따뜻한 날씨가 3일 동안 지속되자 눈도 상당히 녹아내렸다. 아침이 되면 밤사이 얼어붙어 얼음이 된 눈 위를 걸어 다닐 수 있게 되었다. 티 하나 없이 깨끗한 하얀색이던 눈 표면에는 나무에서 떨어진 씨앗과 부스러기들이 박혀 있다.

씨앗 하나에는 나무의 배아세포가 들어 있고 그 안에 있는 정보가 나무를 만든다. 그 정보는 땅이라는 자궁에 뿌리라고 불리는 탯줄로 연결되어 심어지면 활짝 피어나게 된다. 한 그루의 나무가 자라는 것은 믿기 어려운 확률을 뚫고 이루어내는 탁월한 성취다. 한편 자연의 관점에서 보면, 나무마다 평균적으로 다른 나무 한 그루를 재생산하게 된다고 장담할 수 있다. 현대사회 인간의 관점과 너무 다르다. 모든 인간의 생명에는 '권리'가 있고, 어떤 개체가 자라는 데 필요한 이상적인 조건을 갖추지 못했다면 우리는 그것이 누구의 잘못인지 찾으려고 한다. 우리는 삶이 '원래' 어때야 하는지에 대한 생각을 가지고 있다. 하지만 나무에게 그리고 대부분의 다른 생물에게 삶이란 그 자체로 '제비뽑기에서의 행운'과도 같은 것이다. 모든 성공에는 행운이 뒤따라야만 한다. 개인적인 차이는 중요하지만, 대부분은 동등하게 태어난다.

우리가 물려받는 세상은 계획된 체계라기보다는 혼돈 속에 존재한다. 그리고 바로 이런 이유 때문에 나는 기분이 들뜨고 즐겁고 낙천적이게 된다. 민주적 자유주의 사상가 토크빌은 "기회는 사전에 준비되지 않은 것에는 찾아오지 않는다"라고 했다. 아마도 나는 어린 시절부터 이런 곳을 꿈꾸며 이곳에 올 준비를 해왔던 것일지도 모르겠다.

시냇가에서 돌아오는데 이상하게도 마음이 불안정했다. 갑자기 과거의 내 모습을 떠올리게 되었던 것이다. 숲에서 살려고 학교에서 도망쳤던 어린 시절의 내 모습.

아무 생각 없이 식당으로 가서 다른 사람들 속에 섞여 신문을 읽고 베이컨과 달걀 요리를 먹고 커피를 마신다. 내가 만든 요리에서 벗어나고 싶었다.

4월 2일
꿈

지난주에는 눈이 다 녹아서 봄이 왔다고 생각했었다. 가장 먼저 커다란 나무 몸통 주변에서 맨땅이 드러났고 호박색의 시냇물이 얼음 위를 흘러내렸다. 하지만 어제 마치 우리를 속이기라도 한 듯이 눈보라가 하루 종일 불었고 밤새 바람이 휘몰아쳤다.

어제 아침에 폭풍이 시작될 때 근처 큰까마귀 둥지 세 곳이 불현듯 보고 싶어졌다. 세 곳 전부 암놈 큰까마귀가 둥지에 있었고 수놈이 근처 나무에 앉아 있었다. 나는 봄이 왔다고 깜빡 속았지만 큰까마귀들은 속지 않았다.

오늘은 습지 관목과 나무의 꽃눈가지를 수채화로 그리면서 하루를 보냈다. 아마도 크로마뇽 혈거인들은 동굴 벽에 자기들이 보고 싶은 동물을 생각하며 그림을 그렸을지도 모르겠다. 나는 봄꽃을 기다리며, 춥고 컴컴한 나의 동굴에서 그림을 그리면 꽃이 나타나기라도 하는 양 꽃눈을 그리고 있다.

겨울 습지식물 꽃눈

블루베리

미국꽃단풍

버드나무

철쭉

헤더 잎

백산차

낮 시간에 깨어 있을 때도 며칠 전에 꾼 꿈을 계속 생각하고 있다. 자세한 것은 기억나지 않는다. 하지만 부엉이는 생생하게 기억난다. 수리부엉이었다. 녀석은 나를 쳐다보고 있었는데 나는 부엉이가 너무 커서 놀라워하고 있었다. 암놈인 것은 알 수 있었다. 왜냐하면 부엉이들은 암놈이 수놈보다 크기 때문이다. 암놈의 짝이 근처에 있었지만 나무에 가려서 보이지 않았다. 또 부엉이의 색이 특이했다. 이 숲에서 자유롭게 돌아다니다 내가 부르면 오곤 했던 길들여진 부엉이인 부보보다 좀 더 회색이었다. 나는 항상 부보가 암놈인지 수놈인지 궁금했다. 내 꿈속의 부엉이 두 마리와 비교해보니 부보는 아마도 수놈이었던 것 같다. 수수께끼를 하나 푼 듯한 기분이다. 꿈에 대한 기억이 사라지면서 커다란 부엉이가 나를 쳐다보던 모습만 생각난다.

지난밤에 나는 잠잘 만한 마른 평지를 찾아서 정처 없이 돌아다니는 꿈을 꾸었다. 어디에 있었는지는 기억나지 않고 다른 것은 신경 쓰지 않으면서 잠잘 자리를 찾아다니는 것에만 집중하고 있었다. 마침내 나는 편해 보이는 평탄한 땅을 찾았다. 하지만 그때 무섭게도 코끼리 떼가 내가 있는 방향으로 전속력으로 달려오는 것이 보였다. 몇 마리는 화가 나 있었다. 또 몇 마리는 다쳐서 코 부분이 찢어진 채 피를 흘리고 있었다. 이상하게도 코끼리들이 나를 에워싸자 무서운 마음이 사라졌다. 한 놈이 나를 코로 들어서 등에 태웠다. 코끼리는 순했고, 깊고 부드러운 목소리로 마치 인간처럼 말을 했다.

내가 코끼리의 등에 올라타자 코끼리들은 다시 달리기 시작했다. 뛰는 동안 밑을 보니 땅이 아주 멀리 있는 것처럼 보였다. 부드럽고 편안한 승차감이었다. 나는 땅 위에서 떠 있는 기분이 들었는데 꼭 구름 속에 있는 것 같았다. 하지만 이 짐승들과 함께 땅과도 연결되어 있었다. 내가 아주 편안하지는 않을 거라고 생각했는지 나의 코끼리가 나를 들어서 이번에는 옆에 있던 더 큰 코끼리 등에 태운다. 처음에는 위협적으로 보이던 이 코끼리도 첫 번째 녀석처럼 유순했다. 우리는 계속 달렸다. 코끼리의 넓은 등에 앉아서 더 멀리까지 잘 살펴볼 수 있었기에 나는 황홀경에 도취되어 있었다.

그러다 갑자기 이상하게도 나는 다시 땅에 내려와 있었는데 코끼리들은 온데간데없었다. 코끼리들에 대해서 완전히 까먹은 것처럼 말이다. 코끼리는 더 이상 존재하지 않는 동물이 되어버린 것 같았다. 땅에는 고기가 깔려 있었는데 대부분은 하얀색의 위벽이었다. 피나 그런 것들은 보이지 않았다. 이 고깃덩어리들을 가지고 무언가를 대충 하고 있는 얼굴 없는 사람들이 주위에 있었다. 사방이 고기로 덮여 있었기에, 누워서 쉴 마르고 편평한 땅을 찾지 못한 나는 기분이 좋지 않았다. 주위에 알맞은 빈 땅이 없어서 그런 곳을 찾으려고 뛰기 시작했다. 나는 계속 뛰고 또 뛰었다. 하지만 어디를 가도 똑같은 모습이었다.

그러다가 세 마리의 개를 만났다. 녀석들은 크고 아주 순했다. 이 개들 옆에 얼굴 없는 사람들이 있었지만 모두 흐릿해서 나는 그들을 거의 볼 수 없었다. 그 사람들은 개들에게 친절했고 먹고 싶은 고기를 마음껏 먹게 하였다. 개들은 강아지를 낳고 또 낳아서 순식간에 으르렁거리는 사나운 개들이 가득해졌다. 개들을 아주 사랑했던 사람들도 갑자기 겁에 질려서, 그 강아지들이 죽을 때까지 물속에 넣고 잡고 있어야만 했다.

그러다가 나는 잠이 깨었다. 성냥을 켜서 등유 램프에 불을 밝히고 내가 보았던 것을 적어놓았을 정도니 잠에서 깨었을 것이다. 오전 3시 34분이었다. 바람이 불었고 발이 시렸다. 인디언 전사들은 환상을 보기 위해 홀로 야생으로 나가곤 했다. 나도 이런 환상을 보려고 그러나?

일어나서 불을 다시 지펴놓고 침대로 돌아가서 7시까지 잠을 잤다. 지붕 위로 비와 진눈깨비가 내리는 소리와 바람이 몰아치는 소리에 잠이 깨었다. 발이 따뜻해져서 나는 꿈도 꾸지 않고 깊이 잠을 잘 수 있었다.

모닝커피를 끓일 물이 필요했다. 주전자로 눈을 퍼오려고 오두막 문을 열자마자 기온이 상당히 따뜻해졌다는 것을 깨달았다. 비가 보슬거리며 내리고 숲에는 안개가 끼어 있었다. 큰까마귀 두 마리가 날아다니는 것이 보였다. 나란히 날면서 커다랗고 불규칙한 원을 그리고 있었다. 바람을 타고 놀면서 가끔 제 몸이 들리도록 내버려두었다가 날개를 접고 둘이서 아래로 쑥 내려가는데 그 모습이 꼭 하늘에 검은색 화살이 지나가는 것 같았다.

4월 3일
느긋하게 얼음낚시를 즐기다

리지 로드는 빙하 에스커 위쪽에 난 길인데 체스터빌에 있는 가게가 한 개밖에 없는 마을에서부터 남쪽을 향해 뻗어 있다. 길의 서쪽에는 호스슈 폰드, 라운드 폰드, 노크로스 폰드가, 동쪽에는 펠로우스 폰드가 있다. 에스커 바로 위에 높이 솟아 있는 루브라참나무와 소나무, 자작나무,

단풍나무로 이루어진 낮은 산림지대와 가문비나무 습지가 계속 이어지
는 길들이 이 연못들을 둘러싸고 있다. 남쪽으로 계속해서 내려가다 보
면 연못을 따라 여름 캠프들이 있는 곳을 지나게 되고, 에스커를 벗어나
면 비포장 길이 나온다. 4월 초가 되면 이곳은 수렁이 되는데 진흙에서
자동차를 몰아보려는 사람들이 찾아오곤 한다. 빌 애덤스와 나는 에스
커 아래 3~5킬로미터쯤 되는 곳에 있는 모셔 폰드로 얼음낚시를 하러
갔다. 지도에서 보면 여섯 방향에서 오는 길들이 하나의 교차로에서 만
나는 곳에 있어 눈에 잘 띄는 지역인 트웰브 코너스 바로 못 미치는 데에
있다. 실제로 보면 길들이 지도에서 보듯 그렇게 눈에 잘 띄지 않는다.

우리는 연못가를 따라 생긴 눈 더미 아래로 가서 장비를 펼쳐 설치했
다. 그런 다음 위로 올라가 눈신발을 신고 가파른 경사로를 기어 내려
가서 빌이 낚시하기 제일 적당한 곳이라 여기는 하구 쪽으로 갔다.

연못에는 오래전에 내린 눈이 얼어붙어 딱딱해진 채 덮여 있었는데 눈
신발을 신고 위를 걸어 다니기에는 충분히 단단하지 않았다. 딱딱한 표
면 아래, 2미터가 넘는 두께의 단단한 연못 얼음 위에는 45센티미터 정
도 되는 얼음물과 눈이 섞여서 걸쭉해진 혼합물이 있었다. 부츠에 얼음
물이 잔뜩 들어가도 상관없다면 모를까 걷기에는 위험했다. 아래쪽의 얼
음을 뚫어서 구멍을 만드는 것도 쉽지 않았는데 빌이 스웨덴제 얼음 나
사송곳을 가지고 왔다.

한 30분 정도 우리 둘 다 땀이 날 정도로 핸드드릴을 가지고 열심히 속
을 후벼 팠다. 얼음도 다 뚫고 파내려갔다. 운 나쁘게도 연못 수심이 얕
은 곳을 뚫었는데, 얼음 밑 부분에서 연못 아래 진흙까지의 길이가 15센
티미터도 안되었다. 큰 물고기를 잡기에 좋은 장소가 아니다. 5개의 덫

을 설치하려면 한나절이 다 걸려야 할 텐데 지금 벌써 정오가 되었다.

연못 저쪽 편에서 다른 얼음낚시꾼이 어린 사내아이와 함께 스노모빌을 타고 윙윙거리며 다가왔다. "뭐 좀 잡았나요?" 우리가 물었다.

"몇 마리요." 그가 대답하며 스노모빌 옆에 서서 구멍을 내려고 얼음을 뚫고 있는 우리를 쳐다보았다. "전동 얼음송곳이 있는데…. 내가 구멍을 좀 뚫어드려요?" 그가 나섰다.

땀을 흘리며 안간힘을 쓰고 있던 빌은 주저하는 척한다. 사실 그는 시끄러운 가솔린 엔진 소리로 이 순간의 평화로움과 고요함을 깨뜨리고 싶어 하지 않았다. 하지만 현실을 무시할 수는 없었다.

"아… 뭐 그러죠. 조금만 쓸게요."

찍. 찍. 얼음에 구멍이 두 개 난다. 그래, 이거지.

"더 쓰실래요?"

빌이 거절하기 전에 나는 "네, 한 열 번 정도요." 하며 위치를 표시해 주었다.

5분 후에 작업이 완료되었다. 낚시꾼이 떠나자 연못은 다시 화요일 오후의 교회처럼 조용해졌다.

우리는 열 개의 덫을 설치했는데 전부 물고기가 바늘에 걸어놓은 피라미를 물면 빨간색 깃발이 튀어 오르도록 스프링 장치를 해놓았다. 그러고 나서 우리는 알루미늄 접이식 의자와 6개들이 맥주를 몇 개 들고 와서 따뜻한 봄 햇살을 즐겼다.

동쪽 연못가를 덮고 있는 얼음 위에서 아지랑이가 피어올라 소나무 그림자 위로 일렁인다. 우리는 소금을 뿌린 해바라기 씨를 씹으면서 맥주로 갈증을 해소했다. 한두 시간을 느긋하게 앉아 있었다. 튀어 오르는 빨간색 깃발은 없었다.

"한두 시간이 지나면 물고기들이 물 거야. 아직 너무 일러." 빌이 말했다. 한두 시간이 지났다. 아직도 깃발이 움직이지 않는다.

메인에서는 모든 오락 거리가 다 느리다. 커다란 연어를 낚기보다는 작은 강꼬치고기를 재미로 낚아야겠다면, 정말로 강꼬치고기를 낚아야만 만족할 수 있다. 이 연못에 연어는 없다. 우리는 그냥 작은 강꼬치고기를 기대하고 있다. 근데 도대체 녀석들은 어디에 있는 것일까?

연못가를 따라 난 흙길로 가끔 누군가가 운전해서 지나간다. 우리에게 손짓으로 인사하려고 지나가면서 경적을 울린다.

또 한 시간이 지났다. 아직도 강꼬치고기가 우리 미끼를 물었다는 신호를 알리는 깃발이 올라가지 않는다.

"이게 낚시야." 빌이 한참 후에 말했다. "사냥하러 가는 것하고 똑같아. 절대 아무것도 못 잡지. 무언가를 늘 잡을 수 있다면, 말할 때 사냥이라고 하지 않고 '죽이러 간다'고 할 거 아냐."

빌이 발아래 얼음 슬러시 속에 넣어둔 맥주 캔을 한두 개 더 비우고 나자 우리는 추억에 잠기기 시작했다.

태양이 하늘을 가로지르고 있었는데 우리는 거의 낚시터 확인하는 것조차 까먹을 정도였다. 그러다가 빌이 쳐다보더니 소리쳤다. "참치!" 그러고는 줄을 당겨서 25센티미터쯤 되는 체인 강꼬치고기를 끌어올렸다. 이 정도면 참치라 불릴 만하지. 진한 녹색의 등과 누르스름한 옆구리를 지녔고 배 쪽을 따라 체인 같은 격자 모양 회색 무늬가 있어 왜 '체인' 강꼬치고기라고 불리는지 알 수 있었다.

우리는 입가에 난 수염같이 기다란 촉수 때문에 캣피쉬라고 알려진 메기도 잡았다.

배가 말랑말랑한 이 물고기는 보기보다는 자기방어 능력이 있었다. 물에서 나오자 녀석은 즉시 두 개의 바늘처럼 날카로운 지느러미 가시를 몸에 끼워 넣어서 아무리 배가 고픈 왜가리라도 삼키고 싶지 않을 모양으로 변했다. 두 개의 가시는 각 가슴지느러미 맨 앞부분에 있는 지느러미 줄기다. 지느러미를 움직이기 위해서는 가시를 움직일 수 있어야 하는데 이 녀석의 가시는 그렇지 않았다. 지느러미가 움직이는 동안에도 가시가 뻣뻣한 바늘방석같이 생겼으니 정말 신기하지 않은가?

빌이 고등학교 댄스파티에 보호자로 참석해야 해서 일찍 가야 했다. 가기 전에 우리는 강꼬치고기, 은빛 나는 연못 잉어 한 마리, 지느러미 줄기, 두 번째 배지느러미, 뒷지느러미가 밝은 빨간색인 노란색 농어 두 마리를 더 잡았다. 강꼬치고기처럼 농어도 예쁜 노란색과 올리브그린색을 띠고 있었다.

두 마리의 강꼬치고기와 두 마리의 농어 모두 노란색 알로 배가 부른 암놈이었다. 잉어는 수놈이었는데 이리가 잔뜩 들어 무거웠다. 어떤 강꼬치고기의 뱃속에는 올챙이가 들어 있었다.

녀석들의 모습을 잘 기억할 수 있도록 물고기들을 스케치한 후 뜨거운 물에 데치고 내장을 제거하였다. 껍질은 쉽게 떨어졌다. 부드러운 흰 살을 떼어내서 통조림 옥수수, 브로콜리, 우유를 넣고 스튜를 만들었다. 메기를 가지고 뼈를 살펴보는 재미도 느낄 수 있었다. 메기의 요대(腰帶)에 있는 살을 끓여서 제거하고 이 물고기가 평소 어디에 가시를 끼워 넣고 있다가 헤엄을 칠 수 있게 다시 빼는지 그 구조를 살펴보았다. 우엉의 씨앗에서 아이디어를 얻어 벨크로 테이프를 발명한 사람처럼 나도 이 물고

36센티미터 강꼬치고기

뱃속에 노란색 알과
올챙이가 들어 있다.

빤히 쳐다보는 눈빛을 가리려고
눈 밑에 줄무늬가 있나?

등 위쪽이 올리브그린색이고
옆구리는 노란빛, 배는 흰색이다.

캣피쉬라고 알려진 메기
세 개의 서 있는 가시가 바늘처럼 날카롭다.
미끄럽고 비늘이 없다.

기가 고안해낸 것을 응용할 수 있을지 궁금했다. 아마 소로와는 다르게
나는 매의 내장이 궁금한 것인지도 모르겠다 — 그게 물고기일지라도 말
이다. 어떤 현상 자체뿐만 아니라 그것이 일어나는 방법도 놀랍고 아름
다운 것이다.

4월 4일
돌아오는 생명들

메인에 드디어 봄이 왔다. 메이플 시럽 제조가 한창이다. 나는 어젯밤에 보름달 아래에서 수액을 또 끓였다. 어떤 사람들은 보름달이 수액을 더 많이 흐르게 한다고 하는데 정말 하루 종일 수액이 흘러내렸다. 나는 20개 되는 꼭지에서 나온 수액을 19리터짜리 카보이 통 네 개에 가득 담아서 끌고 왔다.

밤 공기가 아주 맑고 차갑다. 네온빛 같은 달빛이 눈을 비춰서 세상이 우윳빛 흰색으로 훤하다. 달을 바라보니 달 표면에 회색 바다의 외곽선이 선명하게 보인다. 저 멀리 사방에는 검은색의 언덕과 숲이 보인다. 가까이 서 있는 어린 단풍나무 아래의 눈은 나무의 달그림자 때문에 십자무늬를 만들며 빛나고 있다. 거의 머리 위에 자리한 북두칠성이 있는 하늘을 배경으로 단풍나무의 검은색 실루엣이 보인다. 지금은 오리온자리가 서쪽 끝에 있는데 겨울 내내 오리온을 좀 더 동쪽에서 보았었다.

달콤한 단풍나무 수액의 향기를 맡으면서 나는 증발기 아래의 모닥불 옆에 앉아 우주의 생성에 대한 책인 앨런 라이트맨의 《아주 오래된 빛》을 읽고 있었다. 사람들은 우주가 '원자핵보다 훨씬 작았을' 때와 아주 짧은 순간 뒤에 우주가 이미 10^{400}광년(10뒤에 400개의 0이 있다) 거리의 크기로 늘어난 때의 사이에 어떤 일이 벌어졌는지에 대한 가설을 세웠다.

맥주를 두 개째 마시고 나자 나는 물리학자들이 하는 일이란 실제로는 상식적인 것 ─ 우리가 서 있는 돌의 존재에 대해 믿는 것 ─ 이 가지고 있는 타당성을 없애버리는 게 아닌가 싶다. 그러나 나는 아직도 나무를 믿는다.

녹슨 난로의 불 옆에 있으니 몸이 따뜻해졌다. 구멍에서 새어나오는 오렌지색 불빛이 내 뒤의 장작더미를 깜빡이며 비춘다. 피어오르는 증기가 시럽을 맑은 하늘 위로 날려 보내고 있다. 평온한 기분에 사로잡힌다. 내일은 시럽을 병에 담을 것이다.

결국 나는 7.5리터의 시럽을 얻었다. 달빛 아래 앉아 있기만 했는데 무엇인가를 정말 만들어낸 것이다. 꼭 꿀벌이 꿀을 모아주는 것과 비슷한 느낌이다. 꿀을 만들 때 인간의 노고도 많이 들기는 하지만 저 모든 꽃들에서 꿀을 내가 직접 모을 수는 없다. 꿀벌처럼 태양과 나무와 불이 내 대신 일해주는 덕분이다.

오늘 아침도 아름다웠다. 나는 밖에 앉아 태양이 떠오르는 것을 보았다. 평소처럼 나는 언덕을 바라다보았는데 여태까지 아마 수백 시간은 그렇게 했을 것이다. 해뜨기 직전에 줄무늬올빼미가 내 뒤의 숲에서 부엉부엉 하며 우는데 거의 동시에 큰까마귀들이 깨어서 운다. 해가 산 위로 떠오르며 오두막의 회색빛 통나무를 따스하게 비춘다. 파리가 날아다닌다. 그러더니─붉은 날개의 검은 새가 혼자서 날아다닌다! 그리고 녹색제비도 보인다! 기적이다─첫 철새가 돌아온다. 두 마리 다 쉴 새 없이 신나게 지저귄다. 그다음에는 숲에서 야단치는 듯한 개똥지빠귀 소리가 들린다.

마멋이 나오려면 몇 주가 더 지나야 할 것이다. 마멋은 풀을 먹는데 눈이 녹아야 풀이 자랄 수 있다. 메인에서는 사람들이 봄이 왔는지를 마멋이 아니라 스컹크를 보고 안다. 스컹크는 2월이나 3월에 굴에서 기어 나와서는 먹이를 찾아 길을 떠난다. 두 달 뒤면 여섯에서 여덟 마리의 새끼가 태어난다.

한 신문에 어느 이동식 교실 아래에서 겨울을 보낸 스컹크들이 학생들과 선생님들 모두에게 지난 몇 주 동안 골칫거리가 되고 있다는 기사가 실렸다. 관리인이 녀석들을 옮기려 하자 그중 한 마리가 거부하면서 그동안 희미하게 가끔씩 풍기던 냄새가 견디지 못할 정도로 심해졌다는 기사였다.

느긋하게 아침 식사를 마쳤다. 계획과 아이디어와 목표가 있어서 그런지 다시 기운이 샘솟는다. 죽은 송아지를 찾으러 차를 몰고 나간다. 트럭의 창을 활짝 내리고 신선하고 맑은 공기를 마셨다. 플라스틱 우유 통이 달려 있는 오래된 사탕단풍나무에 둘러싸인 옛 농장들이 잇달아 있는 길을 지나친다. 모두들 시럽을 좀 만들어 돈을 벌려고 하고 있다.

막 죽은 송아지를 가진 농부가 있어서 운이 좋았다. 그에게 지난 몇 주 동안 큰까마귀가 덜 보인다며, 그도 그렇게 생각하는지 물었다.

"여름에는 내내 큰까마귀들을 보지요. 하지만 올해에는 지난주에 처음으로 독수리들을 보았어요. 겨울에는 여기 절대로 나타난 적이 없거든요. 그리고⋯." 그가 말한다. "순백색의 꼬리를 한 아주 커다란 검은 새를 보았어요." 새의 머리는 제대로 보지 못한 모양이다.

그는 내가 누구를 '위해' 일하는지 아니면 나 혼자 이러고 있는지 알고 싶어 한다. 이것이 제일 궁금한지 전에도 여러 번 질문을 받았지만 대답하기 쉽지 않다.

집으로 돌아가는 길에 길가에 있는 집 뒷마당에 큰까마귀 세 마리가 있는 것을 보았다. 녀석들이 서 있는 눈 근처에는 개집이 하나 있었는데 개 사료를 훔쳐 먹으려고 하는 것인지 궁금했다. 큰까마귀들은 계속 주위를 배회하다가 숲으로 날아갔다. 나는 천천히 운전했는데 조금 앞쪽에서 녀석들이 숲에서 나와 길가에 내려앉는 것이 보였다. 녀석들은 퍼레이드를 하는 것처럼 가끔 자갈을 쪼고 어슬렁거리며 지나갔다. 그 모습이 꼭 오늘 아침에 본 스쿨버스를 기다리는 세 명의 어린 사내아이들 같았다.

지나가는 차량이 없어서 나는 트럭을 세우고 새들을 한 5분 동안 지켜보았다. 마침내 반대 방향에서 차가 한 대 오자 새들이 다시 날아서 근처 숲으로 들어갔다. 일이 분 후에 한 쌍이 나무 위로 날아가 원을 그리기 시작했다. 세 번째 놈도 다른 두 마리와 합류하더니 적어도 10분 동안 서로 꼭 붙어서 원을 그리며 날았다. 솟구쳤다 퍼덕이다를 번갈아 하며 높이 더 높이 날아오른다. 그러는 내내 녀석들은 거의 지속적으로 낮게 툴툴거리거나 캭캭대거나 두들기는 듯한 소리로 떠들어대었다. 큰까마귀들이 너무 높이 날아가서 내 눈에 그냥 검은색 점처럼 보이는 거리가 되었을 때 녀석들은 갑자기 북쪽을 향해 직선으로 날아가더니 지평선 너머로 사라져버렸다.

4월 8일
아름답게 잘 유지되는 삼림이란

폴 멜처 씨는 흰머리를 아주 짧게 깎고 건장한 몸을 지닌 78세의 사내로, 아내 로라 씨와 함께 인근에서 작게 낙농업을 하고 있다. 이곳에 온 후 45년 동안 그다지 변한 것이 없었다. 농장은 흙길의 끝 쪽에 있는데 녹슬고 부식되어가는 자동차와 농장 기계들이 들판에 널려 있는 것을 보면 한동안 그 길을 지나다닌 차량이 없었을 것 같다. 완만한 언덕을 덮고 있는 들판은 아래쪽으로 이어지다 시냇물과 만난다. 시냇물은 내가 어렸을 때 사슴 사냥을 다녔던 솔송나무와 소나무로 이루어진 가파른 숲 비탈면과 접해 있다.

오늘은 이곳에 큰까마귀가 둥지를 틀었는지 살펴보려고 왔다. 폴 씨가 헛간에서 느긋하게 걸어 나오는데 22구경 라이플총을 손에 들고 있다. 그는 붉은다람쥐 때문에 골치를 썩고 있다.

"좀 잡으셨나요?" 내가 묻는다.

"한 마리 잡았지. 그런데 장례를 치르러 네 마리가 찾아온 것 같아. 이 망할 놈의 다람쥐들이 집에 들어오면 들쥐보다도 더 골치 아파. 내가 이길지 녀석들이 이길지 봐야지. 근데 아무래도 내가 이길 것 같지 않아."(붉은다람쥐는 낡은 전선을 썹어서, 말라 있어 불이 옮겨 붙기 쉬운 곳에 불꽃을 일으키는 것으로 악명 높다.)

들판을 가로질러 가기 전에 우리는 큰까마귀에 대해 이야기를 나눴는데, 그가 "잠깐 기다리게"라고 말한다. 그러고는 집으로 들어가더니 커다란 노란 사과 두 개와 당밀 쿠키 두 개를 가지고 나온다. "이거 가져가게. 그리고 돌아갈 때 뭘 발견했나 들려주게. 나는 저기 헛간에서 우유를 짜고 있을 테니까."

언덕을 걸어 내려가서 우선 시냇가에 접해 있는 넓고 편평한 들판으로 간다. 이미 햇빛에 녹아서 맨땅이 드러난 곳이 몇 군데나 되었다. 물떼새 두 마리가 막 돌아와서 이곳을 발견하고 활기 넘치는 큰 소리로 울고 있다. 들판의 끝자락에 있는 얼룩덜룩한 오리나무 넘불 밖에서 나 때문에 놀라 후드득 하고 날아오르는 누른도요새도 있었는데 올 들어 처음으로 본다. 오리나무의 수꽃차례가 밤사이에 단단하고 작은 자줏빛 갈색 소시지 모양에서 길고 헐겁게 매달려 있는 장신구처럼 변했는데, 만지면 밝은 노란색 꽃가루가 뿜어져 나온다. 개암나무 암꽃은 자주색의 작은 혀 모양으로 생긴 부분이 길게 나와 있지만 수꽃은 오리나무 꽃과 비슷하다.

폴 씨가 트랙터로 낸 길을 따라서 언덕을 걸어 올라간다. 그는 겨울에 잘라놓았던 소나무의 통나무를 막 끌어다 놓았다. 나는 통나무를 잘라낸 곳에서 큰까마귀 둥지를 찾았다. 4년 전에도 같은 나무에서 큰까마귀가 둥지를 틀었었다. 참매 둥지가 큰까마귀 둥지에서 15걸음 정도의 거리 안에 있다. 내가 가까이 가자 큰까마귀들은 날아가지만 참매는 큰 소리로 "켁 – 켁 – 켁" 하며 꾸짖듯이 경고하는 소리를 낸다. 그러더니 녀석이 키 큰 소나무에서 맹렬히 덤비듯 바로 내 머리를 향해 30센티미터 거리도 안 되는 데까지 다가오더니 급하게 위로 방향을 전환한다.

내가 돌아오자 폴 씨는 외양간에서 젖소의 젖을 짜고 있었다. 붉은다람쥐가 헛간에서 찍찍거리고 있다. 예전의 애덤스 농장처럼 외양간 안은 친근하고 편안하게 느껴졌다. 창문이 있다. 소들이 잠잘 장소도 충분하다. 대부분의 소들은 우리에 매여 있었는데 한 마리는 특별한 우리 안에 있었다. 그 소는 어린 사슴하고 아주 똑 닮았지만 점이 없는 두 마리의 어린 송아지와 함께 우리에 있었다. 집참새들이 서까래 위에서, 발밑에서 재잘대고 있었다. 폴 씨는 그 새들이 무슨 새인지는 모르겠지만 겨우내 외양간에서 지냈다고 한다.

"저 새들을 좋아해요!"내가 고백한다.

"우유 감독관은(소들은) 좋아하지 않던 걸!"그가 말한다. "녀석들을 없애버리려고 했지만 잘 안 되더라고."

나는 그에게 큰까마귀의 둥지를 찾았는데 그 안에 푸른빛이 도는 녹색 점박이 알이 다섯 개 들어 있었다고 말해준다.

"내가 나무를 잘라낸 곳 근처에 있었나?" 그렇다고 대답한다. "음. 거기는 나무가 아주 많이 있지. 나무에 표시를 해서 내가 혹시라도 베지 않도록 하지 그래."

폴 씨가 잘라낸 25개의 소나무 통나무는 적어도 가격이 75달러씩 나간다. 나는 그가 어떻게 '삼림을 관리'하고 있는지 생각해본다. 그는 자격증 같은 것이 없다. 그냥 농부다. 하지만 그의 숲은 예일대학에서 대학원을 졸업한 삼림 감독관이 돌보는 숲처럼 아름답다. 숲은 둥지를 튼 큰까마귀 한 쌍뿐 아니라 참매의 집이기도 하다. 들꿩, 사슴, 여우, 코요테, 호저도 있다. 그의 숲은 수많은 크고 작은 나무들로 가득하다. 현금이 필요할 때마다 그는 숲으로 트랙터를 몰고 가서 10개에서 20개의 커다란 나무를 들고 나온다. 적어도 내가 이웃 농장에서 사는 어린아이였던 시절부터 그는 그렇게 해왔다.

보이시 캐스케이드 삼림 감독관이 오전 7시에 왔다. 우리는 나무 자른 것을 확인하러 내 숲으로 갔다. 나중에 그는 공장으로 돌아가 컴퓨터 작업을 할 것이고, 그러고 나서 숲 유지 관리 비용에 보탬이 되는 세금 삭감을 위해 오거스타로 가서는 세금 공청회에서 증언할 것이다. 약제 살포도 비싸다.

눈 위가 얼어붙어서 쉽게 걸을 수 있었다. 뜻하지 않은 선물 같은 느낌이다. 눈이 아직 부드러웠을 때 만들어진 사슴 발자국이 사방에 있다. 우리는 벌목꾼들이 일을 제대로 했다고 판단했다. 내 주머니에는 돈이 더 들어왔고 벌목꾼들에게도 그랬다. 그리고 나는 내 숲의 상태에 만족한다. 들판에 있는 빽빽한 잡목 숲에서 변이성이 있는 연령대 식물이 자라는 부지로 복원된 것이다. 남아 있는 큰 나무들은 계속해서 더 크고 빠르게 자랄 것이고, 빛이 더 많이 들어오게 되었기 때문에 어린 나무들이 이제 되살아날 것이다.

오두막으로 돌아왔을 때 하늘이 흐려지기 시작했다. 곧 비가 내릴 것 같았다. 아마도 지난 이틀 동안 보았던 놈인 것 같은 외톨이 녹색제비가 빈터를 날면서 돌아다니고 있다. 개똥지빠귀 열다섯 마리가 잠깐 왔다가 사라졌다. 오늘 처음으로 피비와 멧종다리도 돌아왔다.

실내로는 절대 들어오지 않는 종류의 작은 파리 수천 마리가 오두막 밖 여기저기에서 윙윙거리고 있다. 소리가 꼭 벌이 내는 소리 같다.

두 마리의 검은색 불나방과 애벌레가 힐스폰드 한가운데에 있는 얼음 위에서 돌아다니는 것을 보았다. 날개가 심하게 너덜너덜한 컴튼거북등 나비가 길가에 있는 눈 쌓인 둔덕에 앉아 있는 것도 보았다.

날개가 너덜너덜한 컴튼거북등나비. 동면에서 막 나왔다.
눈 쌓인 둔덕에서 발견. 오른쪽 아래 날개 절반이 없다.

만지니까 웅크린 털 많은 곰 애벌레.
호수 연안에서 180미터쯤 떨어진 곳에서
얼음 위에 돌아다니는 것을 발견했다.

기슭에 있는 윈터베리. 작년에 생긴 빨간색 열매!
스피아민트 같은 맛이 난다 - 맛있음!
두껍고 질긴 녹색 잎.

눈덩이로 덮였던 들판이 빨리 녹아서 심어놓은 사과나무와 수많은 작
은 단풍나무들이 보이기 시작한다. 단풍나무들은 눈에 덮여 있는 땅과
가까운 부분의 바크가 벗겨져 있었다. 생쥐들은 눈 덮인 빈터에서 활발
하게 움직이며 덤불예취기나 그 밖의 많은 도구들로 내가 여름 내내 하
려고 했던 작업을 해내고 있다. 하지만 숲에는 쥐의 습격으로 환상박피
를 당한 작은 나무들이 없었다. 왜냐하면 목초지 들쥐에게 필요한, 헝클
어져 자라는 풀들이 없기 때문이다. 내가 목초지를 관리할 수 있는 컴퓨
터 프로그램을 만들어냈다고 해도, 나는 생쥐나 애벌레에 기생하는 수천
마리의 말벌 중 어느 하나도 알아차리지 못했을 것이다. 하지만 스스로

아름답게 잘 유지되는 숲에는 생쥐나 말벌 같은 천 개도 넘을 변수들이
큰 영향을 미치고 있다.

4월 11일
봄비가 내리다

어제 하루 종일, 밤새 비가 내렸다. 비는 오늘 아침까지도 내리고 있었
는데 개똥지빠귀 아홉 마리가 왔다. 한 마리가 노래를 했다. 녀석들은 풀
이 뒤엉켜 자란 곳으로 가서는 지난여름에 생긴 들장미 관목에 남아 있
던 열매를 쪼았다. 한 마리가 큰 소리로 울자 개똥지빠귀들이 무리지어
전부 날아가버렸다. 빗줄기가 약간 약해지자 큰까마귀들이 까악까악거
리는 소리가 들렸고 붉은양지니와 검은방울새 소리도 들렸다.

길에서 죽은 목도리뇌조를 보니 고유의 '눈신'(겨울에만 발에 두꺼운 빗살
모양 돌기가 자랐다가 봄에 떨어져 나감-역주)을 벗어버린 채였다.

목도리뇌조의 발.
겨울이 지나면 눈신을 벗어버린다.

4월 20일
천천히 삶의 속도를 줄여가다

굴뚝새 한 마리가 빽빽이 자란 수풀에서 빠른 곡조로 "트르르르르르…" 하며 울고 있다. 다른 한 마리가 저 멀리서 생기 넘치는 선율로 노래한다. 숲에 있을 때 갈색 나무발발이 몇 마리가 노래하는 소리도 들었고, 저녁에는 처음으로 갈색지빠귀가 느닷없이 구슬픈 선율의 후렴구를 노래하는 소리도 들었다. 수액딱따구리도 돌아와서 노래하고 두들겨대고 있다.

갈색 나무발발이는 울 때 아주 짧게 소리를 내는데 이곳에서 들을 수 있는 가장 인상적인 새소리 중 하나이다. 1초 정도 되는 짧은 순간에 놀랍게도 여러 음의 소리를 낸다. 이런 아름다운 소리를 감상하기 위해서는 포착하기 어려운 소리를 들을 줄 알아야 한다. 소리를 들으려면 천천히 움직여야 한다 – 아주 천천히.

미처 내 자신은 깨닫지 못하고 있을지도 모르겠으나 '자라면서'부터 나는 지속적으로 점점 더 많은 책임감과 여러 가지 계획들을 가지게 되었다. 그런 것들을 다 해내기 위해서 계속 속도를 내다 보니 추월차선에 이르게 되었다. 주변의 경치는 그냥 흐릿한 형체가 되어버렸고 잠시 후에는 더 이상 보이지 않게 되었다. 주변 경치를 보고는 있지만 그것은 예전의 경험으로 단서들을 알아보기 때문일 뿐이지 진정으로 보는 것은 아니다. 아마 삶이란 테이프 플레이어를 빨리 돌리는 것처럼 순식간에 지나가는 것인지도 모르겠다. 나는 소리는 들었어도 음악을 듣지는 않왔던 것 같다.

올 한 해 동안 나는 매일 산을 바라보면서 지냈다. 몇 시간씩 '아무것도' 하지 않고 보냈다. 며칠씩. 아마 몇 주 동안. 하지만 그런 시간이 전혀 낭비로 생각되지 않는다.

4월 21일
새들이 돌아오고 있다

스튜어트와 나는 숲에서 긴 산책을 했다. 스튜어트가 혼자 가고 싶은 대로 다니면서 무언가를 발견하는 느낌을 가질 수 있게 하려고 녀석을 앞세웠다. 그러나 흥미로운 것들을 만나게 되면 내가 알려주었다.

전나무 숲 옆에 있는 단풍나무 숲 속을 걸어가고 있는데 전나무 쪽에서 낮게 "텀… 텀… 텀… 텀… 텀…" 하는 소리가 점점 빠르게 나더니 파르르 하며 파닥이는 소리로 끝을 맺는다. '뇌조가 제 몸을 두들기는 소리'였다!

우리는 붉은양지니가 전나무 꼭대기에서 노래하며 지저귀는 소리도 들었고 황금관상모솔새와 루비관상모솔새의 노랫소리도 들었다. 우리는 이 새들이 노래하고 있는 오래된 상록수들이 자리한 곳에서 휴식을 취했는데, 스튜어트는 내가 이끼 몇 가지를 알려주자 서로 다른 이끼의 모습에 매우 재미있어 했다.

저녁에 스튜어트는 누른도요새가 공들여서 짝짓기를 위한 과시 행동을 하는 모습을 쳐다보았다. "아빠, 새가 날아가는 걸 누가 먼저 보는지, 시합해봐요! 그리고 누가 더 오래 그 새들을 끝까지 볼 수 있는지도요." 날은 곧 어둑어둑해졌다.

녀석이 누른도요새가 날아오르는 것을 먼저 보았다. "저기에 있는 새가 높이 더 높이 날아가는 거 보이세요?" 새는 커다란 벌새처럼 휘파람 부는 소리를 내면서 날아오르더니 오두막과 빈터 위쪽의 어두워지는 하늘 위에서 점이 될 때까지 원을 그리며 날았다.

"저 소리는 녀석의 날개에서 나는 소리란다." 내가 말했다.

새가 내려오고 있다. "지금은 꼭 나뭇잎이 떨어지는 것처럼 내려오네요." 스튜어트가 말했다. "저렇게 날아서 적들이 알아보지 못하게 하는 걸까요?"

"아니, 내 생각에 새는 그냥 아래로 낙하하는 건데 밑으로 내려오기 때문에 꼭 잎이 떨어지는 것처럼 보이는 거란다. 하지만 누른도요새는 나뭇잎하고 털색이 똑같아서 땅 위에 숨어 있을 때는 잘 보이지 않지. 특히 알을 품으며 앉아 있으면 안 보인단다."

새가 과시 행동의 정점에 이르며 지저귀더니 조팝나무 관목 사이의 뒤엉킨 풀 더미로 펄럭이며 내려앉는다. 스튜어트가 누른도요새에게 달려가 놀라게 하자 다시 날아오르더니 한 번 더 구애를 위한 과시 행동을 한다.

산비탈은 아직도 헐벗은 나뭇가지로 회색빛이다. 하지만 매일 우리는 빨간색, 자주색, 노란색, 연한 녹색의 통통해지는 봉오리들로 파스텔빛

부분이 더 많이 생기는 것을 본다. 그 모습이 눈에 띄는 정도는 아니다. 그럼에도 몇 달 동안 긴 겨울을 보내고 나니 소박한 멋이 느껴진다. 겨울 동안에는 눈이 나무 사이를 휘몰아치는 모습과, 흰자작나무·회색빛 단풍나무·검은빛이 도는 녹색 가문비나무로 이루어진 숲에서 동물들이 견디는 모습만이 보였기 때문이다. 이제 수많은 새들이 다시 돌아오는 중이다. 며칠 안으로 이곳에 도착해서 그들만의 축제를 시작할 것이다. 지금 이 순간, 이 봄은 내가 가장 좋아하는 계절이다. 한 달 후에는 유리멧새가 노래를 하면서 검은딸기 나무에 둥지를 지을 것이다. 두 달 후에는 단풍나무가 빨간색과 노란색으로 변할 것이다. 그때 역시 내가 제일 좋아하는 계절이다. 이곳에서 내가 제일 좋아하는 계절은 바로 지금 내가 만나고 있는 이 시간이다.

4월 28일
첫 봄꽃이 피다

밤에는 아직도 서리가 내리지만 아침에는 새들이 노래한다. 오전 8시인 지금, 오두막 밖에서 좁은부리딱다구리가 시끄럽게 지껄이고 적어도 세 쌍의 녹색제비가 꾸르륵거리면서 내가 놓아둔 새집을 살펴본다. 개똥지빠귀가 멋진 노랫소리를 들려준다. 종일 들꿩이 숲에서 계속 두들기는 소리를 내고 누른도요새는 새벽과 황혼에 활기 넘치는 짝짓기 의식을 거행한다. 붉은양지니 한 마리가 몇 시간이고 정열적으로 노래한다. 놀랍게도 수놈처럼 자주색을 띠고 있지 않고 암놈처럼 갈색이다.

　스튜어트를 제 엄마에게 데려다 주기 위해서 버몬트에 머무는 동안 나는 숲 속의 눅눅한 부엽토 위로 마치 마술처럼 솟아오른 연약한 첫 봄꽃을 보았다. 파란색과 흰색의 노루귀가 활짝 피어서 마치 보석처럼 반짝이고 있고 분홍색 클레이토니아도 피었다. 혈근초, 더치맨즈 브리치즈(금낭화의 일종), 연령초, 얼레지꽃 들이 특색 있는 현란한 잎을 펼치고 있지만 꽃은 아직 피어나지 않았다. 사초에서는 수상꽃차례의 빛나는 노란색 꽃이 피었다. 이곳 산에서는 아직 나무 아래쪽의 꽃이 피기에는 너무 이르지만, 숲은 미국꽃단풍나무의 꽃으로 약간 붉은 기가 돈다.

4월 28일
숲을 자유롭게 탐색하다

힐스폰드에서는 이삼일 전에 얼음이 사라졌다. 낚시꾼들은 요즘 매일 송어를 낚으려고 들른다. 아비새는 아직 돌아오지 않았지만 며칠 안으로 올 것이다.

　숲이 색으로 물들었다. 풍매수분(風媒受粉)하는 대부분의 나무들이 – 사시나무, 미국포플러, 빅투스 사시나무, 반점오리나무, 버드나무, 헤이즐넛, 느릅나무, 네군도단풍나무, 미국꽃단풍나무 – 꽃을 활짝 피웠다.

가을처럼 가장 멋진 광경은 미국꽃단풍이 선사한다. 꽃단풍 가지는 끝부분이 붉은 기가 도는 자주색이고 아래쪽은 회색인데 며칠 전에는 칙칙했던 산등성이 전체가 이제는 밝은 빨간색, 노란색, 오렌지색, 그리고 짙은 진홍색의 물결로 덮여 있다.

한 식물종의 꽃이 여러 색을 보여주고 있어서 놀라웠다. 미국꽃단풍나무는 아마도 바람과 곤충을 통해 수분될 것이다. 바람은 꽃색이 무슨 색이든 상관하지 않겠지만 곤충들은 제각가 선호하는 색이 있다. 곤충은 특정한 색에 길들여져 있다. 예를 들어 노란색 꽃에서 꿀을 마시고 나면 다른 노란색 꽃을 찾게 되는 것이다. 그래서 어떤 한 종의 모든 꽃이 타화수분(他花受粉)을 위해 같은 색을 하고 있는 편이 이득이 될 것이다. 그런데 어째서 미국꽃단풍나무들에서는 서로 다른 색의 꽃이 피는 것일까? 일정한 장소 안에서 빽빽하게 자라는 나무가 수많은 꽃을 피우는 이유는 타화수분을 위해 벌들이 멀리 상관없는 나무로 찾아가는 것을 막기 위해서일까? 그렇다면 각 나무마다 더 다양한 색을 가질수록 유사한 색을 찾아가는 벌들이 더 멀리 날아가도록 유도할 수 있을 것이다. 하지만 실제로는 좀 더 복잡하다. 나는 막대기를 던져서 꽃을 몇 송이 떨어뜨려 살펴보았는데, 진한 자주색 꽃을 가진 나무는 전부 암꽃을 가진 암그루라는 것을 알았다. 수그루에서 피는 꽃은 붉은빛이 도는 아직 봉오리 상태였는데 꽃이 피면 안쪽은 노란색이다.

나는 특별히 살펴보려는 것이나 미리 정해놓은 목표 없이 그냥 숲으로 갔다. 우선 다리가 가는 대로 오래된 벌목 도로로 내려갔다. 지금 막 잘라낸 미국꽃단풍나무의 아직 단단한 그루터기를 살펴보았다. 지름이 30

센티미터가 넘는다. 0.6센티미터 정도 되는 동그란 구멍 열한 개가 여기 저기에 나 있는 것을 보았다. 구멍이 똑바로 뚫려 있었다. 나뭇가지로 구멍마다 찔러보았는데 뿌리 쪽을 향해서 적어도 30센티미터는 내려갔다. 위쪽의 통나무가 없어졌기 때문에 이 구멍들이 얼마나 길게 나 있었는지 알 수 없었다. 어떤 유충이 단단한 단풍나무 목재를 뚫어서 기다란 갱도를 만들어놓았을까? 왜 나무 하나에 이렇게 구멍이 많은 것일까? 곤충의 수가 불어나서 미국꽃단풍나무 전부를 장악하지 못하도록 막은 요인은 무엇일까?

한동안은 상모솔새의 뒤를 쫓으며 혹시 둥지를 볼 수 있지 않을까 했다. 하지만 두텁게 엉켜 있는 가문비나무 가지에 있는 둥지로 새가 열두어 번을 들락날락한들 내가 둥지를 볼 수는 없다는 것을 깨달았다. 그래서 시냇가로 내려갔다. 냇물 건너편에 두 개의 커다란 짙은 회색 물체가 보였다. 무스다! 녀석들의 털이 덥수룩하게 뭉쳐 있는데, 겨울 내내 입고 있던 두꺼운 털을 갈고 있는 중이다. 내가 가까이 가자 둘 다 놀라서 급하게 달아나며 오리나무 덤불을 요란스레 들이받고 지나갔다.

시냇가에서 최근에 껍질이 벗겨진 나뭇가지들을 발견하고는 반가웠다. 이곳에 얼마 전에 비버가 왔다갔다는 뜻이다. 내가 헤엄치곤 하는 웅덩이에서 3년 전에 누가 덫으로 녀석들을 잡았었는데 나는 다시 비버가 돌아와 주었으면 했었다.

신부나비 한 마리가 일광욕을 하고 있던 양지 쪽 나무의 몸통에서 날아간다. 네발나비 두 마리도 보았다. 그늘이 짙은 숲 속을 날아다니다 햇볕을 쬐며 쉬곤 했다.

일찍 나오는 솔새도 돌아왔다. 흰목미국솔새 몇 마리와, 아메리카소나무솔새, 흑백솔새, 내시빌 휘파람새의 모습도 보였고 소리도 들었다. 올해는 이 녀석들의 모습이 잘 보이지 않았는데 소나무솔새만 제외하고 새들은 모두 가끔만 울 뿐이었다. 소나무솔새는 가장 키가 큰 소나무의 위쪽에 있었는데 한 나무에서 노래하다가 재빨리 1킬로미터쯤 떨어진 곳으로 날아가서 노래를 하고는 다시 이동하곤 했다. 마치 많은 영역을 관리하느라 불안한 듯한 모습이었는데 짝을 찾으려고 그러는 것일 수도 있다. 흰목미국솔새 한 마리가 꽃이 피어 있는 단풍나무에서 잔뜩 핀 꽃들을 탐색하고 있다. 꿀을 마시고 있는 걸까? 녀석은 숲에서 쉬쉬 하는 거의 속삭이는 듯한 가냘픈 노랫소리를 내고 있다. 반면에 겨울 벌목 현장에 있는 두꺼운 소나무를 잘라놓은 땅과 가까운 곳에서는 굴뚝새 한 마리가 생동감 넘치는 후렴구를 불러대고 있다. 루비관상모솔새가 저 멀리 어디에선가 돌아다니면서 지저귀는데 갈색 나무발발이의 빠르면서도 듣기 좋은 소리도 간간이 끼어든다.

붉은가슴동고비가 가지 위에 쭈그리고 앉아서 날개를 펄럭이고 있다. 근데 짝이 나타났다. 그들의 행동으로 보아서 둥지가 가까운 곳에 있는데 곧 알을 낳을 것이다. 그래서 나는 멈춰 서 둥지를 찾아보았다. 수놈이 가지에 앉아서 길게 끄는 콧소리가 섞인 울음소리를 내고 있었다. 다른 새들과는 달리 녀석은 부리를 닫은 채로 노래를 부르고 있는데 목이 마치 올빼미처럼 부풀어 있다. 아마도 그래서 울음소리에 콧소리가 섞인 것처럼 들리는지도 모르겠다. 몇 분 후에 새는 날아서 부식되고 있는 오리나무 그루터기로 갔다. 그러고는 입구 주변에 수지가 발려 있는 이제 막 뚫어낸 구멍 위에 거꾸로 매달렸다. 녀석이 구멍을 들여다보더니 곧 날아가버린다. 둥지를 찾았다.

나는 다음으로 저 멀리 나무숲산개구리들의 합창소리가 들리는 곳으로 향했다. 녀석들이 있는 연못에서 9미터 거리에 다다랐을 때 거울 같은 수면 위로 열두어 군데에 잔물결이 일자 물이 탁해졌다. 동시에 오리처럼 꽥꽥거리던 합창 소리도 딱 멈췄다. 나는 젖은 잎 위로 조용히 걸어서 가까이 다가갔다. 얕은 연못을 들여다보았지만 개구리가 보이지 않는다. 지난가을에 떨어진 갈색의 단풍잎들이 바닥에 가득 깔려 있었다. 그 아래쪽 어딘가에 눈 옆으로 검은색 줄이 있는 황갈색과 밤색의 개구리가 숨어 있을 것이다. 하지만 열두어 개 되는 동그란 구 모양의 덩어리에는 검은 점이 있는 젤리 같은 것이 가득하다. 개구리 알인데 벌써 연못 한쪽에 있는 자작나무 가지 위에 고정시켜 놓았다. 연못가에 10분 동안 앉아 있었지만 아무런 움직임도 없었다. 두 달이 지나면 수천 마리의 작은 개구리들이 이 말라가는 연못에서 나와 숲으로 흩어질 것이다.

　다음 정류장인 자갈 채취장으로 가보았다. 그곳은 큰까마귀가 차차 둥지를 틀지도 모를 스트로부스소나무의 임분(林分)으로 가는 길에 있었다. (그곳에서는 큰까마귀 둥지가 발견된 적이 없다.) 매년 겨울 이곳의 모래언덕이 30센티미터 이상 침식되어, 깃털이 꽂혀 있는 풀과 솔잎으로 만들어진 갈색제비 둥지가 드러난다. 해마다 제비들은 이곳에서 모래를 헤집고 다닌다. 아직 제비들이 오지 않았다. 하지만 물총새는 돌아온 지 꽤 되었을 것이다. 제비들이 집을 짓는 언덕 근처에 자기들의 둥지 굴을 이미 파놓았다. 나는 구멍으로 향하는 나란히 난 홈을 발견했는데 녀석들의 발자국이었다. 땅 위를 뛰어다니는 새들과는 달리 물총새는 아주 짧은 다리를 갖고 있어서 두 발을 번갈아 내딛지 못하고 양쪽 발을 같이 움직이는 것처럼 걷는다.

언덕의 위쪽에는 털모자이끼, 지의류, 성장이 저해된 자작나무 씨앗, 작년에 피었던 페인트브러쉬의 시든 듯한 로제트형 꽃이 여기저기 보인다. 애꽃벌 – 거의 모든 수벌 – 이 땅에서 2.5~5센티미터 떨어져서 지그재그로 날고 있다. 여기에는 꽃이 없으니 아마 암놈을 찾고 있는 중일 것이다. 자세히 살펴보니 이 혼자 사는 벌들이 파놓은 굴의 입구가 여기저기 보인다. 어떤 구멍에서는 벌이 입구가 있는 꼭대기 안쪽에 앉아 있었다.

집에는 더 이상 파리가 없다. 겨울을 무사히 넘긴 녀석들은 가을에 들어왔던 틈으로 나가버렸다. 녀석들이 사라져서 좋았지만 야외에서 수많은 종류의 파리들을 보자 왠지 반가웠다. 막 나온 녀석들의 소리도 들린다. 서늘한 상록수림 안에서 해가 닿는 곳으로부터 나는 높은 음조의 미니어처 전동톱 소리 같은 윙윙거리는 소리를 들을 수 있었다. 꽃등에의 소리이다. 꽃등에는 노란색 줄무늬가 있는 검은색 부분 아주 멋진 파리다. 녀석들은 전광석화 같은 속도로 서로를 쫓는다. 그러다가 가문비나무 가지에 다시 내려앉아서 앵앵거리는 소리를 또 내기 시작하는데 이는 몸을 따뜻하게 하기 위해서 떨면서 내는 소리다.

낙엽수림을 산책하다가 나는 이끼가 덮인 통나무를 발로 차서 젖혀보았는데 아직도 단단한 심재 안에 든 커다란 왕개미의 갱도가 나왔다. 겨울에 발견했던 것과는 다르게 이 개미들은 힘이 없긴 하지만 기어 다닌다. 겨울에는 녀석들이 조금이라도 살아 있는지 확인하려면 방안에다 며칠씩 두어야 했었다. 녀석들에게서 부동액은 이미 사라졌고 지금은 맛있는 견과류 맛이 나는데 그 맛이 꽤 좋았다.

많은 호박벌들이 땅에 붙어서 쥐구멍을 찾아 지그재그로 날고 있었다.

가끔은 높이 빠르게 날아올라서 앞으로 쭉 나가는데 마치 멀리 떨어진 약속 장소라도 가는 것처럼 보였다.

오후 6시 30분에 집 앞 빈터로 돌아왔을 때 나는 여왕 호박벌을 따라가기 시작했다. 여왕벌을 25분 동안 쫓았다. 그동안 벌은 거의 계속 날고 있었지만 나는 겨우 20걸음을 걸었을 뿐이었다. 벌은 땅에 바싹 붙어서 앞뒤로 움직였는데 가끔 같은 자리로 계속 돌아오곤 하였다. 몇 분에 한 번씩 벌은 쥐구멍을 찾아서 죽어 눌어붙어 있는 풀이 덮인 땅으로 내려앉았다가 다시 날아갔다. 땅에 난 구멍 중에 벌이 들어갔던 '진짜' 구멍은 지난여름에 콩을 기를 때 썼던 막대기를 꽂았던 구멍뿐이었다. 벌은 급하게 구멍에서 나왔는데 그러고는 벌을 놓쳐버렸다.

봄이 온 이후로 처음 나타난, '파란색' 무늬가 없는 연한 파란색 나비가 화창한 날이면 숲을 날아다니는 것을 보았다. 커다란 검은색 모기들도 이미 활동하기 시작했다. 밤에는 모기들이 꽤 성가신데 무는 것보다는 윙윙거리는 소리가 더 골치 아팠다. 어둠 속에서 녀석들을 쫓아버리려고 하면 금방 달아난 후 참을성 있게 한 몇 분 기다렸다가 다시 한 번 다가온다. 다른 대수롭지 않은 성가신 것들과 마찬가지로(큰 문젯거리가 될 수 있는 것들은 제외하고) 모기를 다루는 가장 좋은 방법은 녀석들이 물때까지 무시하는 것이다.

5월 2일
생명이 가득한 땅

체스터빌에 있는 보그 강은 어렸을 때 필이 나를 데리고 낚시를 하러 가서 카누를 어떻게 타는지 가르쳐주고 야생의 생물들을 보는 법을 알려준 곳이다. 그때 이후로 보그 강은 내게는 언제나 아주 멋진 곳으로 남아 있다. 어릴 때처럼 내 카누가 야단스럽게 검은색의 매끄러운 수면을 거슬러 올라간다. 초목으로 얼룩진 짙은 물살이 빠르지만 부드럽게 흐르고 바람은 잔물결을 일으켜 수면 위로 선을 그리듯 분다. 이렇게 이른 시기에도 구비구비 흐르는 시냇물은 얕은 둔덕 위를 적시어 습지에 물이 넘치게 한다. 뭉쳐 있는 마른 노란색 풀 사이로 새로 난 짧은 녹색의 수상꽃차례가 솟아나와 빳빳하고 날카로운 모습으로 서 있는데, 언덕을 따라 자라면서 물가에 비치는 털말채나무를 제외하면 주로 밝지 않은 파스텔 색이다. 청둥오리가 위에서 쌩 하고 날아가는데, 녀석들의 밝은 금속 느낌의 녹색 머리와 멀리서 보면 검은색으로 보이는 날개의 파란색 찬점(燦點, 날개 깃의 알록달록한 색 점 - 역주)을 마음속으로 상상해본다. 강굽이에 이르렀을 때 한 쌍의 미국원앙새가 깍 하는 소리를 내면서 푸덕거리며 일어나더니 날갯짓을 해서 날아가버린다. 수놈의 빨간색, 자주색, 녹색, 파란색으로 된 화려한 자태를 볼 수는 없었다. 하지만 습지대의 보석과 같은 녀석의 소리는 들을 수 있었다.

오후 늦게 나는 미국오리와 비오리를 보았다. 모래톱에 있는 커다란 왜가리를 놀라게 하기도 했다. 녀석은 느리고 신중한 날갯짓으로 강에서 날아올랐다. 물 밖으로 얼굴의 일부만 내밀고 헤엄치는 사향쥐도 보았는데 고요한 강물 위에 기다란 V자형 잔물결을 새겨놓으며 지나갔다. 물가에서 사슴 한 마리도 보았는데 가문비나무와 단풍나무가 섞여 있는 숲으로 걸어 들어가 버렸다. 물가를 따라서 있는 비버의 집 근처에는 최근에 씹어놓은 나무도 있는데 지금 당장이라도 비버나 수달이 나타날 것 같다. 무스도 보일 것만 같다.

태양이 지평선을 향해 내려올 즈음, 적막을 깨는 미국봄청개구리의 높고 선명하면서 망설이는 듯한 삑삑 소리에 깜짝 놀란다. 이 자그마한 개구리는 벨소리-맑게 울리는 순수한 벨소리-같은 소리를 낸다. 이웃의 동료들도 함께한다. 곧 오른편의 우각호에서 날카로운 음조의 불협화음이 일어나고 왼편의 강의 상하류 쪽에서 다른 합창소리도 합류한다.

이제 깊고 속삭이는 듯한 울음소리도 매초에 한 번씩 단조로운 음색으로 반복되고 있다. 소나무 통나무에 있는 무지무지하게 큰 비단벌레 애벌레가 연이어 기다랗고 느긋하게 나무를 갉아대는 소리 같다. 청개구리 같은 개개의 울음소리는 이웃의 동료를 자극해서 함께 노래하도록 한다. 먼 데서 나는 소리가 잦아들면 근방에 있는 다른 무리가 합류하여 소리가 더 커진다. 황소개구리들이다. 나무숲산개구리와 미국봄청개구리와 더불어 일찍 번식하는 종이다. 이제 진짜로 봄이 왔다. 철새가 몰려들고 있다. 매일 밤 수백만 마리에 달하는 엄청난 수의 새들이 하늘을 가득 메운다. 새로 솟아나는 생명들이 가득한 이 땅에서 번식하기 위해서 날아오는 것이다.

5월 4일
빙어낚시를 하려면

흰목참새와 갈색지빠귀가 이미 숲 여기저기에 나타났다. 흰목미국솔
새, 흑백솔새, 검은목녹색솔새 들이 돌아왔으나 다른 솔새는 아직 이곳
에는 없다. 상모솔새와 굴뚝새가 생기 있게 노래하고 있고 녹색제비는
둥지 상자를 놓고 아직도 싸우는 중이다. 오늘 아침에 나는 검은방울새
한 마리가 부리 가득 마른 풀을 물고 래즈베리 관목 가장자리에 있는 사
초가 난 곳으로 날아가는 것을 보았다. 덤불 속으로 사라지더니 빈 부리
로 나온다.

빙어가 요즘 산란을 하려고 강을 오르고 있는데 메인 주의 진정한 야
외 스포츠 애호가들이 전부 나와서는 밤에 이 작은 은색의 물고기를 잡
으려고 한다. 빙어잡기는 지역사회 행사다. 긴 장대 모양의 그물을 들고
얼음처럼 차가운 강물을 헤치며 걷는 고통은 대개 넉넉한 양의 액체로
된 진통제를 마시면 참을 만하다. 그런 사람들이 이내 작은 지느러미를
가진 이 생물체를(빙어를) 들고서 산 채로 삼키기 시작하면 찬 물속에서의
고통을 금방 잊는다고 말할 수 있겠다.

빌과 나는 빙어잡기를 하러 가기로 했다. 우리는 전화로 일요일 저녁
에 약속을 잡았다. 하지만 그의 집에 가 보니 빌은 집에 없었고 그의 아
내인 밀리는 그가 그런 약속을 한 줄도 몰랐다.

"일요일 저녁에 약속 잡으신 거예요?" 그녀가 물었다.

"음, 네 그랬죠."

"그때 우리는 파티 중이었거든요. 그리고 빌은 술을 몇 잔 마신 상태였고요." 아무렴.

"빌이 아마 잊어버렸나 보네요." 내가 조심스레 말했다. 하지만 그렇지는 않을 것이다. 빌은 낚시 가는 것을 잊어버리지 않았을 것이다.

한 열두 살쯤 되는 이웃 소년이 농구경기장으로 쓰기도 하는 애덤스 주차장에서 농구를 하고 있었다. 친근한 미소를 띠고 검은 눈을 반짝이는 그가 내게 공을 던져서 우리는 드리블을 하며 한 45분 동안 슛을 했다. 대개 내 공은 링에도 닿지 못했지만 움직임이 점점 더 유연해지기 시작하여 몇 개는 '쉭' 하며 들어가는 즐거움을 느끼고 있었다.

빌은 아직도 보이지 않았다. "어디에 있는지 모르겠어요." 밀리가 다시 말했다. 하지만 그녀도 빌이 얼른 돌아오기를 바랐다. 그가 와서 해야할 일이 있었던 것이다. "진회를 실어서 어디에 있는지 알아볼게요." 그녀가 말했다. 마침내 밀리가 집에서 나왔다. "빌이 어머니 집에서 덤불예취기를 빌리고 있었어요. 금방 올 거예요." 빌의 어머니는 여기서 1.6킬로미터 거리에 산다.

빌은 약속을 전혀 까먹지 않았다. 오자마자 그는 "잠시만, 그물하고 부츠하고 캔 맥주를 가지고 나올게"라고 말했다. 나는 농구를 또 15분정도 더 했다. 마침내 그가 집에서 나와 우리는 출발했다.

"아이구, 자넬 보니 아주 반갑구먼." 그가 낄낄거렸다. "밀리가 나에게 시킬 일이 있었거든. 그래서 집에서 나오는 데 시간이 좀 걸린 거야. 나는 자네가 이렇게 멀리 운전해서 나왔는데 기다리게 하면 예의가 아니라고 말했지. 그녀도 동의했어. 예의바르게 행동한다고 점수를 땄지." 첫번째 맥주 캔을 따면서 그가 큰 소리로 깔깔대었다. 그는 크게 한 입 마시고 나서 만족스러운 듯이 트림을 했다.

우리는 아주 마음이 편하고 즐거워서 한동안 조용히 운전하며 길을 갔다.

"쿼트(액량의 단위로 0.95리터)를 어떻게 측정하는지 알아?" 그는 이렇게 묻고는 대답을 기다리지도 않고 말을 이었다. "2쿼트가 그물의 한계야. 그물을 한 번만 던졌다 올려도 매번 그 한계만큼 잡을 수 있는 곳을 본적이 있어. 그물을 끌어 올리면 빙이가 위쪽에서 쏟아져서 떨어지지. 누군가가 물에 뛰어들어서 고기가 떨어지지 않게 그물의 입구를 잡고 있어야 해." 아니, 난 쿼트를 측정하는 방법을 모른다. 하지만 예전에는 굳이 알 필요도 없었다. 아마 내가 좋은 장소를 몰랐기 때문일 것이다.

빙어잡기에 대한 수다를 떠는 사람들이 있다. 빌의 사촌인 제이크가 이맘때쯤 매일 밤마다 낚시를 가서 또 비슷한 사람들을 만나기 때문에 빌도 이 수다 떠는 사람들 사이에 낄 수 있었다. 그리하여 이 둘은 프랭클린 카운티의 모든 빙어가 어디로 가는지 모니터한다. 큰까마귀가 어디에 좋은 무스 사체가 있는지 정보 네트워크를 가지고 있는 것과 같다고 여겨진다. 혼자서는 이 방대한 야생의 공간에서 어느 특정한 주간에 빙어가 어디로 다니는지, 또 빙어를 어디로 찾아가야 하는지 알지 못한다. 다른 사람을 뒤쫓아가야 하는 것이다.

"그래서 우리는 어디로 가는 거야?"

"여기, 방향을 알아왔어." 그가 구겨진 종잇조각을 꺼냈다. "자네가 농구하는 동안 제이크랑 전화로 이야기를 나눴지. 어디보자… 킹필드로 가서는 거길 지나가고… 그리고 이 흙길을 3킬로미터쯤 더 올라간 다음, 자동차와 픽업트럭들이 서 있는 곳에 가서 주차해. 그리고는 그냥 길이

나 있는 곳을 따라가. 손전등 가지고 왔어?" 안 가지고 왔다. 하지만 달이 거의 보름이고 하늘은 아주 약간만 흐렸다.

킹필드를 향해서 기다랗게 끊이지 않고 나 있는 숲을 지나 운전해 갈 즈음에는 날이 점점 어두워졌다. 우리 앞에서 무스 한 마리가 길을 건너기 시작했다. 빌은 범퍼에 "무스 때문에 설 수 있습니다"라고 쓴 스티커를 붙이고 다니지 않는다. 하지만 어쨌든 서긴 했다. 대부분의 메인 사람들은 반 톤이 넘는 생물이라면 당연히 길을 다닐 권리가 있다고 여긴다.

무스는 겨울 코트를 털갈이 하고 있어서 털이 없는 부분들이 큼직하게 드러나 있는 것이 보였다. 녀석은 길 한가운데 서서 움직이지 않았다. 마침내 우리는 천천히 녀석의 주위를 돌아서 지나갔다. 녀석은 전나무, 미국꽃단풍, 흰자작나무로 이루어진 어두컴컴한 이차림(二次林)으로 돌아가 버렸다.

우리는 킹필드에 있는 작은 주류 소매점에 들러서 비포장도로의 방향을 물었다. 도로는 오래된 벌목 도로였고 땅은 수많은 차량이 진흙에서 빙빙 돈 흔적으로 뒤집혀 있었다. "좋은 징조지." 빌이 말했다. "빙어는 모름지기 타이어 자국이 있는 곳에서만 발견되는 법이거든."

계속 나아가자 마침내 많은 차들이 옆으로 주차했던 흔적과 수풀에서 차를 돌리기 위해서 빙빙 돌렸던 흔적, 그리고 하루 이틀 전에 한 무리의 사람들이 밟아 뭉개놓은 자국을 볼 수 있었다. 여기가 우리가 찾는 장소가 틀림없었다.

하지만 차가 한 대도 보이지 않았다. "빙어가 없군." 빌이 말했다.

"하지만 자네는 빙어가 정확하게 어디로 갈지 알 수 없다고 했잖아. 어쩌면 빙어들이 오늘밤에 여기로 다니는데 아무도 모를 수도 있겠지."

"자네 말이 그렇다면야." 빌은 따지고 드는 것을 싫어한다.

그래서 우리는 그물, 빙어를 담을 양동이, 맥주를 들고 길에 난 자국을 따라갔다. 밤이라도 길은 뚜렷하게 알아볼 수 있었다. 사방에 키 큰 나무가 있었는데 그 위로 달이 환하게 비쳤다. 눈 더미를 몇 곳에서 보았다. "빙어는 마지막 눈이 녹을 때 나타나지." 빌이 말했다. 이제야 뭔가 그럴 싸하게 들린다. 희망이 보였다.

가파른 경사로로 내려가는 길을 따라가자 우리는 곧 콸콸 쏟아져 내려가는 시냇물 소리를 들을 수 있었다. 하지만 빙어가 잘 잡히는 곳에서 으레 들리는 고함소리가 들리지 않았다. 그럼에도 우리는 어둠 속에서 강물을 따라 덤불을 헤치고 그물을 여기저기에 담그면서 나아갔다. 내 그물은 무겁게 느껴진 적이 없었지만 혹시나 해서 가끔 달빛을 비추어 안에 뭐가 들었는지 들여다보았다. 물고기 한 마리도 구경하지 못했다.

빌은 사람들이 '토요일과 일요일'에 이곳에 다녀갔다는 이야기를 들었다고 했다. 지금은 화요일이다. "그 사람들이 낚시를 시작했거나 아니면 마무리를 했을 텐데 아마도 끝마무리를 한 것 같아. 이곳 사람들은 진짜 빙어 떼가 나타날 때가 언제인지 알려주지 않아. 사람들은 그저 빙어가 나타난다는 말을 흘려보내는데 그때는 이미 거의 다 끝날 무렵이지. 그래야 자기들은 물고기를 많이 잡고 또 그런 이야기를 들은 다른 사람들이 자기네 빙어 떼에 대해 이야기하거든…. 빙어낚시를 '진짜' 하고 싶다면 매일 밤 1시까지 나와 있어야 해." 나는 빙어를 낚을 준비가 '진짜' 되어 있지 않았다.

돌아오는 길에 우리는 킹필드에 있는 가게에 다시 들러서 6개들이 캔 맥주를 또 샀다. 차양 모자를 쓴 작은 노인은 아까 우리에게 방향을 일러

주었을 때처럼 아직도 6인치 TV 앞 계산대에 앉아 있었다. 우리에게 빙어 떼가 어떤지 물어보기에 이야기해주었다. 그는 살짝 미소를 짓더니 낄낄대며 말했다. "며칠 전에 사람들이 다 끝냈지요."

5월 6일
새로운 둥지를 짓기 시작하다

지난밤에 비가 내리자 마법 같은 변화가 일어났다. 하룻밤 사이에 산이 깜짝 놀랄 정도로 새로운 색으로 변했다. 연한 황록색이 된 것이다. 물푸레나무를 제외한 거의 모든 나무들의 잎눈이 피기 시작했다. 자작나무들도 지금 꽃차례에서 노란색 꽃가루를 날리고 있고 마가목나무들이 하룻밤 새 전부 대조적인 하얀색 꽃눈을 터뜨렸다.

숲은 새소리로 생기가 돈다. 나는 오늘 지금까지 돌아오지 않던 휘파람새 다섯 종의 소리를 들었다. 가마새, 목련솔새, 노랑미국솔새, 블랙번솔새, 물개똥지빠귀가 아래쪽 냇가 옆 저지대에 있었다. 다른 녀석들은 ─ 흰목미국솔새, 검은목녹색솔새, 검은목파란솔새, 흑백솔새, 내시빌휘파람새 ─ 계속해서 신나게 노래하고 있다. 이곳과 주변에 아직 아홉 종의 휘파람새가 더 나타날 것이라 생각한다. 녀석들의 소리를 알기 때문에 나는 어떤 의미에서는 조류계의 보석 같은 멋진 새들을 만들어낸 것이나 다름없다. 왜냐하면 내가 그 소리를 듣고도 어떤 새인지 알지 못한다면 녀석들은 실상 존재하지 않는 것이나 다름없기 때문이다. 한 차례의 '찟' 하는 소리를 들으면 나는 마치 바로 앞에 앉아 있는 것처럼 번식우(繁殖羽, 번식기의 아름다운 깃털치장 – 역자)로 화려하고 아름다운 색을 지닌 새를 마음속으로 떠올린다. 약간 다른 울음소리가 또 들리면 전혀 다른 새 한 마리를 떠올리게 된다.

각 새들의 모습과 더불어 녀석들의 둥지도 상상하게 된다. 내시빌 휘파람새는 둥지를 땅 위에 있는 이끼로 뒤덮인 흙무더기에 예술적으로 밀어 넣어놓는다. 블랙번솔새는 큰 키의 붉은가문비나무 가지 맨 끝 쪽에 나뭇가지와 작은 뿌리로 집을 지어놓는다. 딱새는 오리나무의 아래쪽 갈래에 지의류 이끼로 위장해놓은 집을 짓는다. 목련솔새는 어리고 빠르게 성장하는 발삼전나무에 집을 짓는 반면 가마새는 맨땅에 집을 짓는데 낙엽 밑에 잘 숨겨놓는다. 검은목파란솔새는 활엽수 관목 위에 지상에서 30센티미터 정도 떨어져서 집을 짓는다. 이 근처에 있는 20종의 휘파람새는 제각각 고유의 둥지를 자기 나름의 장소에 지어놓는다.

이런 특화된 둥지들은 인정사정없는 보금자리 약탈에 대한 진화의 선택압에 따른 결과물임에 틀림없다. 있을 법하지 않은 공간에 가장 잘 숨겨놓은 둥지가 살아남는 것이다. 다른 새들이 집을 짓지 않는 곳에 지어놓은 둥지는 천적(다람쥐, 큰어치, 까마귀)이 살피지 않을 확률이 높다. 모든 천적들은 이전에 먹이를 찾았던 장소를 다시 뒤지기 때문이다.

검은방울새는 이제 더 이상 둥지로 풀을 나르지 않지만 대신에 부리 가득 사슴 털을 물고 와서 둥지 안쪽에 깔고 있다. 개똥지빠귀 암놈이 오두막 뒤쪽에서 마른 풀을 부리 가득 뜯고 있다. 제비들은 둥지 상자에 자기들끼리 자리를 잡았다. 세 개의 상자에 둥지를 틀었는데, 여왕 호박벌은 네 번째 상자로 옮겨갔다. 박새 한 쌍이 다섯 번째 상자에 자리를 잡는다. 오색방울새 수놈은 노란색과 검은색의 번식우를 지닌 모습으로 오두막 옆의 흰자작나무에서 열심히 노래하고 있다. 이 새들은 엉겅퀴 씨앗이 맺히는 시기에 맞춰 집을 짓기에 지금부터 3개월 후가 될 때까지는 둥지를 틀지 않는다는 사실이 놀라웠다.

5월 7일
눈에 보이지 않는 아름다운 것들

무슨 이유 때문인지 황혼 무렵에 피비가 하늘로 날아올라 신나게 각양각색의 노래를 불렀다. '피–비'라고 빠르게 연음으로 노래하면서 동시에 다른 소리도 함께 내고 있었다. 그러더니 다시 내려왔다. 작년 이맘때에 피비는 어린 새끼를 데리고 있었다. 제일 먼저 둥지를 트는 새이기 때문이다. 하지만 이 새의 짝은 올봄에 아직 돌아오지 않았다.

누른도요새는 한 번만 하늘로 떠올라 자태를 선보이더니 저녁과 새벽을 빈터에서 보냈다. 하늘 높이 떠오르지는 않는다. 녀석이 마침내 지쳐버린 것일까, 아니면 짝짓기 시기가 끝난 것일까? 암컷 새들은 지금 각자 갈색의 부엽토 속에 예술적으로 숨겨놓은 둥지에서 네 개의 아름다운 색을 띤 알을 품고 앉아 있다. 녀석들은 인내심을 가지고 앉아 있는데 거의 완벽하게 주변 환경과 섞여서 눈에 띄지 않는다.

밖에 있는 돌로 된 난로에다 저녁으로 감자를 굽고 있는데 아주 약한 바람이 불었다. 자그마한 어린 애벌레가 날아간다. 아마도 스카이훅(항공기로부터 투하되는 물자의 감속을 위한 회전익(回轉翼) - 역주)과 날개 역할을 하는, 아주 가늘어 보이지 않는 줄에 매달려 있을 것이다. 애벌레들은 적으로부터 도망치기 위해서 나무에서 떨어질 때 줄을 탈출 사다리처럼 이용한다. 그런 다음에 다시 몸을 감아올려서 먹이를 먹던 곳으로 돌아가는데 명주실로 된 줄을 공처럼 감아 짧게 만들면서 올라간다. 어린 거미들이 가을에 날아다니는 것과 유사하다. 물론 어떤 거미들은 줄을 이용하여 먹이를 잡을 수 있는 공중 그물을 만든다. 또 다른 거미들은 줄을 이용하여 마른 땅속의 터널을 보강하고 작은 문을 만들며 알들을 감싸놓는다. 많은 새들이 거미줄을 활용해 자기들의 둥지 재료들이 잘 붙을 수 있도록 한다.

날도래는 실을 이용해서 집을 만들고 물속에서 떠다니는 먹잇감을 낚는 정교한 예인망을 만든다. 아주 촘촘히 짠 예인망에는 박테리아처럼 미세한 조각들도 걸린다. 많은 자벌레나방 애벌레는 명주실로 자신들의 뻣뻣한 막대기 같은 몸을 하루 종일 나뭇가지에 비스듬히 붙인다. 애벌레는 자신을 잡아먹는 새들에게 존재를 알리지 않으려고 위장하느라 하루 종일 몸을 꼼짝하지 않고 있어야 하는데, 이 실은 그런 힘든 노고를 덜어주는 역할을 한다(애벌레들은 밤에만 움직이고 먹는다). 이와 유사하게 많은 나비 유충은 번데기가 나오는 장소에 자신들의 몸을 비스듬히 붙이기 위해서 몸 한가운데 명주실 하나를 둘러 활용한다. 꼬리 쪽 끝부분 역시 끈끈한 실로 단단하게 붙여놓는다. 셀 수 없이 많은 나방들이 실로 단단한 고치를 만드는데, 어떤 것들은 새들이 먹을 수 없을 정도로 단단하다.

결과적으로 우리 인간은 이 보호 상자에서 나온 실을 이용해서 천을 만들고 전투용 혹은 오락용 낙하산을 만든다.

캠프파이어 근처의 따뜻한 공기 속에서 작은 애벌레가 흔들거린다. 날아갈 때를 대비해 실로 된 줄에 고정되어 있다. 하지만 녀석의 낙하산은 많은 아름다운 것들이 그러하듯이 내 눈에는 보이지 않았다.

5월 14일
좋은 물고기와 그렇지 않은 물고기

밤색허리울새가 마침내 5월 11일에 빈터에 나타났는데 좀 늦었다. 이곳에 온 첫날 수놈은 많은 호박벌들이 꿀과 꽃가루를 찾아다니는 야생 벚나무 사이에서 곤충을 찾다가 노래를 부르곤 하였다.

뒤쪽에 있는 숲에서 처음으로 캐나다솔새, 작은 딱새와 벗딱새, 붉은가슴밀화부리 소리가 들린다. 흥미롭게도 습지에서는 여러 마리가 보이는 메릴랜드 노란목울새가 이곳에 아직까지 나타나지 않는다.

가장 놀라운 것은 사탕단풍나무다. 일 년 중 이맘때 나무는 대개 밝은 노란색의 수많은 작은 꽃들이 매달려서 바람에 빙빙 돌고 있는 모습을 보여준다. 올해는 꽃이 한 송이도 보이지 않는다. 따라서 이번 가을에는 사탕단풍 씨앗이 떨어지지 않을 것이다. 반면에 미국꽃단풍은 풍성하게 꽃이 피어서 아주 많은 씨앗이 맺힐 것이다.

　루브라참나무가 녹색빛이 도는 노란색 잎과 술 모양 꽃이삭을 피우기 시작했지만 아직 꽃은 피지 않았다. 참나무 잎의 색은 사시나무, 너도밤나무, 자작나무의 반짝이는 연한 황록색, 빅투스 사시나무의 은색, 미국 꽃단풍의 바랜 듯한 붉은색, 아직도 잎이 나지 않은 물푸레나무의 회갈색과 대조를 이루고 있다. 이곳저곳에 있는 어떤 나무들은 흰 물감에 담갔다가 꺼낸 것같이 보인다 – 야생 벚나무와 마가목나무다. 길가에 있는 야생 사과나무의 분홍색 꽃봉오리가 막 터질 것처럼 보인다. 초크체리의 짙은 녹색 잎이 나오기 시작했고 꽃봉오리들은 며칠 안에 흰색으로 활짝 필 것이다. 낙엽송은 이미 새로 잎이 다 났지만 상록수들은 아직도 검푸른 묵은 잎을 달고 있다. 전나무에서만 가지 끝에 있는 줄기에서 싹이 터지고 자라면서 바늘잎이 나오고 있기에 밝은 녹색이 보이기 시작한다.

　산비탈은 가을만큼 아름다운 색을 보여주고 있는데 흰색에서부터 상상할 수 있는 모든 색조의 녹색, 갈색, 빨간색까지 그 범위가 다양하다. 이런 색상은 가을에 볼 수 있는 것보다는 훨씬 은은하고 수명이 짧다. 그러나 긴 겨울 동안 회색과 흰색밖에 보지 못하다가 이런 색상을 보면 매우 놀랍다.

　숲의 아래쪽에서는 아주 잘 찾아보면 작고 멋진 얼룩들을 볼 수가 있다. 레몬빛의 노란색, 흰색, 짙은 푸른빛을 띠고 있는 여러 종류의 바이올렛, 짙은 자주색의 연령초가 있다. 심술궂은 아이가 수백 개의 다른 물감과 수천 번의 붓질로 마음대로 장난친 것처럼 서로 뒤섞인 채 산비탈 전체를 덮고 있는 색상들을 생각해보면 이런 꽃을 찾는 것은 보물찾기를 하는 것 같다.

피어나는 잎눈

흰자작나무 　 사탕단풍나무

줄무늬단풍나무 　 사시나무 　 메도스위트

미국꽃단풍나무 　 가막살나무 　 미국물푸레나무

　모든 새들의 소리가 아름답게 울리고 있으나 그런 소리를 어떻게 묘사
해야 할지 모르겠다. '파랑'이나 '빨강'이나 '녹색'이라고 읽으면 머릿속
에 그런 색상이 떠오르고 단어들이 살아나는 듯 느껴진다. 하지만 나는
경쾌하면서 더듬는 듯한 검은목파란솔새의 울음소리나 굴뚝새의 생기
넘치고 활동적인 후렴 소리를 약간이라도 떠올리게 할 수 있는 단어가

무엇인지 모르겠다. 이런 소리들을 제대로 느끼려면 반드시 직접 들어보아야 한다. 간접경험에는 한계가 있는 법이다. 내가 이 숲으로 들어온 첫 번째 이유기도 하다.

어제 피비가 작년에 둥지를 틀었던 오두막 창문 밑 통나무를 살펴보았다. 녀석은 발작적으로 소리를 내면서 통나무 위와 오두막 근처 나무들 사이를 왔다갔다 날아다녔다. 하지만 아직도 혼자다.

빌이 전화기에 짧은 메시지를 남겼다. "저녁 6시에 오게. 낚싯대하고 양동이를 가지고 와. 마라니쿡 호수에서 화이트 퍼치 낚시하게." 기다리던 소식이었다.

강가에 서서 고기를 장대로 잇달아 계속 끄집어낼 수 있다는 이야기를 수년 동안 들어왔다. "바늘에 미끼를 빨리 끼우는 만큼 많이 잡을 수 있다." 나는 여태까지 피스 폰드 한가운데에서 보트 가장자리에 대롱거리는 낚싯줄을 걸어놓고 행운을 빌며(그러나 행운이 항상 따라주지는 않았다) 기다리는 방법으로만 화이트 퍼치를 잡았었다. 제대로 잡아보고 싶었다. "거기 가면 어린아이들, 할아버지, 할머니, 남자, 여자, 모든 사람들이 있을 거야. 강가에 사람들이 줄을 지어 서 있어. 모두 척척 물고기를 낚는다니까. 아주 굉장한 볼거리야."

제이에 있는 빌의 집에 제시간에 도착해보니 그의 두 아들인 커터와 크리스도 갈 준비가 되어 있었다. 아이들은 자기들 양동이와 낚싯대를 차의 트렁크에 실었고 내 짐도 함께 실었다. 이번에는 지체 없이 금방 출발해서 I.P. 제지공장 바로 옆에 있는 마을의 잡화점에 들러서 지렁이 한 곽과 6개들이 맥주 한 묶음을 샀다. 그러고 나서 우리는 목조 가옥들과 제이와 리버모어 폴스의 그다지 정성스럽게 꾸미지 않은 상점 간판을 지나치며 언덕이 많은 메인 스트리트를 가로질러 갔다. 5분도 지나지 않아서 우리는 마라니쿡으로 가는 목재 울타리가 나 있는 길로 접어들었고, 그러는 사이에 나는 마라니쿡에서 멋진 퍼치를 낚은 낚시꾼에 대한 이야기를 계속 들을 수 있었다.

페인트가 다 벗겨진 간판이 달려 있는 리드필드 잡화점에서 우회전해서 언덕을 내려가자 호수가 우리 왼편에 펼쳐졌다. 길은 연못 입구에 있는 작은 시멘트 다리를 지나서 이어졌다. 여기가 우리 목적지다. 그런데 그다지 좋아 보이지 않았다. 길가에 차가 겨우 세 대밖에 주차되어 있지 않았던 것이다. 하지만 아직 날이 저물지 않았다. "어두워지기 전에 사람들이 몰려 올 거야." 빌이 말했다.

그곳에는 어린 소년 소녀들이 뛰어다니고 장난치면서 그냥 놀고 있었나. 하지만 두 명의 젊은 남자와 조금 연세가 있으신 것 같은 노인 한 분이 낚시를 하고 있었다. 우리는 그 사람들이 물고기를 얼마나 잡았는지 살펴보았다. 지금까지 그들은 그저 개복치와 옐로우 퍼치를 잡았을 뿐이었다. 이곳 메인에서 이 물고기들은 그냥 '쓰레기' 같은 물고기로 여겨진다. "뉴햄프셔에서는 저걸 먹는대." 빌이 말했다. 하지만 그렇다고 저 물고기들이 좋아 보이진 않는다.

개복치는 옆구리가 녹색이고 작은 거울처럼 빛을 반사하며 반짝이는 황금색 점이 나 있다. 얼굴은 오렌지색과 파란색인데 아가미 뚜껑의 끝부분은 밝은 빨간색으로 꾸며져 있다. 옐로우 퍼치는 황금빛으로 반짝이는데 녹색빛이 나는 세로줄 무늬를 가졌다. 화이트 퍼치는 은처럼 반짝반짝 빛이 난다. 커다란 은색 눈의 검은색 큰 동공으로 빤히 쳐다본다.

노인이 말했다. "오늘 밤에 녀석들이 나타날 것 같지 않네그려. 이번 주 내내 밤마다 왔었는데 아직 한 마리도 못 잡았어요."

"지난주에 저도 왔었는데 역시 못 잡았어요." 빌이 마지못해 말했다.

노인이 낚싯줄을 감아 고리에 지렁이를 꿰서 강물에 다시 던졌다. 빨간 찌가 달린 줄이 시멘트 다리 쪽으로 흘러가게 두었다. 갑자기 빨간 찌가 물속으로 단숨에 부드럽게 빨려 들어가 사라지면서 '퐁당' 하는 작은 소리가 들렸다. 거울 같은 검은 수면 위로 작은 동심원을 그리는 물결만이 보였다.

우리는 모노필라멘트 낚싯줄이 물을 가르며 지나가는 걸 보고 흥분했다. 줄을 감는데 노인의 낚싯대가 구부러진다. 그가 펄떡이는 물고기를 끌어내서 둑에다 올려놓으려는데, 보니까 농어였다. 일 년 중 이 시기에는 농어를 잡는 것이 불법이었다. 그러나 녀석을 다시 놓아주는 수고는 하지 않아도 되었다. 녀석이 혼자서 바늘에서 빠져나온 것이다.

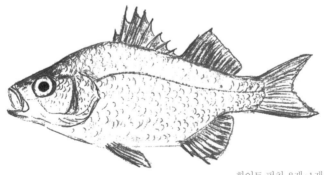

화이트 퍼치. 8개·1개·1개로 된
지느러미 줄기가 3개 있다.
쳐다보지 말 것. 특히 은백색 눈.

물고기를 거의 잡을 뻔한 광경을 보고 우리는 모두 신이 나서 각자 낚싯대를 드리웠다. 아무것도 물지 않는다. 찌는 서늘한 검은빛 강물 아래로 잡아당겨지기는커녕 흔들리지도 않았다.

수평선을 향해 내려가는 태양의 황금빛이 강물의 검고 파란 물방울에 반사되어 반짝인다. 다리 건너편에 있는 마라니쿡 호수 위에서 조용한 아비새 한 쌍의 검은색 실루엣이 내 시선을 끌었다. 그러더니 노랑솔새 한 마리가 가까이 와서 우리 쪽에 있는 버드나무 덤불로 가서는 맨 마지막 저녁 간식인 하루살이를 찾아다닌다. 우리는 호수 입구 위쪽에 있는 습지에서 '탁' 하는 알락해오라기 울음소리와 물개똥지빠귀의 청아한 지저귐 소리가 울려 퍼지는 것도 들었다. 지는 해 쪽을 향해 있는 소나무들이 점점 새까만 보초병처럼 변했다. 아직도 입질이 없다. 낚싯대를 내려놓고 노인에게 걸어갔다. 그동인 두 명의 소년들은 옐로우 퍼치 여섯 마리, 개복치 한 마리, 그리고 마침내 화이트 퍼치도 한 마리 낚았다.

"오늘밤에는 녀석들이 올 것 같지 않아요." 그가 다시 말했다. 빌도 다가왔다. "녀석들은 사실 지난 3년 동안 여기에 나타나지 않았지요." 마침내 노인이 털어놓았다. "그리고 난 여기서 낚시를 한 지가 70년이 되었다오…." 잠시 말을 멈췄다가 그가 덧붙인다. "그리고 그때도 어린 아이가 아니었지. 그때 이미 22살이었다오."

빌과 아이들을 떠나 오두막으로 가는 길을 오르는데, 달이 뜨지 않아서 칠흑같이 어두웠다. 손전등은 없었다. 갑자기 길옆에 있는 숲에서 콩알만 한 크기의 깜부기불을 보았다. 거의 푸르스름한 흰 네온 빛이었다. 개똥벌레와는 다르게 깜박이지 않고 지속적으로 빛났다. 작은 깜부기불을 살짝 들어 올려서 엄지와 검지로 집었다. 부드러웠으나 형태를 잘 알아볼 수가 없어서 손안에 넣고 불빛을 바라보면서 걸어갔다.

90미터쯤 가자 불빛이 손에서 사라졌다. 불이 꺼진 걸까? 빛이 계속 끊이지 않고 비추고 있었기에 그런 것 같지는 않았다. 아마도 꼭 쥐고 가려고 했음에도 내 손에서 떨어져 나간 모양이었다.

나는 되돌아가 보았는데 이 녀석이 길 한가운데서 빛을 내며 이번에는 달팽이처럼 천천히 움직이고 있었다. 다시 들어 올려서 보니 곤충이었다. 나는 손가락으로 녀석을 단단히 잡고 가서 오두막에 있는 필름 보관통에 가두었다. 다음날 아침에 나는 녀석을 살펴보고 그림을 그렸다. 녀석은 개똥벌레(사실은 딱정벌레이다)의 유충이었다. 성충의 깜박이는 불빛은 짝짓기 신호의 역할을 담당한다. 하지만 유충은 왜 빛나는 것일까?

나는 물고기도 몇 마리 그렸다. 그런 다음 차례대로 옐로우 퍼치 몇 마리를 잘라서 큰까마귀에게 먹이로 주었다. 녀석들은 옐로우 퍼치를 보고 흥분했다. 녀석들이 먹잇감을 보고 그렇게 흥분하는 것은 처음 보았다. 그래서 나도 한 번 먹어보아야겠다는 생각이 들었다. 나는 화이트 퍼치와 옐로우 퍼치 그리고 개복치를 씻었다. 전부 비슷한 크기였다. 생선에 밀가루를 묻혀서 기름에 튀겼다. 처음에는 각 생선마다 조금씩만 먹었다. 전부 맛이 똑같았다. '쓰레기'라고 불리는 물고기들(옐로우 퍼치, 개복치)의 맛이 괜찮을 것이라 생각하려고 애써서 그렇게 느끼는 걸까? 다음에는 전부 섞은 다음에 아무렇게나 되는 대로 먹어보았다. 여전히 맛의 차이를 느낄 수 없었다.

이 지역 낚시꾼들 중에서 옐로우 퍼치와 개복치를 먹는 사람은 나밖에 없었다. 그곳 다리에서 낚시하는 모든 아이들은 어떤 것이 '괜찮은'

물고기이고 '별로 좋지 않은' 물고기인지 구별하는 법을 부모로부터 배웠다. 그들 역시 나중에 자식들에게 가르쳐줄 것이다. 다들 화이트 퍼치를 기다리다가 전부 집에 그냥 빈손으로 돌아갔었다. 나는 이제서야 아는 게 병이라는 것을 깨달았다.

5월 15일
나무들이 살아가는 법

어제처럼 새벽에 땅 위에 서리가 앉았지만 오전 7시가 되어 해가 뜨자 다 녹아서 이슬로 맺힌다. 햇볕은 오두막 옆에 있는 사과나무 꽃에도 비쳐서 봉오리들이 이제 눈부시게 빛나는 분홍색으로 벌어지기 시작한다. 수놈 붉은목벌새가 마침 나타나서 꽃 주위를 맴돈다. 허클베리 습지로 다시 찾아가기에 딱 좋은 날이다. 노란목휘파람새, 솔새, 올리브딱새의 노랫소리를 다시 듣고 싶다.

허클베리 습지로 가려면 타르를 칠한 움푹 팬 구멍이 나 있는 구불구불한 길을 따라 운전해 가다가 벌목도로를 따라서 걸어 들어가야 한다. 아주 놀랍게도 사탕나무처럼 너도밤나무 역시 올해 전혀 꽃이 피지 않았다. 나는 결국 이 두 종류의 나무 수천 그루를 조사했다. 가는 곳마다 작년에 생긴 너도밤나무의 씨앗주머니가 나무에 달려 있는 것이 보였으니 작년 봄에는 숲 속이 너도밤나무의 꽃으로 가득했을 것이다. 올해는 너도밤나무와 사탕단풍나무의 꽃이 한 송이도 보이지 않는데 이들 나무의 잎은 거의 다 나왔고 새 가지도 왕성하게 자라고 있다. 올해 이 숲에 많이 살고 있는 두 종류의 나무에서 꽃이 전혀 피지 않는 것은 아주 이상한 광경으로 보인다. 다른 해에는 이 산이 이것들의 꽃으로 덮여 있었다. 숲 전체는 아직도 미국꽃단풍나무 씨앗 때문에 붉은 기가 도는데 씨앗은 이제 거의 익어서 떨어지기 직전이다.

이 두 종류의 나무에서 꽃이 피지 않기로 '결정'된 것은 올봄이 아니다. 이미 지난가을에 꽃눈이 형성되었을 무렵에 정해진 것이다. 어쩌면 그보다 더 일찍 그렇게 된 것일 수도 있다.

그렇다. 나무는 그런 결정을 내린다. 주위 환경으로부터 오는 정보를 인식하고 생존을 위하여 적절한 방법으로 대처한다. 지금 씨앗을 만들어내지 않더라도 어떻게 하든 결국에는 더 살아남을 수 있는 후손들을 생산할 것이다. 어떻게?

작년은 사람들이 말하듯 좋은 '나무열매'의 해였다 — 너도밤나무 열매와 사탕단풍나무 씨앗이 풍년이었다. 이 씨앗 중 많은 수가 싹을 틔웠다. 어떤 장소에서는 0.1제곱미터당 묘목이 열 개까지 자라는 것을 보았다. 곰, 사슴, 쥐, 붉은다람쥐, 회색다람쥐, 날다람쥐, 들꿩, 큰어치, 씨앗을 먹는 딱정벌레 유충이 전부 살쪄서 새끼를 낳는다. 하지만 작년에는 이 모든 씨앗을 먹는 동물들의 개체 수 밀도가 여전히 낮았고 전부 먹고도 씨앗이 남아서 어린 나무들이 생겼었다.

만약 나무가 몇 년 동안 연속으로 풍년이 든다면 씨앗을 먹는 포식자들의 수가 급격히 왕성하게 증가하고, 그들은 이 믿을 수 있는 먹잇감에 의존하게 될 것이다. 믿음직하게 먹이를 생산하던 유기체들은 식량 공급이 보틀넥(생산 요소 부족에 의한 장애-역주)한계에 이를 때까지는 믿음직하게 재생산을 한다. 하지만 올해 포식자들에게 먹이 공급을 중단함으로써 나무들은 생산 확대를 멈추었다. 현재 재생산을 하지 않음으로써 향후 몇 년에 걸쳐 생산될 배아가 반드시 살아남을 수 있도록 돕는다. 그 결과 그들의 포식자의 수가 폭발적으로 증가하는 것을 사전에 막게 되는 것이다.

나무는 자신의 상황이 불리하다고 여길 때 넓은 장소에서 동시에 꽃을 피운다(그에 따라 씨앗도 생산된다). 이웃 나무가 꽃을 피우지 않을 때 핀 너도밤나무 꽃은 수분되지 못하기에 쓸모가 없고, 따라서 에너지 낭비가 된다. 심지어 이 독불장군 같은 나무가 자가수분을 해서 씨앗을 생산하게 된다고 하더라도 대부분은 역시 쓸모없게 될 것이다. 왜냐하면 주변에 있는 씨앗을 먹는 배고픈 동물들이 이 씨앗이 풍성한 나무로 모여들기 때문이다. 이 나무 씨앗을 향한 식욕은 이웃한 다른 나무의 씨앗 때문에라도 줄어들지는 않는다. 동물들은 씨앗을 남기지 않고 다 먹어치울 것이다. 역시 후손을 보기 위한 재생산은 헛수고가 될 것이다. 지난가을에 그랬던 것처럼 숲 전체가 씨앗으로 뒤덮인다면 씨앗을 먹는 동물들은 갑자기 늘어난 풍성한 먹이를 즐길 것이기 때문이다. 하지만 아무래도 한 나무의 씨앗을 먹기보다는 흩어져 있는 여러 나무의 먹이를 먹게 될 것이니, 따라서 같은 종의 다른 나무들이 씨앗을 만들 때 함께 씨앗을 생산한 나무는 그 씨앗이 살아남을 확률을 확실히 더 높일 수 있을 것이다.

메인 주 고지대에서 가장 많은 나무가 너도밤나무와 사탕단풍나무인데, 커다란 씨앗을 생산하는 두 주요한 활엽수가 둘 다 같은 해에 꽃 피우기를 포기한 것이 흥미롭다. 반면에 서로 다른 서식지에서 자라거나 동물의 사료가 될 만큼 씨앗이 크지 않은 나무 대부분은 늘 그렇듯이 아직도 꽃을 피우고 있다(씨앗이 작은 나무들은 절대로 해를 거르는 법이 없다). 커다란 씨앗을 가진 이들 두 종류의 나무는 공동의 목적을 달성하기 위해서 협력하고 있다. 공진화(共進化)라고 불리는 법칙이다. 공진화가 있는지 없는지는 학술적으로 지겹도록 논의해왔다. 논쟁하는 것은 좀 이상해 보인다. 왜냐하면 사람들은 선택압이 발생하는 것은 물리적인 환경 못지않게 다른 생명체에게 영향받기 때문이라는 데 전부 동감하기 때문이다. 옆의 나무가 씨앗을 맺을 때 같이 씨앗을 생산하는 너도밤나무는 그 이웃 나무가 다른 너도밤나무인지, 단풍나무인지, 또 다른 어떤 종의 나무인지는 상관하지 않는다. 씨앗을 먹는 포식자가 공동의 적이기만 하다면 말이다.

메인 주 고지대에 가장 많이 서식하는
사탕단풍나무와 너도밤나무 묘목.

매년 이맘때의 습지는 메릴랜드 노란목울새의 "위치티 – 위치티" 하는 소리와 솔새의 아주 흥겨운 소리로 활기가 넘친다. 올리브딱새의 시끄럽고 귀를 찢는 듯한 울음소리도 함께 울려 퍼진다. 딱새의 울음소리는 벌목꾼들의 귀에는 "윕whip – 쓰리three – 비어스beers"라고 듣기 좋은 소리로 지저귀는 것처럼 들린다고 하는데, 실제 새소리가 그런 것이라기보다는 벌목꾼들이 듣고 싶은 소리일 것이다. 이 세 종류의 새소리와 다른 새들의 소리를 들으니 안심이 된다. 들려야 할 새들의 소리를 다 듣게 되면 세상이 제대로 돌아가는 느낌이 든다.

습지대는 산의 아래쪽 끝자락에서 갑자기 시작된다. 회색과 갈색 점이 있는 오리나무, 윈터베리, 블루베리, 쥐똥나무가 있는 잡목 숲으로 들어가게 된다. 작년에 자란 사초가 갈색으로 변한 채 진흙 위에 누워 들러붙어 있는데, 뾰족하게 새로 나온 15센티미터 길이의 밝은 녹색 수상꽃차례줄기가 빽빽하게 군데군데 솟아나와 있다. 몇 미터 더 들어가면 키 작은 진퍼리꽃나무가 있는데 아직도 작년에 나온 잎이 달려 있다. 이제 시들어서 갈색이 되었는데 작은 쥐의 귀처럼 생겼다. 가지에는 자그마한 종 모양의 흰 꽃이 가득 줄지어 달려 있다. 부드럽게 윙윙거리는 호박벌의 소리가 들린다. 키가 작고 빽빽하게 자라는 철쭉에는 아직도 잎이 나지 않았지만, 통통한 자주색 꽃봉오리가 곧 화려하게 터질 것이고 그 무렵에 진퍼리꽃나무의 꽃은 질 것이다.

철쭉 사이에 간간히 철쭉과의 다른 식물들이 섞여 있다. 키 작은 백산차가 눈에 띈다. 거칠거칠한 짙은 녹색 잎의 밑면에는 밝은 갈색 털이 나 있는데 겨울에도 그 모습이 변하지 않았다. 하지만 가지 끝에는 우산꽃차례의 형태로 달린 동그랗고 눈처럼 흰 꽃봉오리가 가득하다. 칼미아

앙구스티폴리아의 꽃눈은 겨울부터 변하지 않은 것처럼 보이지만 곧 작은 분홍색 꽃들이 필 것이다. 같은 호박벌 집단으로부터 차례로 수분되도록 꽃들이 순서대로 연달아 피는데, 칼미아는 거의 끝 무렵에 핀다. 여러 종류의 꽃들은 서로에게 이익이 되어주면서 호박벌을 이용할 수 있도록, 피는 시기가 제각각 시계처럼 정확하게 정해져 있다. 호박벌은 먹이 때문에 이 꽃들에 의존하게 된다. 생명의 진화에서 주요한 테마인 이익 추구를 위한 협동의 또 다른 사례이다.

이 키 작은 여러해살이 관목들은 모두 붉은 기가 도는 녹색 물이끼에 둘러싸여 있다. 습지로 몇 미터 더 들어가자 이끼가 물이 꽉 찬 카펫 모양을 이루고 있다. 밟으면 차가운 갈색의 습지 물을 느낄 수 있다. 이곳의 이끼에는 가느다란 크랜베리 덩굴이 십자무늬로 덮여 있다. 크랜베리에는 작은 타원형의 잎과 작년에 열린 시큼한 자주색 열매가 달려 있는데 겨울에 먹을 수 있던 열매는 지금도 먹을 만하다. 보그 로럴은 이끼 위로 몇 센티미터 올라와 있는데, 묵었지만 녹색인 잎과 밝은 분홍빛 자주색 꽃봉오리가 달린 잔가지가 보인다. 꽃봉오리들은 완전히 성숙한 모양을 하고 있었는데 다른 꽃봉오리들과 함께 꽃가루와 꿀을 벌들에게 주기에 적절한 때에 맞춰서 꽃을 피우려고 기다리고 있다.

습지 로즈마리 덤불이 여기에도 있는데 좁고 연한 파란빛이 도는 녹색 잎은 밑면이 완전히 흰색이다. 작은 분홍색 꽃봉오리가 있는데 보그 로럴 꽃이 지면 바로 종 모양의 작은 꽃을 피울 것이나 칼미아보다는 일찍 핀다. 그 아래쪽에는 끈끈이주걱과 벌레잡이풀도 있고 위쪽으로는 키가 작게 자라는 가문비나무 무리와 낙엽송들이 있다.

빙하가 물러나기 시작한 1만 년 전쯤부터 지금까지, 이곳에 존재하는 동식물들의 모습은 거의 변하지 않았다. 이들이 사는 많은 초지에는 밝은 색이 조금씩 섞여 있어, 마치 정교한 형태의 모자이크 같았다. 나에게 이곳은 신성한 장소이다. 생기를 되찾고 경이로움을 느낄 수 있는 곳이다.

나는 기분이 상쾌해져서 즐거운 하루를 보냈다고 여기며 습지를 떠날 수도 있었다. 하지만 들어온 길과 약간 다른 경로로 습지를 벗어나는데 발밑에 흰색의 스티로폼 조각이 빽빽하게 쌓여져 있어서 깜짝 놀랐다. 신문지만을 구겨서는 포장하기 힘든 머그잔이나 다른 깨지기 쉬운 배달용품을 포장할 때 쓰는 것들이었는데, 자세히 살펴보니 찢어진 검은색 비닐 봉투에 들어 있었다. 쓰레기 더미 한가운데에는 습지대에서 나오지 않는 흙이 상당량 들어 있었는데 이 지역에서 나는 식물이 아닌 듯한 ─ 거의 잡초나 다름없는 ─ 식물의 잘린 가지들이 마른 채로 들어 있었다. 주변을 더 둘러보니 35개의 비슷한 쓰레기 더미가 나왔다.

이 잡초를 키우는 인간은 이곳을 아무도 찾지 않으리라 여겨서 여기를 택해 쓰레기를 버렸을 것이다. 그러나 내가 보기에 이곳은 상상할 수 있는 가장 아름다운 장소 중 하나로서, 정기적으로 자세히 관찰할 만한 곳이다. 여기에 간판을 세워야겠다. 간판에는 "이곳은 오염되지 않은 습지입니다. 여기를 쓰레기장으로 만들지 마세요"라고 쓸 것이다.

5월 24일
나의 고향, 메인 숲으로 다시 돌아오다

아직 어두운 새벽 4시에 쏙독새의 요란스럽고 떠들썩한 노랫소리에 잠이 깼다. 옥외 변소 뒤쪽에서 반복해서 노래하더니 산 아래쪽으로 내려가서 한 번 더 노래했는데 그 다음에는 노랫소리가 들리지 않았다. 애덤스 농장에서 보낸 어린 시절 이후로 이 노랫소리를 들은 적이 없었기에 흥분에 겨워 다시 잠이 들었다.

새소리가 나에게 지난날의 추억을 일깨워주었다. 쏙독새는 지금과 같은 노랫소리로 항상 지저귈 것이고, 수백만 년 전 아득한 옛날에 인간이 처음으로 들었을 때부터 그런 소리를 냈을 것이다. 내가 다시 듣게 되어도 또 그런 소리가 날 것이다.

오전 5시쯤 해가 나기 시작할 때 상쾌한 기분으로 일어났다. 피비는 벌써 한참 동안 시끄럽게 울어대고 있었고 붉은눈비레오도 합세했다. 반시간 후에도 땅에는 아직 서리가 남아 있었는데 작년에 심었던 아스파라거스 싹이 시들어서 죽은 것 같았다. 오두막 앞에 있는 사과나무는 꽃이 활짝 피었고, 홀로 서 있는 흰자작나무 아래에는 산딸기의 작은 흰색 꽃이 짧은 풀들을 뚫고 여기저기에 피어 있었다. 오두막의 통나무 사이 틈에 메워놓은 지폐를 박새가 자기 둥지에 깔려고 끄집어내고 있는데 나는 전혀 아깝지 않았다.

어제 벌링턴에 다녀왔다. 딸의 대학 졸업식과 박사과정 제자인 브렌트

이바론도의 후딩 세리머니(박사과정을 마친 대학원생에게 후드를 씌워주는 식)에 참석하고, 스튜어트를 보고 왔다. 숲에 체류하기 전에 나는 내 자신의 졸업 행사나 제자들의 행사에 한 번도 참석한 적이 없었다. 이런 행사들은 항상 기말고사 시험이 끝나고 며칠 뒤에 치러지는데, 나는 늘 마지막 시험이 끝나고 몇 시간도 채 되지 않아서 떠나버리곤 했다. 봄 숲으로 말이다. 내게 행사 같은 것은 항상 시간 낭비 같았다.

지금은 그런 곳에도 가고 싶다. 심지어 자원봉사도 했다. 내 임무는 생물학 – 동물학 전공자들을 줄 세우는 것이었는데 그중에는 내 학생 친구들뿐 아니라 딸 에리카와 그녀의 남자친구인 데이브도 있었다. 에리카는 동물학 분야에서 명망 있는 상Lyman Award을 받았고 파이 베타 카파Phi Beta Kappa(성적이 우수한 미국 대학생 졸업생으로 조직된 모임 – 역주)에도 들어갔다. 나는 예전에는 그런 상들에도 전혀 관심이 없었으나 지금은 몹시 자랑스러웠다.

미소 짓고 있는 많은 주변 사람들의 모습에 마음이 들떴다. 사람들과 포옹하고 추억담을 나누며 예전에 있었던 일들에 대해 이야기를 나눴고("난 겨울 생태학 수업을 정말 좋아했어요." "거긴 정말 멋진 장소예요."), 자주 연락하자는 약속을 하였다("저는 미국횡단을 하려고요." "저는 파타고니아에 갈 거예요." "편지 잊지 마세요…."). 나는 딱 한 번 술병을 압수하려 했는데, 그 학생은 다 안 마셨다면서 거부했다.

우리는 학생들을 테니스 코트에 줄 세웠다. 진행 요원이 와서 그들을 친구들과 학부모 그리고 배우자들이 모여 있는 체육관으로 데리고 들어갔다. 나는 학생들과 수다를 너무 길게 늘어놓은 덕분에 먼저 줄지어 들어간 교수들을 놓쳤다. 그렇지만 문제없었다. 뒤늦게 인파를 뚫고 지나갔다. 체육관 앞쪽에 있는 교수들을 찾는 건 어렵지 않았다. 학과장이 연설을 하고 다른 여러 교수들도 연설을 마쳤다. 은퇴하는 교수들의 업적을 짧게 칭송하고 난 뒤에 학생들이 과마다 줄지어 행진했다. 순서대로 한 명씩 이름이 불리고 졸업장을 받았다. 부모와 친구들은 사진을 찍느라 연단 근처에 모여 있었다. 졸업생 중에 자제가 있는 교수들은 단상에 올라가서 딸이나 아들이 공식적인 졸업을 최종적으로 확인받자마자 축하해줄 수 있었다. 나 역시 올라가서 에리카를 껴안아주면서 큰 기쁨을 느꼈다. 다른 모든 사람들을 축하하고픈 마음도 가득 일었다.

식이 끝난 후 인파에 밀리며 갓 핀 라일락과 사과 꽃이 있는 봄볕이 따스한 체육관 밖으로 나갔다. 그때 에리카의 엄마이자 내 전처인 키티와 그녀의 부모인 커스와 메리도 만났다. 행사를 보려고 캘리포니아에서 여기까지 먼 길을 오셨다.

나중에 나는 박사 수여식이 열리는 아이라 앨런 채플로 향했다. 나의 제자인 브렌트는 물속에서 숨 쉬는 문제를 해결하는 물방개의 잠수 생리 기능과 행동에 대한 우수한 학위논문을 썼다. 브렌트는 물방개가 잠수할 때 얼마만큼의 공기를 마시는지 잴 수 있는 기발하고 새로운 기술을 고안했는데, 오랫동안 자세히 관찰하고 측정한 결과 몇 가지 발견을 할 수 있었다. 브렌트의 연구는 교수에게 할당받은 프로젝트가 아니었다. 그의 독자적인 연구였으며 모름지기 박사 연구라면 그래야 한다. 박사학위를 위해서는 독창적인 발견을 해야 하는데 그런 것이 항상 가능하지는 않기 때문에 박사과정을 밟는 일이 쉽지 않다. 나는 브렌트의 성과를 기쁜 마음으로 축하해주었다. 그는 1년 전에 이미 연구 결과를 인정받아서 자신이 살고 싶어 하던 콜로라도에 있는 대학에서 학생들을 가르칠 수 있게 되었다. 지금은 그저 박사 후드와 학위증을 받기 위해서 온 것이다. 그의 아내, 어머니, 할머니와 친한 친구 두 명이 함께 대륙을 가로질러 왔다. 나는 그의 이름이 불리자 자랑스럽게 노란색과 검은색의 후드를 그의 검은색 가운 위에 드리워주었고, 청중들이 모여 있는 무대 위로 그와 함께 걸어갔다.

그리고 그 다음날 나는 메인으로 되돌아왔다… 좀 더 어린 두 명의 학생들인 새로운 큰까마귀와 나의 아들과 함께.

나는 아직도 쥐를 잡고 있다. 새로 온 어린 큰까마귀가 있는데 녀석은 날고기를 좋아했다. 냉장고가 없기 때문에 맛좋은 쥐 튀김을 만들기에 충분할 만큼 쥐를 저장할 수 없었다. 하지만 재미로 쥐 몇 마리를 남겨두었다.

무한한 에너지와 호기심을 가진 아홉 살짜리 사내아이를 날마다 하루 종일 데리고 있는 것은 여름 캠프 감독관의 업무와 맞먹는 임무다. 잘 가르쳐주고 달래주고 다그치고, 또 지치지 않는 어린아이의 에너지를 사회적으로나 물리적으로 파괴적이지 않은 방향으로 이끌어줄 뿐만 아니라 그 뒤치다꺼리도 해야 했다.

"스튜어트." 내가 말했다. "이 죽은 쥐 하나를 여기 땅에 놔두자. 어쩌면 송장벌레가 와서 묻을지도 몰라!"

우리는 쥐를 오두막 뒤에 있는 단단히 다져진 톱밥 위에 올려놓았다. 나는 송장벌레가 온다면 멋진 진한 검은색 몸체에 밝은 오렌지색 줄무늬가 있는 옷을 입고 있을 거라고 설명해주었다. 졸업 후드처럼 생긴 예복을 입고 있다는 생각이 들었다. 녀석은 호박벌과 아주 비슷하게 바람을 안고 날아다니며, 아마도 쥐 냄새를 800미터쯤 밖에서도 맡을 수 있을 것이다. 송장벌레는 쥐를 발견하면 땅속에 묻을 것이며 만약 암놈이라면 부패하고 있는 고기 위에 알을 낳아서 자신의 어린 애벌레들이 먹을 수 있게 할 것이다.

우리는 한 시간 뒤에 쥐를 확인했다. 쥐가 사라졌다! 비록 믿지는 않지만 꼭 마법이 일어난 것 같았다. 송장벌레가 근처에 있을 테니 찾아보라고 스튜어트에게 말했다.

몇 분 뒤에 스튜어트가 소리를 지르면서 달려온다. "아빠, 아빠, 내가 찾았어요!" 그의 열정에 불이 붙었다. 스튜어트는 쥐가 어디에 묻혀 있는지 발견했는데 송장벌레가 쥐와 함께 있었다. 그는 즉시 벌레를 자기의 '킬링 병'(다른 것들로 채워져 있었다)으로 옮겨서 늘어가는 곤충 수집품에 포함했다.

송장벌레가 일을 다 끝내버리기 전에 녀석의 작업하는 모습을 보기 위해 나는 아까 발굴해낸 쥐를 더 딱딱한 땅에 올려놓았다. 이미 한 번 성공한 스튜어트는 쥐 옆에 앉아서 다음 송장벌레가 나타나기를 기다렸다. 내가 바라던 바였다. 나는 오두막으로 들어갔다. 그 다음 과정은 그전에 봤다.

20분 동안 아들은 내가 한 번도 본 적이 없을 정도로 조용했다. 하지만 갑자기 녀석이 문으로 뛰어들어왔다. "어서 와봐요 아빠, 한 마리가 왔어요. 호박벌 같은 소리를 냈는데 놈이 내려앉을 때 아직 날개가 열려 있는 모습을 봤어요. 호박벌처럼 등에 황금색 털이 있어요!"

우리는 둘 다 장작더미에 있는 통나무에 걸터앉아서 송장벌레가 번갈아가면서 쥐 아래의 흙을 파내다 가끔 배를 하늘로 드러내놓고 움직이지 않은 채 작업을 멈추는 것을 지켜보았다.

"녀석은 향기로 짝을 부르고 있는 거란다." 내가 말했다.

아니나 다를까 불과 몇 분이 지나지 않아서 다른 벌레가 날아왔고 두 녀석들은 함께 쥐 아래쪽에서 작업을 했다. 첫 만남이었겠지만 힘든 작업을 함께 하면서 유대감이 형성되었다.

둘은 땅을 파고 쥐를 들어올렸다. 녀석들은 쥐의 밑으로 들어가서 모습이 보이지 않았는데 사체의 가장자리 둘레로 파낸 흙을 내던졌다. 하지만 들썩이는 쥐의 모습 때문에 밑에 무엇인가 있다는 것을 알 수 있었다. 가끔 이 멋진 생명체 중 한 마리가 흰발생쥐의 흰 배 위를 기어가서는 다시 반대편에서 작업을 이어갔다.

"송장벌레 위에 기어 다니는 조그만 게 뭐예요?"

"저것들은 파리 알을 먹는 진드기란다."

"진드기가 송장벌레를 못살게 구나요?"

"전혀 그렇지 않아. 저기 반짝이는 커다란 녹색 검정파리 보이지? 녀석들은 지금 죽은 쥐 위에다 알을 낳고 있어. 이삼일이 지나면 저 알들에서 애벌레가 나와서 저 생쥐를 전부 파먹어버리고 말거야. 그런데 지금 저 진드기들이 파리 알을 먹으면 파리 말고 송장벌레의 새끼들이 쥐를 먹을 수 있게 된단다."

"그렇구나!"

스튜어트는 앉아서 송장벌레를 두 시간도 넘게 지켜보았다. 나는 그가 이렇게 집중하는 것을 본 적이 없었다. 심지어 내가 그 장례의식 보기를 그만둔 뒤에도 스튜어트는 계속해서 진행 과정을 보고했다. 나는 TV가 없었기 때문에 TV 중독에서 벗어나기 위해 노력할 일도 없었지만, 만약 있었다면 지금이 TV 보는 것을 끊을 수 있는 절호의 기회였을 것이다. 자연은 이 세상에서 가장 흥미로운 볼거리를 제공해준다. 우리는 따뜻한 여름의 낮과 밤 사이에서 적어도 6천만 년 동안 리허설을 해온 흠잡을 데 없는 라이브 공연을 지금 본 것이다.

나는 항상 여름이 되면 트럭 위로 건초더미를 올리며 땀을 흘리고, 옥수수와 콩이 심겨 있는 기다란 밭을 호미질하며 잡초를 제거하던 때가 연상된다. 그렇지만 여름에는 그늘진 강 위 언덕에서 줄을 타고 높이 매달려서 왔다 갔다 하던 즐거움도 있었다.

시원한 물에 몸을 담글 생각을 하는 것은 이제 농부의 심부름꾼으로서 밭에서 일해서 그런 게 아니라 숲에서 일해서 그렇다. 나는 벌써 다음 겨울을 위한 장작더미를 보충하고 있는 중이다.

이 지역에서 헤엄을 칠 만하고 매달릴 줄이 있는 물웅덩이 중 하나는, 마을로 들어가면 바로 있는 파밍턴 식당 근처 다리 옆의 샌디 강에 있다. 이 강은 넓고 잔잔하며 산에서 내려오는 깨끗한 물이 널따란 모래 바닥 위를 흐른다. 아래쪽 모래 때문에 강물은 노란색으로 아른거리고 강가에 서 있는 나무의 녹색 그림자가 강 위에 드리워져 있다. 은단풍나무가 강의 둔덕 위에서 4.5미터 높이로 자라고 있다. 나무의 몸통에는 봄 해빙기 때 얼음이 바크를 비비면서 낸 상처 자국이 있다. 강물 위로 제일 많이 드리워진 나무에 줄을 매달아놓았다. 다양한 나이대의 아이들이 이곳에 모여서 논다.

강물까지의 거리가 충분히 멀고 줄도 넉넉하게 길기 때문에 둔덕에서 뛰어내리면 제법 길게 내려갈 수 있다. 아래쪽으로 뛰어내려서 물 위를 스치듯이 지나갈 때가 속도가 제일 빠른 순간이다. 그러다 가속도가 붙고 나무로부터의 반동으로 강 저쪽까지 가게 되면 높이높이 올라가게 된다. 날아가는 대로 몸을 맡겨야 하고 언제 손을 놓을지 알아야 한다. 대개 우리는 추의 방향이 강가 쪽으로 향하기 직전, 강물에서 가장 멀고 높은 지점에 이르렀을 때, 즉 멈추는 순간에 손을 놓는다. 그때가 줄에서 떨어지는 순간이다. 잠시 동안 공중에서 떠 있다가 그러고는…. 나는 애덤스 힐에서 이미 물놀이를 했고 단단한 모래 바닥까지 뛰어드는 시원한 목욕으로 상쾌해졌다.

이곳에 사는 유리멧새와 피비처럼 나는 여행을 많이 해왔다. 캘리포니아, 아프리카, 뉴기니, 남아메리카, 북극권에서 살아보았다. 하지만 나는 메인 주의 서쪽 숲으로 돌아왔다. 이곳을 가장 좋아하고 많은 시간을 여기서 보낸다. 감지하기 힘든 작은 것들의 의미가 있고 장대한 광경이 눈길을 빼앗는 여기가, 바로 나의 고향이기 때문이다.

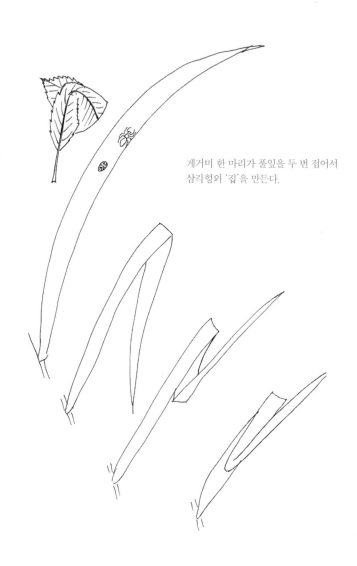

게거미 한 마리가 풀잎을 두 번 접어서
삼각형의 '집'을 만든다.

"달리기를 다시 하고 싶다.
달리면서 자연이 선사하는 아름다운 광경들을
그저 지나치는 것이 아니라 천천히 즐기고 싶다."

베른트 하인리히가 만난 메인 숲의 생명들

〈식물의 이름〉

가막살나무 viburnum
가문비나무 spruce
가시나무 bramble
개망초 fleabane
개암나무 hazelnut
고사리 fern
끈끈이주걱 sundew
납작머리미역취 Euthamia graminifolia
너도밤나무 beech
네군도단풍나무 box elder
노루귀 hepatica
노루발풀 wintergreen
느릅나무 elm
단풍나무 maple
둥굴레 Solomon's seal
디지털리스 digitalis
딸기 strawberry
라일락 lilac
래즈베리 raspberry

로부쉬 블루베리 lowbush blueberry
로즈마리 rosemary
루바브 rhubarb
루브라참나무 red oak
마가목나무 serviceberry tree
마시워트 marsh-wort
메인베리 malcberry
모스밀리언즈 moss-millions
물옥잠화 pickerelweed
물이끼 sphagnum
물푸레나무 ash
미국꽃단풍나무 red maple
미국물푸레나무 American ash
미역취 goldenrod
바이올렛 violet
백산차 labrador tea
버드나무 willow
버터컵 호박 buttercup squash
버튼부쉬 buttonbush
번치베리 bunchberry
벌레잡이풀 pitcher plant

별꽃 starflower

보그 로럴 bog laurel

보그베리 bog-berry

분홍바늘꽃 fireweed

붉은가문비나무 red spruce

붉은강낭콩 scarlet runner bean

붓꽃 iris

블랙베리 blackberry

블랙체리 blackcherry

블루베리 blueberry

빅투스 사시나무 bigtooth aspen

빌베리 billberry

사과나무 apple

사시나무 quaking aspen

사우어베리 sour-berry

사초 sedge

사탕단풍나무 sugar maple

산단풍나무 mountain maple

산크랜베리 mountain cranberry

산호랑가시나무 mountain holly

삼나무 araucaria

서어나무 hornbeam

석송 club moss

석이버섯 rock tripe

소나무 pine

소베리 sow-berry

솔송나무 hemlock

수련 waterlily

수정란풀 indian pipe

스웜프레드베리 swamp red-berry

스트로부스소나무 white pine

아네모네 anemone

아메리카낙엽송 tamarack

아스파라거스 asparagus

야생 벚나무 pin cherry

야생 산딸기 wild raspberry

양미역취 Solidago canadensis

엘더베리 elderberry

연령초 trillium

오리나무 alder

우엉 burdock

윈터베리 winterberry

은단풍나무 silver maple

이끼 moss

자작나무 birch

전나무 fir

조팝나무 spirea

조팝나물 hawkweed

줄무늬단풍나무 striped maple

지의류 lichen

진퍼리꽃나무 leatherleaf

참취 aster

참피나무 bass wood

철쭉 rhododendron

체커베리 checkerberry

초크체리 chokecherry

칼미아 앙구스티폴리아
  sheep laurel, Kalmia angustifolia

캐나다 덩굴광대수염

   Antennaria canadensis

크랜베리 cranberry

크램베리 cram-berry

크로베리 crow-berry

큰두루미꽃 mayflower

클레이토니아 spring beauty

키닉키닉 kinnikinic

털말채나무 red osier dogwood

털모자이끼 hairycap moss

티베리 teaberry

팬지 pansy

페인트브러쉬 paintbrush

펜베리 pen-berry

편백나무 white cedar

포플러 poplar

허클베리 huckleberry

헐떡이풀 foamflower

혈근초 blood-root

화살잎 arrowleaf

황련 goldthread

흰자작나무 white ash

히스베리 heathberry

〈동물의 이름〉

가마새 ovenbird

갈색나무발발이 brown creeper

갈색제비 bank swallow

갈색지빠귀 hermit thrush

강꼬치고기 pickerel

개구리 frog

개똥벌레 firefly

개똥지빠귀 thrush

개복치 sunfish

거미 spider

거북이 turtle

검은머리방울새 pine siskin

검은머리북미박새

   black-capped and boreal chickadee

검은목녹색솔새 green warbler

검은방울새 junco

검치호 saber-toothed tiger

굴뚝새 winter wren

귀뚜라미 cricket

글립토돈트 glyptodont

긴꼬리산누에나방 luna moth

긴뿔딱정벌레 long-horned beetle

깔따구 midge

꽃등에 syrphid

꿀벌 honeybee

나무숲산개구리 wood frog

나무휘파람새 wood warbler

들쥐 vole
딱새 redstart
딱정벌레 beetle
땅나무늘보 giant ground sloth
루비관상모솔새 ruby-crowned kinglet
마멋 woodchuck
말 horse
말벌 hornet, wasp
매미 cicada
매스토돈 mastodon
맵시벌 ichneumon fly
메기 catfish, hornpout
메뚜기 grasshopper
메릴랜드 노란목울새
   Maryland yellowthroat
멧누에나방(세크로피아 나방)
   Samia cecropia moth
멧도요새 woodcock
멧종다리 song sparrow
모기 mosquito
목도리뇌조 ruffed grouse
목련솔새 magnolia warbler
무스 mooth
물개똥지빠귀 water thrush
물떼새 killdeer
물맴이딱정벌레 gyrinid beetle
물수리 osprey
물총새 kingfisher
미국개똥지빠귀 wood thrush

미국밤나무산누에나방 polyphemus moth
미국봄청개구리 spring peeper
미국오리 black duck
미국원앙새 wood duck
박각시나방 spingid
박새 chickadee
반점올빼미 spotted owl
밤나방 noctuid
밤색허리울새 chestnut-sided warbler
뱀눈나비 satyr
버지니아 테나키드 나방
   Virginia ctenuchid moth
벌 bee
벌새 hummingbird
북미상모솔새 golden-crowned kinglet
불나방 arctiidae, tiger moth
붉은가슴밀화부리 rose-breasted grosbeak
붉은눈비레오 red-eyed vireo
붉은다람쥐 red squirrel
붉은등들쥐 red-backed vole
붉은목벌새 ruby-throated hummingbird
붉은배동고비 red-breasted nuthatch
붉은양지니 puple finch
붉은풍금새 scarlet tanager
블랙번솔새 Blackburnian warbler
블리스터 딱정벌레 blister beetle
비단벌레 wood-boring beetle
비오리 merganser
뻐꾸기 cuckoo

뽀족뒤쥐 shrew
사슴 deer
사슴쥐 deer mouse
사향소 musk ox
사향쥐 muskrat
삼림밭쥐 woodland vole
상모솔새 kinglet
샤프슈터 sharp-shooter
세퍼드 shepherd dog
소 cow
소금쟁이 water strider
소뒤쥐 pygmy shew
솔새 palm warbler
솔잣새 crossbill
솔콩새 pine grosbeak
솜신디 woolly aphid
솜털딱다구리 downy woodpecker
송장벌레 burying beetle, sexton beetle
송장헤엄치게 silvery sheen
쇠파리 flesh fly
수달 otter
수액딱따구리 sapsucker
순록 caribou
숭어 trout
스모키뒤쥐 smoky shew
스핑크스나방 sphinx moth
신부나비 mourning cloak
쏙독새 whippoorwill
아메리카담비 fisher

아메리카소나무 솔새 pine wabler
아비새 loon
알락해오라기 bittern
애꽃벌 andrenid bee
앵무새 parrot
얼룩다람쥐 ground squirrel
여새 ground bird
여치 katydid
오색방울새 goldfinch
올리브딱새 olive-sided flycatcher
왕개미 carpenter ant
왕자루맵시벌 Ophioninae
왜가리 blue heron
울새 robin
유리멧새 indigo bunting
잉어 shiner
자고새 partridge
자벌레나방 geometrid moth
자주색홍새 puple finch
잠자리 darner, dragonfly
장수하늘소 long-horned beetle
절지동물 arthropod
점박이도롱뇽 spotted salamander
제비갈매기 skimmer
족제비 weasel
좁은부리딱다구리 flicker
주머니쥐 opossum
줄무늬다람쥐 chipmunk
줄무늬올빼미 barred owl

집참새 english sparrow   피라미 minnow

집파리 housefly   피비 phoebe

찌르레기 cowbird, starling   하루살이 mayfly

참매 goshawk   할미새 wagtail

천막벌레나방 tent caterpillar   호랑나비 swallowtail butterfly

초록뱀 green snake   호박벌 bumblebee

카나리아 canary   호저 porcupine

캐나다기러기 Canada geese   홍관조 cardinal

캐나다솔새 Canada warbler   홍방울새 red poll

캐나다어치 gray jay   화이트 퍼치 white perch

캣버드 catbird   황금관상모솔새 golden-crowned kinglet

컴튼 거북등나비   황소개구리 bull frog, mink frog

   Compton's tortoise shell butterfly   회색늑대 gray wolf

코뿔소 rhinocero   회색다람쥐 gray squirrel

코요테 wolf-coyote   흑백솔새 black-and-white wabler

큰까마귀 raven   흑파리 blackfly, cluster fly, Pollenia

큰비버 giant beaver   흰꼬리사슴 whitetail deer

큰사슴 wapiti   흰나비 Pieris

큰솜털딱따구리 hairy wood pecker   흰머리독수리 bald eagle

큰어치 blue jay   흰목미국솔새 myrtle warbler

털매머드 wooly mammoth   흰목참새 white-throated sparrow

토끼 rabbit   흰발생쥐 deer mouse

톡토기 snow flea   흰줄나비 white admiral

파랑새 bluebird

표범개구리 leopard frog

표범나비 fritillary butterfly

풀잠자리 lacewing

프로메테우스누에나방

   promethea moth (=Callosamia prometea)

베른트 하인리히, 홀로 숲으로 가다

초판 1쇄 발행 2016년 9월 19일
초판 3쇄 발행 2018년 6월 21일

지은이 | 베른트 하인리히
옮긴이 | 정은석

발행인 | 김기중
주간 | 신선영
편집 | 강정민, 박이랑, 하명란
마케팅 | 정혜영
펴낸곳 | 도서출판 더숲
주소 | 서울시 마포구 양화로16길 18, 3층 301호 (04039)
전화 | 02-3141-8301
팩스 | 02-3141-8303
이메일 | info@theforestbook.co.kr
페이스북·인스타그램 | @theforestbook
출판신고 | 2009년 3월 30일 제 2009-000062호

ISBN 979-11-86900-15-4 (03470)

* 이 책은 도서출판 더숲이 저작권자와의 계약에 따라 발행한 것이므로
  본사의 서면 허락 없이는 어떠한 형태나 수단으로도 이 책의 내용을 이용하지 못합니다.
* 잘못된 책은 구입하신 곳에서 바꾸어 드립니다.
* 책값은 뒤표지에 있습니다.